GPT图解

大模型是怎样构建的

黄佳 | 著

人 民 邮 电 出 版 社
北 京

图书在版编目（CIP）数据

GPT图解 : 大模型是怎样构建的 / 黄佳著. -- 北京: 人民邮电出版社, 2023.12
ISBN 978-7-115-62368-3

Ⅰ. ①G… Ⅱ. ①黄… Ⅲ. ①人工智能—图解 Ⅳ. ①TP18-64

中国国家版本馆CIP数据核字(2023)第194599号

内 容 提 要

人工智能（AI），尤其是生成式语言模型和生成式人工智能（AIGC）模型，正以惊人的速度改变着我们的世界。驾驭这股潮流的关键，莫过于探究自然语言处理（NLP）技术的深奥秘境。本书将带领读者踏上一段扣人心弦的探索之旅，让其亲身感受，并动手搭建语言模型。本书主要内容包括 N-Gram，词袋模型（BoW），Word2Vec（W2V），神经概率语言模型（NPLM），循环神经网络（RNN），Seq2Seq（S2S），注意力机制，Transformer，从初代 GPT 到 ChatGPT 再到 GPT-4 等一系列突破性技术的诞生与演进。

本书将以生动活泼的笔触，将枯燥的技术细节化作轻松幽默的故事和缤纷多彩的图画，引领读者穿梭于不同技术的时空，见证自然语言处理技术的传承、演进与蜕变。在这场不断攀登技术新峰的奇妙之旅中，读者不仅能深入理解自然语言处理技术的核心原理，还能自己动手，从零开始搭建起一个又一个语言模型。

无论你是在校学生还是人工智能从业者，这本书都将成为一盏明灯，照亮你探索人工智能无限奥秘的道路。

◆ 著　　　黄　佳
责任编辑　蒋　艳
责任印制　王　郁　胡　南

◆ 人民邮电出版社出版发行　　北京市丰台区成寿寺路 11 号
邮编　100164　　电子邮件　315@ptpress.com.cn
网址　https://www.ptpress.com.cn
北京九州迅驰传媒文化有限公司印刷

◆ 开本：700×1000　1/16
印张：16.5　　2023 年 12 月第 1 版
字数：341 千字　　2025 年 2 月北京第 12 次印刷

定价：79.80 元

读者服务热线：(010)81055410　印装质量热线：(010)81055316
反盗版热线：(010)81055315

前　言
PREFACE

写作时，时间流淌得很快。不知不觉，月已上中天，窗外灯火阑珊。

仰望苍穹，月色如水，宇宙浩瀚。每每想起人类已在月球上留下脚印，而今再度出发，就不由在心中感慨——如此有幸，能生活在这个时代。

其实，从来没有任何一种技术的突破，未经历过一次次失败，就能直接“降临”到人类的眼前。

人工智能（Artificial Intelligence，AI）技术，从诞生至今，其发展并不是一帆风顺的：盛夏与寒冬交错，期望和失望交融。

自然语言处理（Natural Language Processing，NLP）技术是如此。

ChatGPT 和 GPT-4 亦是如此。

从 N-Gram 和 Bag-of-Words 开始，自然语言处理技术和模型在不断发展和演进，逐渐引入了更强大的神经网络模型（如 RNN、Seq2Seq、Transformer 等）。现代预训练语言模型（如 BERT 和 GPT①）则进一步提高了 NLP 任务的处理性能，成为目前自然语言处理领域的主流方法。

这一本小书，希望从纯技术的角度，为你梳理生成式语言模型的发展脉络，对从 N-Gram、词袋模型（Bag-of-Words，BoW）、Word2Vec（Word to Vector，W2V）、神经概率语言模型（Neural Probabilistic Language Model，NPLM）、循环神经网络（Recurrent Neural Network，RNN）、Seq2Seq（Sequence-to-Sequence，S2S）、注意力机制（Attention Mechanism）、Transformer、BERT 到 GPT 的技术一一进行解码，厘清它们的传承关系。

这些具体技术的传承关系如下。

- N-Gram 和 Bag-of-Words：都是早期用于处理文本的方法，关注词频和局部词序列。
- Word2Vec：实现了词嵌入方法的突破，能从词频和局部词序列中捕捉词汇的语义信息。
- NPLM：基于神经网络的语言模型，从此人类开始利用神经网络处理词序列。
- RNN：具有更强大的长距离依赖关系捕捉能力的神经网络模型。

① RADFORD A, NARASIMHAN K, SALIMANS T, et al. Improving language understanding by generative pre-training [EB/OL]. [2023-04-15]. https://s3-us-west-2.amazonaws.com/openai-assets/research-covers/language-unsupervised/language_understanding_paper.pdf.

- Seq2Seq：基于 RNN 的编码器 – 解码器架构，将输入序列映射到输出序列，是 Transformer 架构的基础。
- Attention Mechanism：使 Seq2Seq 模型在生成输出时更关注输入序列的特定部分。
- Transformer：摒弃了 RNN，提出全面基于自注意力的架构，实现高效并行计算。
- BERT：基于 Transformer 的双向预训练语言模型，具有强大的迁移学习能力。
- 初代 GPT：基于 Transformer 的单向预训练语言模型，采用生成式方法进行预训练。
- ChatGPT：从 GPT-3 开始，通过任务设计和微调策略的优化，尤其是基于人类反馈的强化学习，实现强大的文本生成和对话能力。
- GPT-4：仍基于 Transformer 架构，使用前所未有的大规模计算参数和数据进行训练，展现出比以前的 AI 模型更普遍的智能，不仅精通语言处理，还可以解决涉及数学、编码、视觉、医学、法律、心理学等各领域的难题，被誉为"通用人工智能的星星之火"（Sparks of Artificial General Intelligence）。

今天，在我们为 ChatGPT、GPT-4 等大模型的神奇能力而惊叹的同时，让我们对它们的底层逻辑与技术做一次严肃而快乐的探索。对我来说，这也是一次朝圣之旅，一次重温人工智能和自然语言处理技术 70 年间艰辛发展的旅程。

因此，我为一个轻松的序章取了一个略微沉重的标题：看似寻常最奇崛，成如容易却艰辛[①]。

格物致知，叩问苍穹，直面失败，勇猛前行。

向伟大的、不断探索未知领域的科学家们致敬！

黄佳

2023 年春末夏初月夜

① 出自宋代王安石的《题张司业诗》，意思是看似寻常的作品其实最不同凡俗，好像很容易做成，实则需要艰辛付出。

资源与支持
RESOURCES AND SUPPORT

本书由异步社区出品，社区（https://www.epubit.com）为您提供相关资源和后续服务。

配套资源

本书提供如下资源：

- 实例配套资源代码；
- 实例数据集。

要获得以上配套资源，请在异步社区本书页面中点击 配套资源 ，跳转到下载界面，按提示进行操作即可。注意：为保证购书读者的权益，该操作会给出相关提示，要求输入提取码进行验证。

提交勘误

作者和编辑尽最大努力来确保书中内容的准确性，但难免会存在疏漏。欢迎您将发现的问题反馈给我们，帮助我们提升图书的质量。

当您发现错误时，请登录异步社区（https://www.epubit.com），按书名搜索，进入本书页面，点击“发表勘误”，输入勘误信息，点击“提交勘误”按钮即可（见下图）。本书的作者和编辑会对您提交的勘误进行审核，确认并接受后，您将获赠异步社区的 100 积分。积分可用于在异步社区兑换优惠券、样书或奖品。

扫码关注本书

扫描下方二维码，您将会在异步社区微信服务号中看到本书信息及相关的服务提示。

与我们联系

我们的联系邮箱是 contact@epubit.com.cn。

如果您对本书有任何疑问或建议，请您发邮件给我们，并请在邮件标题中注明本书书名，以便我们更高效地做出反馈。

如果您有兴趣出版图书、录制教学视频，或者参与图书翻译、技术审校等工作，可以发邮件给我们。

如果您所在的学校、培训机构或企业，想批量购买本书或异步社区出版的其他图书，也可以发邮件给我们。

如果您在网上发现有针对异步社区出品图书的各种形式的盗版行为，包括对图书全部或部分内容的非授权传播，请您将怀疑有侵权行为的链接发邮件给我们。您的这一举动是对作者权益的保护，也是我们持续为您提供有价值的内容的动力之源。

关于异步社区和异步图书

“异步社区”(www.epubit.com)是由人民邮电出版社创办的 IT 专业图书社区，于 2015 年 8 月上线运营，致力于优质内容的出版和分享，为读者提供高品质的学习内容，为作译者提供专业的出版服务，实现作者与读者在线交流互动，以及传统出版与数字出版的融合发展。

“异步图书”是异步社区策划出版的精品 IT 图书的品牌，依托于人民邮电出版社在计算机图书领域 40 余年的发展与积淀。异步图书面向 IT 行业以及各行业使用 IT 技术的用户。

目　录
CONTENTS

序章 看似寻常最奇崛，成如容易却艰辛

2月初的一天，乍暖还寒，天色已晚，咖哥正坐在桌前，喝着咖啡。

楼梯上传来踢踢踏踏的脚步声，来人是跑着上楼的。

小冰[1]推门而入：咖哥，我就知道你还在公司！这几天都炸锅了。老板给我们下了死命令：“第一，两个月内，‘雕龙一拍’必须上线，与ChatGPT展开竞争，我们要成为全球首个推出ChatGPT竞品的大厂。第二，厂内全部员工，无论之前技术背景如何，职务如何，必须在3周之内掌握NLP和Transformer的全部架构细节，为‘雕龙一拍’的训练……和……维护做出……应有的贡献！如果无法进入核心……算法设计团队，那么……每天至少要抽出4个工时做人工标注。”怎么办，我好歹是个……研究生，怎么也不想去……标注数据啊。那么，我又要……开始……突击学习了吗？你有没有……什么……好办法？

小冰呼哧带喘，说到最后已经是上气不接下气了。

咖哥：小冰，你来得正好。你看！我正要给你这样积极投身ChatGPT热潮的同学量身制作出一套入门……

小冰一看咖哥的电脑屏幕：嘿！咖哥正在和ChatGPT聊天呢（见下图）。

咖哥正在和ChatGPT聊天

① 小冰和咖哥之前的故事详见《零基础学机器学习》和《数据分析咖哥十话 从思维到实践促进运营增长》。

而 ChatGPT 也真的给了咖哥他想要的内容，如下图所示。

在一个遥远的未来世界，科技的力量无处不在。在这个世界里，聪明的人工智能助手们为人类带来了无尽的便利。这个世界里，有两位闻名遐迩的人工智能研究员：咖哥和小冰。他们是一对师徒，携手在人工智能领域研究、进步。为了让更多人了解他们的故事，咖哥决定将他们的故事写成一本书。
故事从去年11月底那场ChatGPT发布会开始。那天，全世界都在关注这场发布会。在那个激动人心的时刻，咖哥感受到了人工智能的力量和希望。然而，他也清楚地看到了人工智能所带来的挑战和风险。
就在这时，一颗陨石从天而降，砸在了发布会现场，瞬间引起了一片混乱。人们四散奔逃，尖叫声此起彼伏。而陨石中，竟然有一个神秘的宝盒。咖哥好奇地走上前去，小心翼翼地打开了宝盒。
宝盒里，竟然是一卷古老的羊皮卷。咖哥展开羊皮卷，发现上面写着一段预言：只有通过历练和传承，才能将人工智能的力量驾驭得更加完美。咖哥意识到，他的使命就是要将ChatGPT的奥义传授给小冰和其他NLP“小白”！……

ChatGPT为咖哥的新课程创作了一段开场白

于是，小冰和咖哥的新故事就这样开始了。

GPT-4：点亮通用人工智能的火花

咖哥：小冰，在启程之前，我们先弄清楚前进的方向吧。你有没有思考过，你即将深入学习的 ChatGPT 和 GPT-4 的底层原理到底是什么？它们从何而来，又向着何方而去？

小冰：呦，咖哥。我还真的就只知道 ChatGPT 是 OpenAI 开发的一个非常强大的聊天机器人。除了聊天之外，还能辅助写代码，做科研，甚至画简单的示意图，如下图所示。GPT-4 是它的升级版本，在功能上它们应该也差不多吧。

请用字符画出一个循环神经网络的简单图示，以说明其结构的特性。横着画出Input、Hidden和Output组件，显示出递归过程。

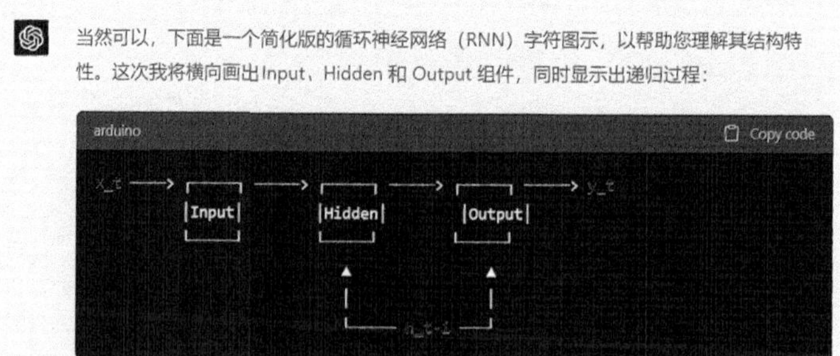

ChatGPT具有简单的绘图功能

咖哥：GPT-4 可不是这么简单，小冰。以 GPT-4 为代表的大规模语言模型（Large-scale Language Model，LLM，也称大模型）是使用前所未有的计算参数和海量数据进行训练得到的。

它们在各种领域和任务中表现出非凡的能力，挑战了我们对学习和认知的理解。GPT-4 的强大，甚至让图灵奖获得者约书亚·本希奥（Yoshua Bengio）和特斯拉 CEO 埃隆·马斯克（Elon Musk）等人都感到恐惧。他们在千人公开信上联合署名，呼吁所有 AI 实验室停止研发比 GPT-4 更强大的模型。就连 OpenAI 的 CEO 萨姆·阿尔特曼（Sam Altman）自己也依旧不能完全解读 GPT-4，只能通过不断问它问题，依据它的回答来判断它的"思路"。

微软研究院对 GPT-4 的早期版本进行了测评，认为它比之前的 AI 模型（包括已经令我们惊艳的 ChatGPT）通用性更强。在论文《通用人工智能的星星之火：GPT-4 的早期实验》[①] 中，学者们讨论了这些模型不断提升的能力及其影响力。论文中指出，GPT-4 能够跨越任务和领域的限制，解决数学、编码、视觉、医学、法律、心理学等领域中新颖或困难的任务。此外，GPT-4 通过将各种类型的任务统一到对话形式的人机交互接口，极大地提高了使用的便利性。这样，无论是谁，都能够通过简单的对话轻松地操作它（如下页图所示）。这种普适性和易用性，正是通用人工智能（Artificial General Intelligence，AGI）的显著特征。

要知道，AGI 一直是几代人工智能科学家追逐的最终梦想，也一度被认为是可望而不可即的"珠穆朗玛峰"。在 GPT-4 之前，没有任何一个 AI 模型被冠以 AGI，也就是通用人工智能的标签。而现在，ChatGPT 的初试啼声即得到了全人类的疯狂关注，GPT-4 更以其严密的逻辑思辨能力和广泛适用性被认为是通用人工智能的早期版本。ChatGPT、GPT-4 等大规模语言模型已经从方方面面开始重塑我们的学习、工作和生活。一个新的人类纪元已经开启，ChatGPT 和 GPT-4，毫无疑问将点亮未来更强大的通用人工智能的火花。

① 这篇文章的英文题目为《Sparks of Artificial General Intelligence: Early experiments with GPT-4》。其中文译名很多，包括《人工通用智能的星星之火：GPT-4的早期实验》《点燃通用人工智能的火花：GPT-4的早期实验》等多个版本。

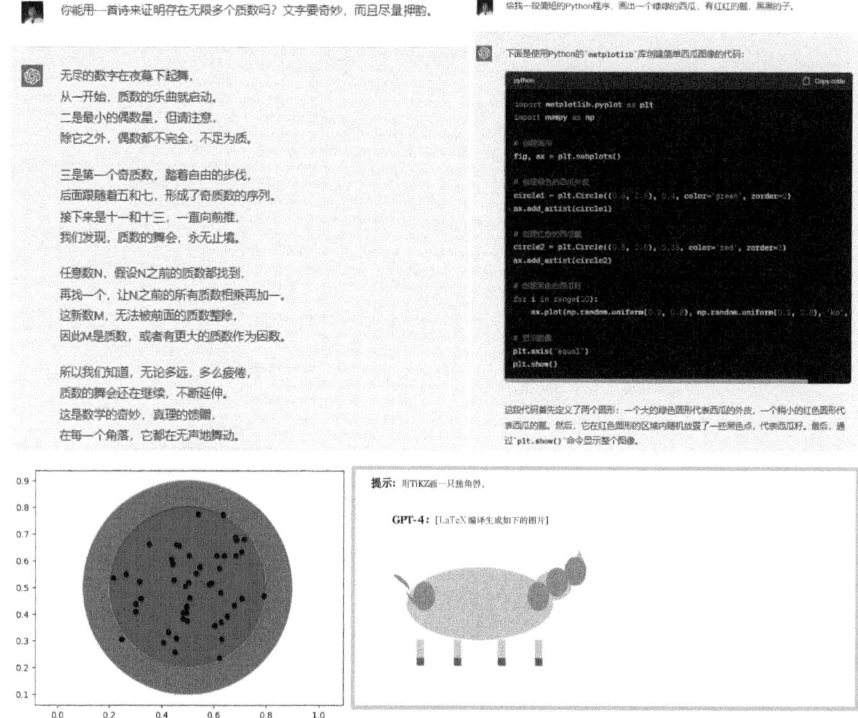

GPT可以用“写诗”的方式解题，也可以通过代码绘图

人工智能演进之路：神经网络两落三起

咖哥接着说：当然，在为人工智能走向通用化而心潮澎湃之际，让我们一起回顾一下它的来时路。看看这短短不到百年的时间，人工智能是如何一步步走到今天的。

人工智能这一概念可追溯到 20 世纪 40 年代和 50 年代，但它是在 1956 年的达特茅斯会议上成为一个独立的学科领域的。在这次会议上，许多计算机科学家、数学家和其他领域的研究者聚集在一起，共同探讨智能机器的发展前景。他们的目标是在计算机上实现人类智能的各个方面的应用，从而开创了现代人工智能研究的道路。从那时起，人工智能领域不断发展，涌现出众多理论、技术和应用。

不过，人工智能的发展并非一帆风顺，其核心技术——深度学习（Deep Learning），以及深度学习的基础——神经网络（Neural Network），曾经历过两次被称为“AI 寒冬”的低谷期。下页图就是对以神经网络为主线的 AI 技术发展史做的一个梳理。

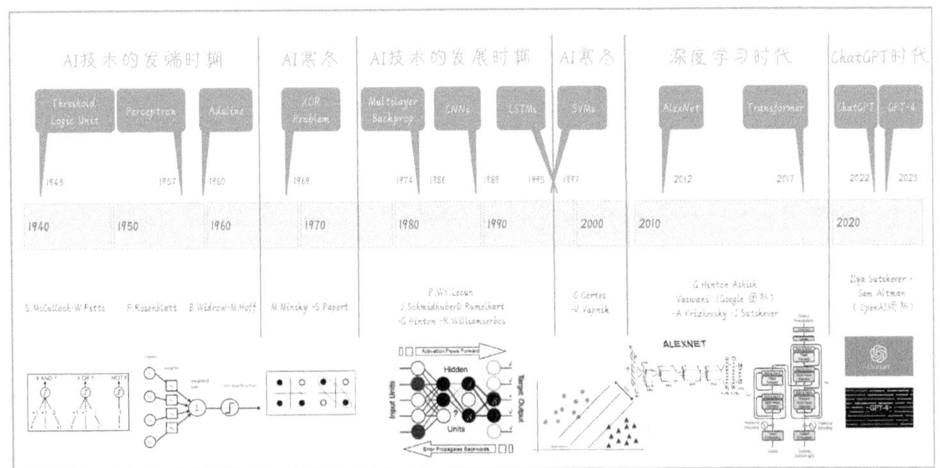

AI技术发展里程碑

小冰：是的，咖哥，这些内容你曾在《零基础学机器学习》中给我介绍过，这些AI技术发展里程碑，我都记忆犹新。

- 阈值逻辑单元（Threshold Logic Unit）：最早可以追溯到1943年，由美国神经生理学家沃伦·麦克卡洛克（Warren McCulloch）和数学家沃尔特·皮茨（Walter Pitts）共同提出。阈值逻辑单元是一种简单的逻辑门，通过设置阈值来确定输出。它被认为是神经网络和人工智能领域的基石。

- 感知器（Perceptron）：1952年的霍奇金－赫胥黎模型（Hodgkin-Huxley model）展示了大脑如何利用神经元形成神经网络。该模型通过研究电压和电流如何在神经元中传递，为神经元的动作电位提供了详细的生物物理学描述。基于这个模型带来的启发，弗兰克·罗森布拉特（Frank Rosenblatt）在1957年推出了感知器。它是第一个具有自我学习能力的模型，根据输入与目标值的误差调整权重，而且能进行简单的二分类任务。虽然感知器只是一种线性分类器，但是它具有重要的历史地位，是现代神经网络的雏形和起点。

- 自适应线性神经元（Adaline）：自适应线性神经元是伯纳德·维德罗（Bernard Widrow）和特德·霍夫（Ted Hoff）在1960年发明的。它的学习规则基于最小均方误差，与感知器相似，但有更好的收敛性能。

- 第一次AI寒冬——XOR问题（XOR Problem）：1969年，马尔温·明斯基（Marvin Minsky）和西摩·佩珀特（Seymour Papert）在《感知器》（*Perceptrons*）一书中提出，单层感知器具有局限性，无法解决非线性问题

（书中的 XOR 问题，异或问题就是一种非线性问题）。这一发现导致人们对感知器技术失望，相关的资金投入逐渐减少，第一次 AI 寒冬开始。

- 多层反向传播算法（Multilayer Backpropagation）：多层反向传播算法是一种训练多层神经网络的方法，由保罗·韦尔博斯（Paul Werbos）在 1974 年提出。这种方法允许梯度通过多层网络反向传播，使得训练深度网络成为可能。大卫·鲁梅尔哈特（David Rumelhart）、杰弗里·辛顿（Geoffrey Hinton）和罗纳德·威廉姆斯（Ronald Williams）在 1986 年合作发表了一篇具有里程碑意义的论文，题目为《通过反向传播误差进行表示学习》（Learning Representations By Back-propagating Errors）。这篇论文详细介绍了反向传播算法如何用于训练多层神经网络。

- 卷积神经网络（Convolutional Neural Network，CNN）：卷积神经网络是一种特殊的深度学习模型，由杨立昆（Yann LeCun）在 1989 年提出。它使用卷积层来学习局部特征，被广泛应用于图像识别和计算机视觉领域。

- 长短期记忆网络（Long Short-Term Memory，LSTM）：长短期记忆网络是由谢普·霍赫赖特（Sepp Hochreiter）和于尔根·施米德胡贝（Jürgen Schmidhuber）在 1997 年提出的一种循环神经网络（Recurrent Neural Network，RNN）结构。LSTM 通过引入门控机制解决了 RNN 中的梯度消失和梯度爆炸问题，使得模型能够更好地捕捉长距离依赖关系，被广泛应用于自然语言处理和时间序列预测等任务。卷积神经网络和以 LSTM 为代表的循环神经网络的出现，代表着神经网络重回学术界视野。

- 第二次 AI 寒冬——支持向量机（Support Vector Machines，SVM）：支持向量机是由弗拉基米尔·瓦普尼克（Vladimir Vapnik）和科琳娜·科尔特斯（Corinna Cortes）于 1995 年提出的一种有效的分类方法。它通过最大化类别间的间隔来进行分类。SVM 只是多种机器学习算法中的一种，然而，它的特殊历史意义在于——SVM 在很多任务中表现出的优越性能，以及良好的可解释性，让人们再度开始怀疑神经网络的潜力，导致神经网络再度被打入"冷宫"，从此沉寂多年。

不过好在在这之后，我们进入了深度学习时代。深度学习是一种具有多个隐藏层的神经网络，可以学习复杂的特征表示。随着互联网和计算能力的发展，深度学习使得在更大的数据集和更复杂的模型上进行训练成为可能。而图形处理器（Graphics Processing Unit，GPU）的并行计算能力使得深度学习研究和应用的发展加速。基于深度学习的神经网络在 21 世纪初开始取得显著的成果。

咖哥：对的，小冰。你刚才总结得非常清晰，在深度学习时代，现象级的理论和技术突破层出不穷。

- AlexNet：由亚历克斯·克里泽夫斯基（Alex Krizhevsky）、伊利亚·苏茨克维（Ilya Sutskever）和杰弗里·辛顿在 2012 年提出的深度卷积神经网络。它在 ImageNet 大规模视觉识别挑战赛中取得了突破性成果，标志着深度学习时代的开始。
- Transformer：是由阿希什·瓦斯瓦尼（Ashish Vaswani）等人在 2017 年的论文《你只需要注意力》（Attention Is All You Need）中提出的一种神经网络结构。Transformer 引入了自注意力（Self-Attention）机制，摒弃了传统的循环神经网络和卷积神经网络结构，从而大幅提高了训练速度和处理长序列的能力，成为后续很多先进模型的基础架构。
- ChatGPT 和 GPT 系列预训练模型：ChatGPT 是基于 GPT（Generative Pre-trained Transformer）架构的一种大规模语言模型，由 OpenAI 开发，其首席科学家正是曾经参与开发 AlexNet 的伊利亚·苏茨克维。ChatGPT 和 GPT-4 分别于 2022 年底和 2023 年初问世之后，迅速在全球范围刮起了一阵 AI 风暴，其具有的强大的文本生成能力和理解能力，令世人震惊。不过，与过往的技术突破不同，ChatGPT 和 GPT 系列预训练模型的成功应该归功于 OpenAI 团队及之前 AI 技术的积累，而不是某一个（或几个）科学家。

从 AlexNet 开始，到 Transformer，再到今天的 ChatGPT，人类一次一次被 AI 的能力所震撼。

AI 技术有两大核心应用：计算机视觉（Computer Vision，CV）和自然语言处理（NLP）。小冰，你有没有注意到，在 AI 技术发展里程碑中，前期的突破多与 CV 相关，如 CNN 和 AlexNet；而后期的突破则多与 NLP 相关，如 Transformer 和 ChatGPT。

下面我们再对自然语言处理技术的发展进行一下类似的梳理。你会发现，自然语言处理技术演进过程包含一些独属于它的微妙细节。而对这个过程的体会，能够让你对自然语言处理技术有更深的领悟。

现代自然语言处理：从规则到统计

咖哥：自然语言处理是人工智能的一个子领域，关注计算机如何理解、解释和生成人类语言。那么，我们就要好好说一说“语言”（如下图）是怎么一回事。你有没有想过，为什么我说话，你能听懂？

小冰：你普通话讲得好呗。

“语言”是怎么一回事

何为语言？信息又如何传播？

咖哥哈哈一笑：你说得还真对。最早的语言啊，是以声音为媒介，通过话语进行传送的，使用同一种语言，就显得很重要。我国幅员辽阔，各地方言多如牛毛，所谓“十里不同音，百里不同俗”。为了方便交流，消除方言隔阂，国家推广使用普通话。不过其实啊，早在两千多年前，古人就研究过这个问题。古代版的普通话叫“雅言”。春秋时期，孔子的三千弟子来自五湖四海，这就必然需要孔子用一种被大家共同认可的语言来讲学。孔子会用什么语言讲学呢？《论语·述而第七》中记载：“子所雅言，《诗》、《书》、执礼，皆雅言也。”

当然，口头传播信息有明显的缺点，信息非常不易积累，也很难传播，所以原始人类开始使用结绳、刻契、图画的方法辅助记事，后来又用图形符号来简化、取代图画。当图形符号简化到一定程度，并形成与语言的特定对应时，早期的文字就形成了（见下页图）。无论是最古老的象形文字、楔形文字，还是甲骨文，以及现代文字，它们的作用都是承载信息。

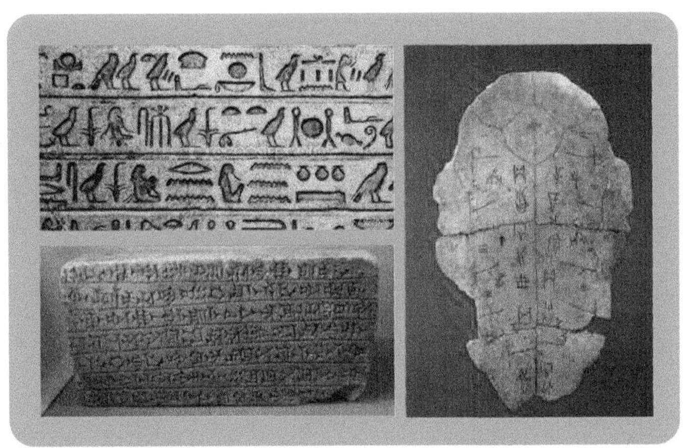

早期的文字

没有口头话语，没有书面文字，我们就无法沟通。所以，语言是信息的载体。口头话语和书面文字都是语言的重要组成元素。

有了语言，就有了信息沟通的基础。不过，除了语言这个信息载体之外，我们还需要在信息的通道中为语言编码和解码。一个只说英语的人，面对一个听不懂英语的中国人，他们虽然都使用语言，但是不能相互解码，所以无法沟通。同理，计算机也不能直接理解人类的自然语言。因为缺少编码和解码的过程。因此，要让计算机理解我们人类的语言，就要对语言进行编码，将其转换成计算机能够读懂的形式。

而这个编码和解码的任务，可以简化成如下图所示的简化的通信模型。

简化的通信模型

上图中，信息的发送人把想要发送的信息通过一种编码方式（绘画、文字、声音等）进行编码，然后通过信道把被编码后的信息传给接收人，接收人对其进行解码，从而获取信息的内容。

NLP是人类和计算机沟通的桥梁

小冰：上面这张图，要说讲的是从英文到中文的翻译过程，我能理解；要说是将电话、电报等电信号转换成声音和文字的过程，我也能懂；但我不明白的是，ChatGPT 怎么就能理解人类的语言了呢？

咖哥：对了，NLP 的核心任务，就是为人类的语言编码并解码，只有让计算机能够理解人类的语言，它才有可能完成原本只有人类才能够完成的任务（见下图）。

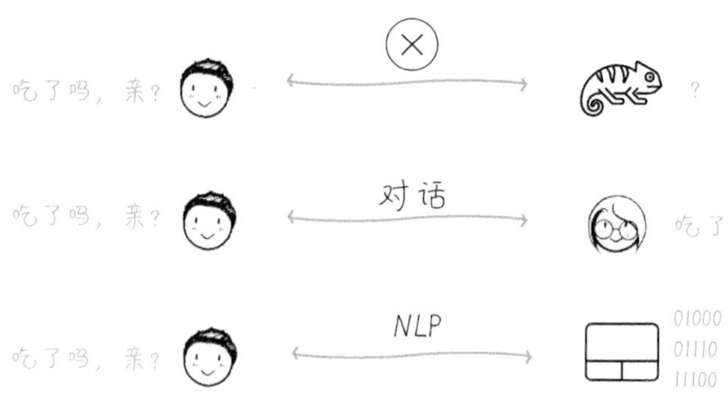

NLP是人类和计算机沟通的桥梁

因此我们可以说：NLP 就是人类和计算机之间沟通的桥梁！

NLP技术的演进史

咖哥：NLP 技术的演进过程可以粗略地分为 4 个阶段，如下图所示。本节对应地使用了 4 个词语来概括它们，分别是起源、基于规则、基于统计、深度学习和大数据驱动。

NLP技术演进史

- **起源：NLP 的起源可以追溯到阿兰·图灵在 20 世纪 50 年代提出的图灵测试。图灵测试的基本思想是，如果一个计算机程序能在自然语言对话中表现得像一**

个人，那么我们可以说它具有智能。从这里我们可以看出，AI 最早的愿景与自然语言处理息息相关。NLP 问题是 AI 从诞生之日起就亟须解决的主要问题。

- 基于规则：在随后的数十年中，人们尝试通过基于语法和语义规则的方法来解决 NLP 问题。然而，由于规则很多且十分复杂，这种方法无法涵盖所有的语言现象。基于规则的语言模型的简单示例如下图所示。

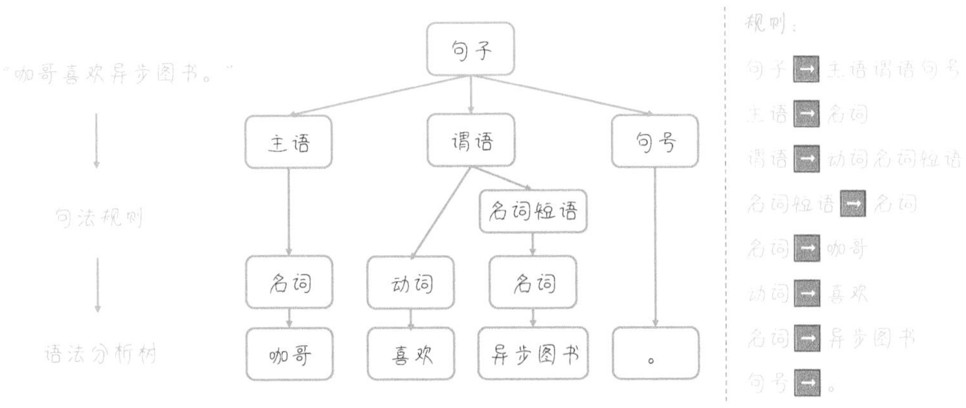

基于规则的语言模型

- 基于统计：1970 年以后，以弗雷德里克 · 贾里尼克（Frederick Jelinek）为首的 IBM 科学家们采用了基于统计的方法来解决语音识别的问题，终于把一个基于规则的问题转换成了一个数学问题，最终使 NLP 任务的准确率有了质的提升。至此，人们才纷纷意识到原来的方法可能是行不通的，采用统计的方法才是一条正确的道路。因此，人们基于统计定义了语言模型（Language Model，LM）：语言模型是一种用于捕捉自然语言中词汇、短语和句子的概率分布的统计模型。简单来说，语言模型旨在估计给定文本序列出现的概率，以帮助理解语言的结构和生成新的文本。

- 深度学习和大数据驱动：在确定了以统计学方法作为解决 NLP 问题的主要武器之后，随着计算能力的提升和深度学习技术的发展，大数据驱动的 NLP 技术已经成为主流。这种技术使用深度神经网络（Deep Neural Network，也就是深层神经网络）等技术来处理海量的自然语言数据，从而学习到语言的复杂结构和语义。目前的大型预训练语言模型，在很多 NLP 任务上的表现甚至已经超过人类，不仅可以应用于语音识别、文本分类等任务，还可以生成自然语言文本，如对话系统、机器翻译等。

不难发现，基于规则和基于统计的语言模型，是 NLP 技术发展的关键节点，而大规模语言模型的诞生，又进一步拓展了 NLP 技术的应用范围。

大规模预训练语言模型：BERT与GPT争锋

小冰问道：经常听到语言模型这个词。到底什么是语言模型？

语言模型的诞生和进化

咖哥：刚才说了嘛，语言模型是一种用于计算和预测自然语言序列概率分布的模型，它通过分析大量的语言数据，基于自然语言上下文相关的特性建立数学模型，来推断和预测语言现象。简单地说，它可以根据给定的上下文，预测接下来出现的单词。语言模型被广泛应用于机器翻译、语音识别、文本生成、对话系统等多个 NLP 领域。常见的语言模型有 N-Gram 模型、循环神经网络（RNN）模型、长短期记忆网络（LSTM）模型，以及现在非常流行的基于 Transformer 架构的预训练语言模型（Pre-trained Language Model，PLM），如 BERT、GPT 系列等，还有你正在学习的 ChatGPT。

小冰：你这么说我还是不懂，能举个例子吗？

咖哥：你看，我这里有一堆词。

咖哥 一本书 学 零基础 机器学习 写了

那么，假设现在给我们一个自然语言处理任务，就是看看这些词的各种组合中，哪一个组合能够形成一个可以被理解和接受的句子。当然可能有很多组合，下面我们列出其中的两个组合。

句子 1：咖哥零基础学一本书写了机器学习

句子 2：咖哥写了一本书零基础学机器学习

哪个更像一个完整的句子？相信你能够给出答案。

但是，AI 怎么做判断呢？这就需要基于统计的语言模型的帮助了。根据贾里尼克的假设：一个句子是否合理，取决于其出现在自然语言中的可能性的大小。

也就是说，假设我的语料库足够大，而句子 2 曾经在这个语料库中出现过，那么

AI当然会说：OK，句子2更好，因为它在自然语言中存在的可能性大，概率高，如下图所示。我经常看到别人这样说，所以这样说应该正确（当然，概率高的事情可不一定百分之百正确，这是强大的大规模语言模型偶尔也会出错的主要原因，这是它的死穴）。这就是基于统计的语言模型的核心思路。这里画重点，你应该看得出来基于统计的语言模型是由数据驱动的，这就是它相对于基于语法和语义规则的NLP技术的优越性。

几个词

咖哥 一本书 学 零基础 机器学习 写了 

句子1 咖哥零基础学一本书写了机器学习 ×

句子2 咖哥写了一本书零基础学机器学习 ✓ 更像句子

句子2的概率 > 句子1的概率

句子2正确的概率比较高

小冰：嗯，这样解释，我就有点明白了。

咖哥：别着急，我还没说完。

假设S表示一个有意义的句子，由一连串按特定顺序排列的词W_1, W_2，...，W_n组成。目标是求S在文本中出现的可能性，也就是$P(S)$。如果你统计了人类有史以来所有的句子，就可以得到$P(S)$①。

我们可以利用模型来估算$P(S)$:

$$P(S) = P(W_1, W_2, \cdots, W_n)$$

利用条件概率公式计算$P(W_1, W_2, \cdots, W_n)$：

$$P(W_1, W_2, \cdots, W_n)=P(W_1) \cdot P(W_2|W_1) \cdot P(W_3|W_1, W_2) \cdots P(W_n|W_1, W_2, \cdots, W_{n-1})$$

根据马尔可夫假设（任意一个词出现的概率只同它前面的那一个词有关），就有：

$$P(W_1, W_2, \cdots, W_n) \approx P(W_1) \cdot P(W_2|W_1) \cdot P(W_3|W_2) \cdots P(W_n|W_{n-1})$$

① 当然，这只是一种理想情况，实际上我们只能够统计可以搜集到的语料库（Corpus）中的句子。

那么，通过条件概率公式和马尔可夫假设，你就可以得到一个句子是不是人类语言的概率！

基于统计的语言模型具有以下优点。

（1）可扩展性：可以处理大规模的数据集，从而可以扩展到更广泛的语言任务和环境中。

（2）自适应性：可以从实际的语言数据中自适应地学习语言规律和模式，并进行实时更新和调整。

（3）对错误容忍度高：可以处理错误或缺失的数据，并从中提取有用的信息。

（4）易于实现和使用：基于统计，并使用简单的数学和统计方法来搭建语言模型。

统计语言模型的发展历程

基于统计的语言模型（统计语言模型）其实出现得很早，但是它的发展历程和AI技术很类似，虽然有了理论，但是由于网络结构和数据量的局限，早期的统计语言模型并没有实现突破性的应用。这些语言模型存在不少缺点，例如过拟合、无法处理文本间长距离依赖性、无法捕捉微妙的语义信息等。

好在经过几十年的探索和积累，NLP领域也开始出现更高级的思路和算法。能够解决上述这些问题的技术和语言模型在深度学习时代开始逐渐涌现。

统计语言模型发展的里程碑如下图所示。

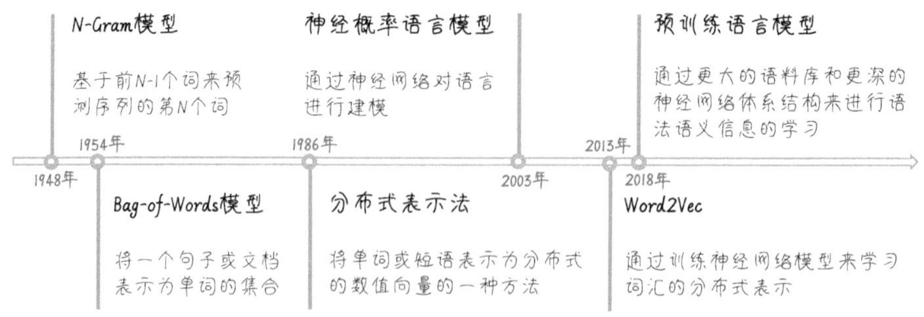

统计语言模型发展的里程碑

图中上半部分是语言模型技术的进展；下半部分则是词向量（词的表示学习）技术的进展。其中，词向量表示的学习为语言模型提供了更高质量的输入信息（词的向量表示）。图中涉及的技术具体介绍如下。

- 1948 年，著名的 N-Gram 模型诞生，思路是基于前 N-1 个项目来预测序列中的第 N 个项目，所谓的“项目”，就是词或者短语。
- 1954 年的 Bag-of-Words 模型是一种简单且常用的文本表示方法，它将文本表示为一个单词的集合，而不考虑单词在文本中的顺序。在这种表示方法中，每个单词都可以表示为一个单词频率向量，对应一个特定的维度，向量的值表示该单词在文本中出现的次数。
- 1986 年出现的分布式表示（Distributed Representation）是一种将词或短语表示为数值向量的方法。在这种表示法中，单词的语义信息被分散到向量的各个维度上，因此可以捕捉到单词之间的相似性和关联性。分布式表示主要基于单词在文本中的上下文来构建，因此具有较多的语义和句法信息。这种表示方法有助于解决传统 Bag-of-Words 模型和独热编码（One-Hot Encoding）中的词汇鸿沟问题（词汇歧义、同义词等）。
- 2003 年的神经概率语言模型则提出使用神经网络来学习单词之间的复杂关系，它是后续的神经网络语言模型，比如 CNN、RNN、LSTM 的思想起点。
- 2013 年出现的另外一个重要的里程碑，即 Word2Vec（W2V），是一种通过训练神经网络模型来学习词汇的分布式表示，简单而又高效。Word2Vec 有两种主要的架构：连续词袋（Continuous Bag of Words，CBOW）模型和 Skip-Gram 模型。CBOW 模型通过预测单词上下文（周围词）的目标单词来学习词向量，而 Skip-Gram 模型则通过预测目标单词周围的单词来学习词向量。Word2Vec 生成的词向量可以捕捉到单词之间的相似性、语义关联及词汇的句法信息。其思想和训练结果被广泛用于许多 NLP 模型中。
- 2018 年之后，基于 Transformer 的预训练语言模型一统江湖，在自然语言处理领域的许多任务中成为主导方法。它通过更大的语料库和更加复杂的神经网络体系结构来进行语法语义信息的学习，这就是语言模型的预训练过程。这些模型在具体 NLP 任务（如机器翻译、问答系统、文本分类、情感分析、文本生成等任务）上进行微调后，都表现出色，并且不断刷新各种基准测试的最高分数。如今，许多研究者和工程师都在使用这些预训练语言模型作为他们自然语言处理项目的基础。

因此，14 页图中的每一个节点，都为后续技术的诞生打下了基础，因此也成为本书的讲解脉络。语言模型的进化，驱动了 NLP 技术的发展，而其中的关键点是从基于规则的模型到基于统计的模型的跃迁，以及海量语料库训练出来的大模型的使用。

基于Transformer架构的预训练模型

以 BERT（Bidirectional Encoder Representations from Transformers）为代表的基于 Transformer 架构的预训练语言模型一登场就引起了大量的关注。有了预训练模型，很多一度不能解决的问题都得到了解决。

小冰：我们厂里的人和你都一直在说的这个 Transformer 究竟是什么？预训练又指什么？

咖哥：Transformer 是几乎所有预训练模型的核心底层架构，也是本课程的核心内容，现在暂不讲述它的技术细节。自然语言处理中的预训练，则通常指在大量无标注文本数据上训练语言模型。预训练所得的大规模语言模型也被叫作“基础模型”（Foundation Model 或 Base Model）。在预训练过程中，模型学习了词汇、语法、句子结构及上下文信息等丰富的语言知识。这种在大量数据中学到的知识为后续的下游任务（如情感分析、文本分类、命名实体识别、问答系统等）提供了一个通用的、丰富的语言表示基础，为解决许多复杂的 NLP 问题提供了可能。

在预训练模型发展过程的早期，BERT 毫无疑问是最具代表性，也是影响力最大的预训练语言模型。BERT 通过同时学习文本的上下文信息，实现对句子结构的深入理解。BERT 之后，各种大型预训练模型如雨后春笋般地涌现（见下图），自然语言处理领域进入了一个新的时代。这些模型推动了 NLP 技术的快速发展，为解决许多以前难以应对的问题提供了强大的工具。

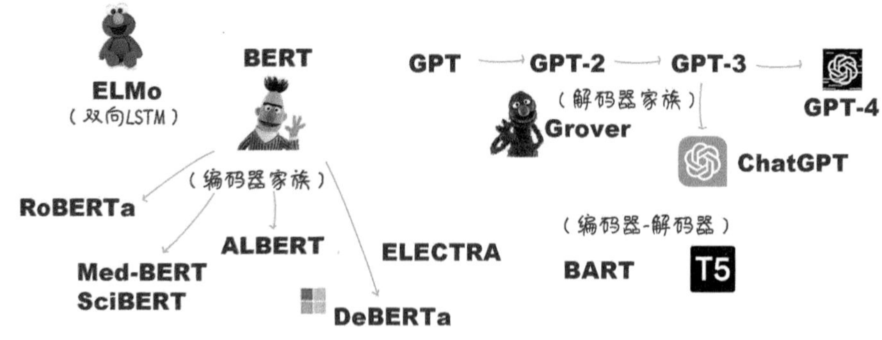

各种预训练语言模型

对图中各种预训练语言模型的简单解释如表 0.1 所示（按照模型出现的先后顺序排列）。

表 0.1 各种预训练语言模型的说明

编号	模型名称	发布年份	描述	特性
1	ELMo	2018	基于双向长短期记忆网络（BiLSTM）的词嵌入方法	学习文本中的上下文信息，生成动态的词向量表示（非 Transformer 架构）
2	GPT	2018	OpenAI 开发的生成式预训练模型	单向 Transformer 架构，关注预测下一个词的任务
3	BERT	2018	基于 Transformer 的预训练模型	同时学习文本的上下文信息，深入理解句子结构
4	GPT-2	2019	GPT 的改进版本	使用更大的模型和更多的数据进行预训练
5	RoBERTa	2019	在 BERT 基础上进行优化的预训练模型	调整训练策略、数据处理和模型架构，提高训练速度和性能
6	ALBERT	2019	轻量级 BERT	减少参数数量和计算成本，保持高性能
7	T5	2019	文本到文本迁移 Transformer	将所有 NLP 任务视为文本到文本的问题，进行端到端的训练和微调
8	Grover	2019	生成式预训练模型	目标是检测和生成新闻文章中的虚假信息，学习了大量新闻的编写方式和结构
9	ELECTRA	2020	高效学习精确分类代币替换的编码器	使用生成 – 判别框架进行预训练，提高训练效率
10	GPT-3	2020	第三代生成式预训练 Transformer	更大的模型和更多的数据，具有强大的生成能力和零样本学习能力
11	BART	2020	双向自回归 Transformer	结合了编码器 – 解码器结构和自回归预训练，适用于生成任务和其他 NLP 任务
12	MedBERT/ SciBERT	2020	针对医学和科学领域的 BERT 变体	使用领域专业语料库进行预训练，以提高完成特定领域任务的性能
13	DeBERTa	2021	带有解耦注意力的解码增强 BERT	凭借解耦注意力和相对位置编码提高性能
14	ChatGPT	2022	基于 GPT-3 的聊天机器人	在 GPT-3 的基础上进行了额外的微调，以便更好地处理聊天场景
15	GPT-4	2023	是 GPT 系列的最新一代模型	具有更大的模型容量和更多的数据，以及更强的生成和推理能力

当然，现今预训练模型的发展趋势是参数越来越多，模型也越来越大（见下页图），训练一次的费用可达几百万美元。巨大的资金和资源投入，只有世界顶级“大厂”才负担得起，普通的学术组织和高等院校很难在这个领域继续引领科技突破，这

种现象开始被普通研究人员所诟病。

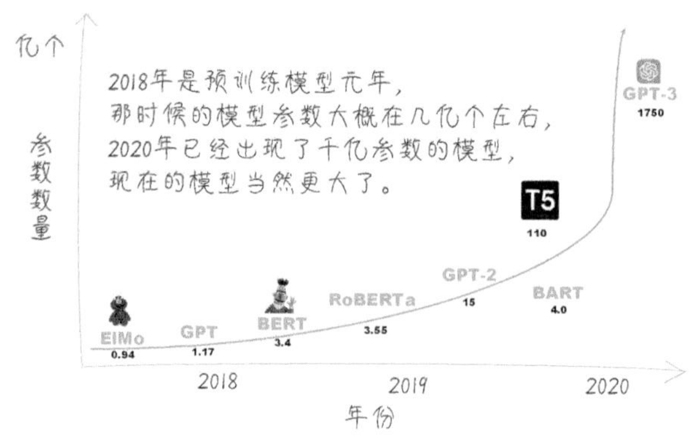

参数越来越多，模型越来越大

“预训练+微调大模型”的模式

不过，话虽如此，大型预训练模型的确是应用人员的好消息。因为，经过预训练的大模型所习得的语义信息和所蕴含的语言知识，很容易向下游任务迁移。NLP 应用人员可以根据自己的需要，对模型的头部或者部分参数进行适应性的调整，这通常涉及在相对较小的有标注数据集上进行有监督学习，让模型适应特定任务的需求。这就是对预训练模型的微调（Fine-tuning，有时也译为精调）。微调过程相对于从头训练一个模型要快得多，且需要的数据量也要少得多，这使得 NLP 应用人员能够更高效地开发和部署各种 NLP 解决方案（如下图所示）。

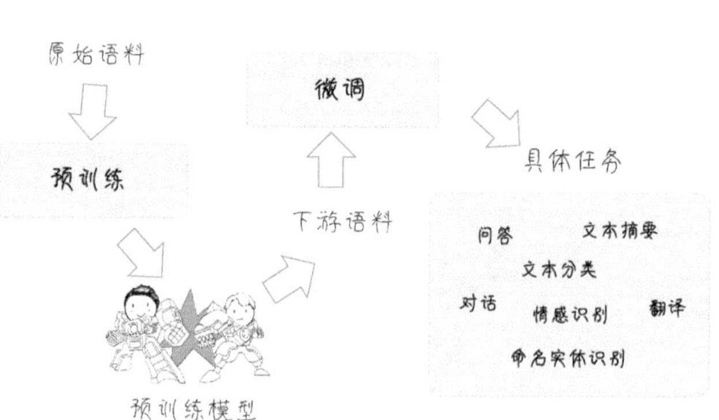

“预训练+微调大模型”的模式

这种“预训练 + 微调大模型”的模式优势明显。首先，预训练模型能够将大量的通用语言知识迁移到各种下游任务上，作为应用人员，我们不需要自己寻找语料库，从头开始训练大模型，这减少了训练时间和数据需求。其次，微调过程可以快速地根据特定任务进行优化，降低了模型部署的难度。最后，“预训练＋微调大模型”的模式具有很强的可扩展性，应用于各种 NLP 任务都很方便，大大提高了 NLP 技术在实际应用中的可用性和普及程度，确实给 NLP 应用人员带来了巨大的便利。

以提示/指令模式直接使用大模型

咖哥：不过，小冰，有一点你必须知道，近年来，随着 GPT 这种生成式大型预训练模型的突飞猛进，“预训练＋微调大模型”的使用模式有被一种称为“提示”（Prompt）或者说“指令”（Instruct）的使用模式所取代的趋势。

Prompt 模式和 Instruct 模式都基于这样一种思想：在训练阶段，这些模型通过学习大量的文本数据，掌握了语言的结构、语法和一定程度的语义知识。那么，在应用阶段，通过在输入中提供恰当的信息和指导，可以引导大型预训练模型（如 GPT-3）生成相关性更强且更有用的输出。这种方法可以看作与模型进行一种“对话”，用户提供输入（Prompt 或 Instruct），然后模型根据输入生成相应的输出。

下面这张图来自卡内基－梅隆大学某研究团队发表的一篇有关 Prompt 模型的综述文章[①]，它形象地描述了在几个预训练模型上使用 Prompt 模式的方法：通过提供合适的输入，用户可以引导模型生成符合特定目标的输出。

Prompt：想让模型做什么？有话直说[②]

① LIU P, YUAN W, JIANG Z, et al. Pre-train, prompt, and predict: A systematic survey of prompting methods in natural language processing [J]. ACM Computing Surveys, 2022: 55(9), Article No. 195, 1-35.

② 图中的BERT、BART和ERNIE都是预训练语言模型，同时也都是卡通人物的名字。其中BART由Facebook AI Research于2019年推出，ERNIE是百度研究院于2019年推出的。

用我自己的话来说就是，大模型本身就是知识库，里面蕴含了你所需要的信息，不一定非得微调才能解决问题，但是你得知道怎么才能把它里面的知识“调”出来。

咖哥发言

提示工程（Prompt Engineering）已经不再是一个新鲜名词了，它能“有效地与人工智能沟通以获得你想要的东西”。大多数人都不擅长提示工程，然而，它正在成为一项越来越重要的技能……

不好的输入很大程度上意味着不好的输出。因此，提示工程师这个职业应运而生。他们主要负责设计和优化模型的输入（即提示或指令），以引导模型生成满足特定目标的输出。当然，提示工程师需要深入理解特定任务的需求和目标，对任务背景和领域知识具有一定程度的了解，以确保输入符合任务的实际需求，设计出有效的提示或指令。而且，一个提示工程师还需要具有良好的沟通和协作能力。

小冰：那么咖哥，Prompt 和 Instruct 这两种模式应该也有一些不同之处吧。

咖哥：是的。Prompt 和 Instruct 这两种模式在输入的类型和任务的性质上有区别（如下图所示）。

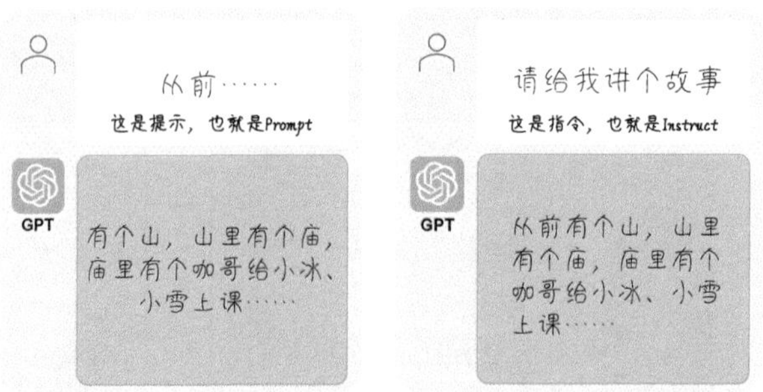

Prompt和Instruct模式

- Prompt 模式：输入通常是一个词或短语，模型需要根据这个提示生成自然且连贯的文本。这种方式适用于生成式任务，如文本生成、文章摘要等。例如，当输入“从前”这个提示时，语言模型返回“有个山，山里有个庙……”
- Instruct 模式：输入是一条明确的指令，要求模型完成特定任务。这种方式适用于那些需要明确指示的任务，如回答问题、解释概念等。例如：当输入“请

给我讲个故事”时，语言模型返回“从前有个山，山里有个庙，庙里有个咖哥给小冰、小雪上课……”

小冰：那么你能否总结一下Prompt/Instruct模型和“预训练＋微调大模型”模型的异同？

咖哥：先说两者的相似之处。首先，两种模型都依赖于大型预训练模型（如GPT、BERT等），这些模型在大规模无标注文本数据上进行训练，以学习丰富的语言知识和通用表示。其次，两种模型都利用了预训练模型的迁移学习能力，在具体的下游任务上使用预训练好的模型，从而减少了训练时间和数据需求。

不同之处咱们列表看看（见表0.2）。

表0.2 “预训练＋微调大模型”模式与Prompt/Instruct模式的不同之处

特点	“预训练＋微调大模型”模式	Prompt/Instruct模式
微调过程	在下游任务上进行微调以适应需求	不经过微调，设计合适的提示或指令生成输出
学习方式	在有标注数据集上进行有监督学习	通常不需要有标注数据
任务适应性	通过微调实现较高的任务适应性	依赖提示，任务适应性可能较低
灵活性	需要针对每个任务进行微调	灵活性更高，不需要微调，可能需要尝试和纠错

总的来说，这两种模型都利用了预训练模型的强大能力，但它们在实现具体任务时采用了不同的策略。“预训练＋微调大模型”模式通过在特定任务上对模型进行微调，使模型更加精确地适应任务需求；而Prompt/Instruct模式则直接利用预训练模型的生成能力，通过设计合适的提示来解决问题。选择哪种模型取决于具体的任务需求、可用数据，以及具体的任务对精确性和灵活性的需求。

小冰：咖哥，谢谢你把预训练模型的诞生、发展和使用方式细细捋了一遍，这样我就对大模型有了宏观的认识。下面，你能不能把GPT的发展脉络梳理出来呢？

咖哥：当然可以。

从初代GPT到ChatGPT，再到GPT-4

刚才我们说了，初代的GPT和BERT几乎是同时出现的，GPT比BERT出现得稍早一些。GPT的全称是Generative Pre-Training，和之后的BERT模型一样，它的基本结构也是Transformer。GPT的核心思想是利用Transformer模型对大量文本进行无监督学习，其目标就是最大化语句序列出现的概率。

GPT作为生成式模型的天然优势

小冰：咖哥，BERT 和 GPT 这两个模型都是“预训练”模型，它们到底怎么训练出来的，有什么不同呢？

咖哥：嗯，知道它们之间的不同点，对你理解语言模型的本质很有好处。鉴于你是初学者，我将用你能够理解的方式来讲解二者的异同，你看看下面这张图。

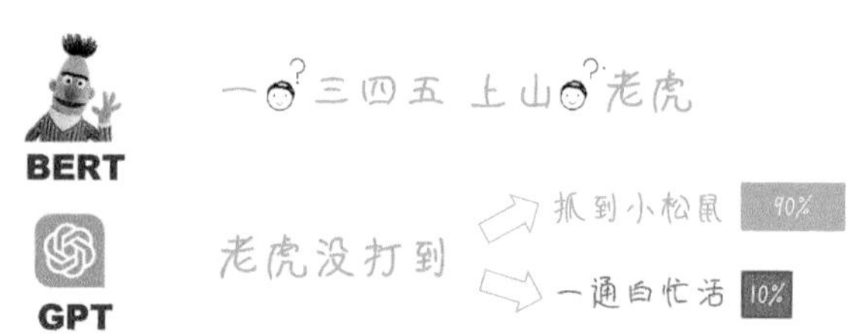

BERT和GPT的预训练过程比较

BERT 的预训练过程就像是做填空题。在这个过程中，模型通过大量的文本数据来学习，随机地遮住一些单词（或者说“挖空”），然后尝试根据上下文来预测被遮住的单词是什么（这是双向的学习）。这样，模型学会了理解句子结构、语法及词汇之间的联系。

GPT 的预训练过程则类似于做文字接龙游戏。在这个过程中，模型同样通过大量的文本数据来学习，但是它需要预测给定上文的下一个单词（这是单向的学习）。这就像是在一个接龙游戏中，你需要根据前面的单词来接龙后面的单词。通过这种方式，GPT 学会了生成连贯的文本，并能理解句子结构、语法及词汇之间的关系。

上面两个预训练模型实现细节上的区别，我们留待后续实战部分中详述。不过，我要强调一点，就是二者相比较，GPT 更接近语言模型的本质，因为它的预训练过程紧凑且有效地再现了自然语言生成的过程。

所以，虽然 BERT 模型比较“讨巧”，通过双向的上下文学习增强了语言模型的理解能力，但是语言模型的核心任务是为给定的上下文生成合理的概率分布。在实际应用中，我们通常需要模型根据给定的上下文生成接下来的文本，而不是填充已有文本中的空白部分。

而 GPT 正是通过从左到右逐个预测单词，使得模型在生成过程中能够学习到自然语言中的连贯表达、句法和语义信息。在大规模预训练模型发展的初期，它没有 BERT

那么耀眼，不过，它后来居上，为 ChatGPT 的横空出世打下了强大的基础。

ChatGPT背后的推手——OpenAI

咖哥：简单讲解了 ChatGPT 的原始模型 GPT 的天然优势之后，我们再来谈它背后的公司——OpenAI 的起步和发展。OpenAI 是个非常年轻的公司，比你小冰还要小得多。

OpenAI 成立于 2015 年，由众多知名创业者和科技领域的引领者共同发起，包括埃隆 · 马斯克、PayPal 联合创始人彼得 · 蒂尔（Peter Thiel）和美国科技孵化器 Y Combinator 总裁萨姆 · 阿尔特曼等。OpenAI 的宗旨是通过与其他研究机构和研究人员的开放合作，将其专利和研究成果公之于众，从而推动人工智能技术的发展和进步。

不过，今天的 OpenAI 已经不再是一个纯粹提供开源模型的公司。ChatGPT、GPT-4 训练成本高昂，OpenAI 已经逐渐走向盈利模式，使用这些模型的人需要为此支付一定的费用。

下图所示是 OpenAI 成立以来的大事记。

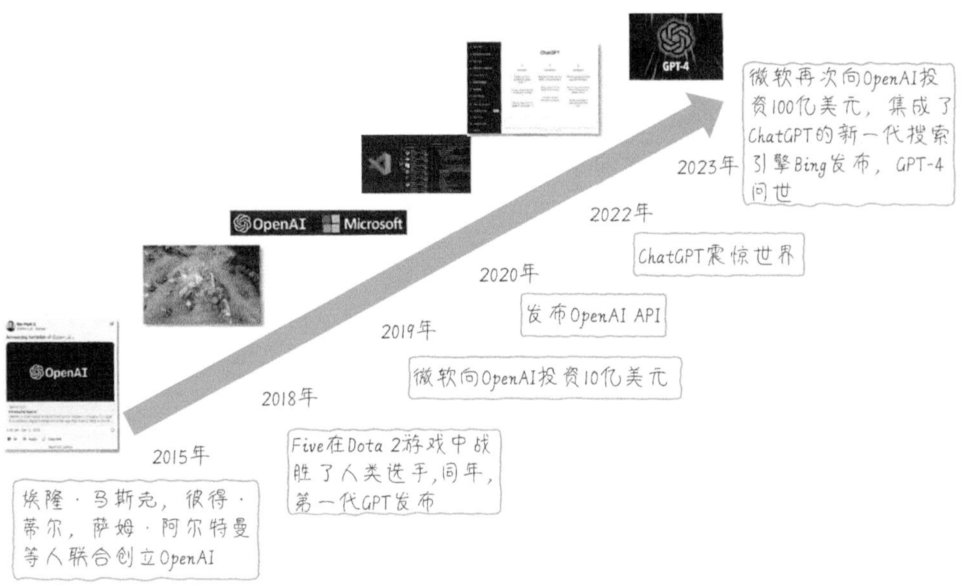

OpenAI成立以来的大事记

- 2015 年，埃隆 · 马斯克、彼得 · 蒂尔、萨姆 · 阿尔特曼等人联合创立 OpenAI。
- 2018 年，OpenAI 研发出了名为 Five 的人工智能选手，成功在 Dota 2 游戏中战胜了人类选手。同年，自然语言处理模型初代 GPT 发布。

- 2019 年，微软向 OpenAI 投资了 10 亿美元，并获得了 OpenAI 技术的商业化授权。
- 2020 年，发布 OpenAI API，通过向外界提供 AI 能力，开始实施商业化运营。
- 2022 年 11 月 30 日，OpenAI 发布了 ChatGPT，一鸣惊人。
- 2023 年 1 月中旬，微软再次向 OpenAI 投资 100 亿美元。紧随其后的 2 月 8 日，微软发布了集成了 ChatGPT 的新一代搜索引擎 Bing。
- 2023 年 4 月，GPT-4 问世，把大型预训练模型的能力推到新高度，我们直奔 AGI 而去……

未完，待续……

从初代GPT到ChatGPT，再到GPT-4的进化史

ChatGPT 是从初代 GPT 逐渐演变而来的。在进化的过程中，GPT 系列模型的参数数量呈指数级增长，从初代 GPT 的 1.17 亿个参数，到 GPT-2 的 15 亿个参数，再到 GPT-3 的 1750 亿个参数。模型越来越大，训练语料库越来越多，模型的能力也越来越强。GPT 的发展过程如下图所示。

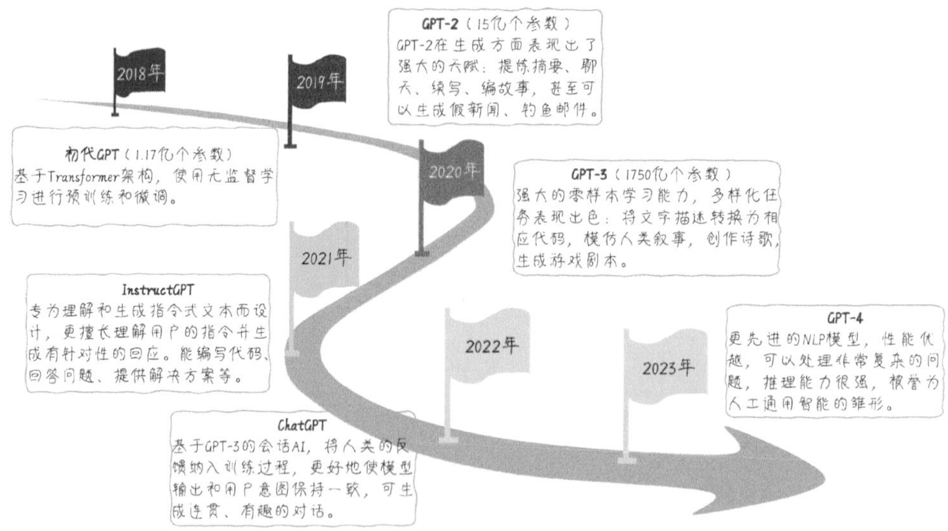

GPT的进化史

最早发布的 ChatGPT 是在 GPT-3.5 的基础上训练出来的。在从 GPT-3 迈向 ChatGPT 的过程中，技术进展主要集中在基于聊天场景的微调、提示工程、控制性能（Controllability，控制生成文本的长度、风格、内容等），以及安全性和道德责任等方面。这些进步使得 ChatGPT 在聊天场景中表现得更加出色，能够为用户提供更好的交互体验。

在大型预训练模型的发展过程中，研究人员发现随着模型参数数量的增加和训练语料库的扩充，大模型逐渐展现出一系列新的能力。这些能力并非通过显式编程引入的，而是在训练过程中自然地呈现出来的。研究人员将这种大模型逐步展示出新能力的现象称为“涌现能力”（Emergent Capabilities）。

发展到 GPT-4 这个版本后，大模型的能力更是一发不可收拾，它能够理解图像，能够接受图像和文本输入，也就是多模态输入，输出正确的文本回复；它具有超长文本的处理分析能力，甚至能够理解 2.5 万字的长文本；它能够进行艺术创作，包括编歌曲、写故事，甚至学习特定用户的创作风格；GPT-4 在多项考试中也展现出了强大的实力，其在模拟律师资格考试中的成绩位于前 10%，这比起 GPT-3.5 的成绩（后 10%）有了大幅度的提高。

好了小冰，说到这里，你已经从宏观上对 NLP 的发展、大型预训练模型的发展，甚至从 ChatGPT 到 GPT-4 的发展有了一定的理解，而我们这个课程的框架也呼之欲出了。在后面的课程中，我要循着自然语言处理技术的演进过程，给你讲透它的技术重点，并和你一起实际操练一番，一步一步带你学透 GPT。

那么，精彩即将开始……

第1课

高楼万丈平地起：语言模型的雏形 N-Gram 和简单文本表示 Bag-of-Words

初春，阳光明媚。咖哥和小冰边往公司走，边刷手机。

咖哥笑着说：你看，“刷屏”的又是GPT，大模型简直要火到天上去了。

不过，在语言模型刚刚出现的时候，它们可没有现在这么强大，那个时候的语言模型，几乎连最简单的自然语言处理任务都无法完成。谁能想到，几十年之后，有了深度学习和大数据，语言模型会发展成今天这个样子？

也好，今天我们就从最简单、最基本的语言模型讲起吧。不了解语言模型的本质和发展过程，GPT和ChatGPT也就无从谈起。你还记得语言模型是什么吗？

小冰：我隐约记得，语言模型好像是用来预测下一个单词的模型？

咖哥：哈哈，你说对了一半。语言模型确实可以预测单词，但更严谨地说，语言模型就是一个用来估计文本概率分布的数学模型，它可以帮助我们了解某个文本序列在自然语言中出现的概率，因此也就能够根据给定的文本，预测下一个最可能出现的单词。语言模型关注的是一段上下文中单词之间的相关性，以保证模型所生成的文本序列是合理的语句。

这个概念看似晦涩，但其实在我们生活中很常见。比如，你用手机打字时，输入法会根据你输入的前几个字和你平日的习惯，自动推荐接下来的字或词（如右图所示），这正是语言模型的应用。

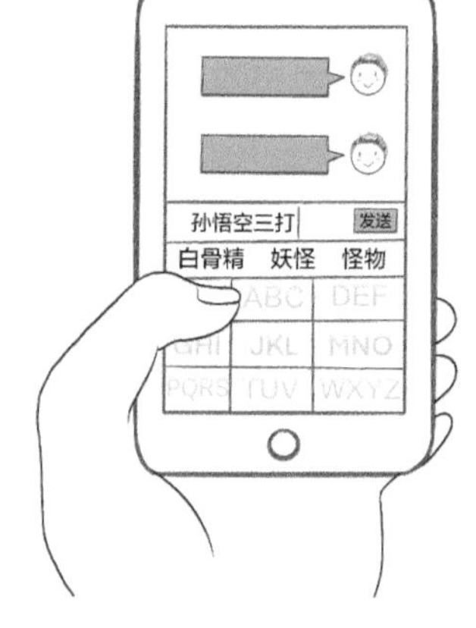

语言模型帮我们预测下一个词

1.1 N-Gram模型

小冰：哦，原来如此！我记得你曾说过，语言模型的雏形N-Gram很早就诞生了。

咖哥：的确如此。20 世纪 40 年代，人工智能这个概念刚刚诞生，彼时的计算机科学家们正为了让计算机理解和生成自然语言而努力。信息论的奠基人香农（Shannon）提出了一种衡量信息量的方法，叫作“香农熵”。他认为，要衡量一句话的信息量，就要了解其中每个单词出现的概率。

小冰：还“彼时”，文绉绉的……

咖哥：嘿！认真听重点。受到香农熵的启发，研究自然语言处理的科学家们发现，要让计算机理解自然语言，就必须让它学会对语言中的词序列进行概率估计。这样，计算机才能判断哪些语句是符合自然语言规律的，哪些是不合逻辑的（见下图）。这就为语言模型的诞生奠定了理论基础。

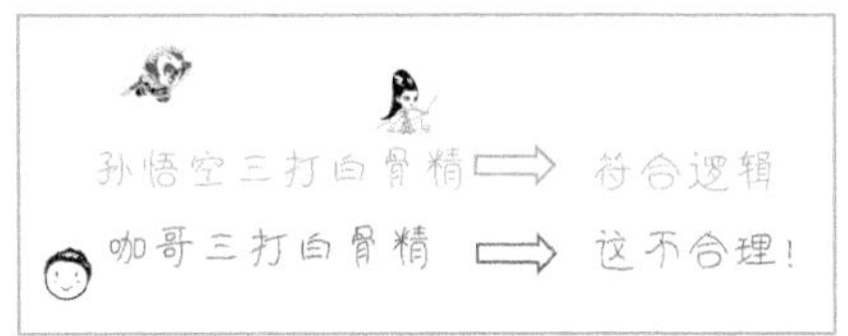

第一个句子出现的概率更高，因此更符合自然语言规律

随后，在 20 世纪 50 年代，研究者开始尝试用统计方法来预测文本中的词序列概率，这种为了预测词汇出现的概率而使用的统计方法就是自然语言处理中的概率模型。概率模型的基本思想是，给定一个词序列，计算下一个词出现的概率。然而，由于词序列可能非常长，计算整个序列的联合概率[1]会变得非常复杂。这时，N-Gram 模型就派上了用场。

在 N-Gram 模型中，我们通过将文本分割成连续的 N 个词的组合（即 N-Gram），来近似地描述词序列的联合概率。我们假设一个词出现的概率仅依赖于它前面的 N-1 个词。换句话说，我们利用有限的上下文信息（N-1 个词）来近似地预测下一个词的概率。

下面就是一个以词为“Gram”（元素）的 N-Gram 模型图示。其中 Unigram 中 N 值为 1，可以称之为一元组。以此类推，Bigram 中 N 值为 2，是二元组，Trigram 是三元组。

以词为元素的N-Gram模型

① 联合概率是指多个随机变量同时满足特定条件的概率，例如$p(x, y)$表示随机变量x取这个值，同时y取那个值的概率。

咖哥发言

N-Gram 的概念并不是由某个具体的人提出的，早在 20 世纪初，人工智能这门学科确立之前，它就在许多语言学家、数学家和密码学家的研究中发展起来了。

当时，哈佛大学的乔治·金斯利·齐普夫（George Kingsley Zipf）发表了关于词频和排名的经验规律，即齐普夫定律。这个定律描述了一个有趣的现象：在任何给定的语料库中，一个词出现的频率与其排名成反比。这个发现激发了人们对词频率分布研究的兴趣。

20 世纪 30 年代至 40 年代，数学家、语言学家和密码学家们为了解密敌对国家的加密通信，开始研究概率论和信息论在语言处理中的应用。这个时期，香农提出了“熵”的概念，用于衡量信息的不确定性。这为后来 N-Gram 模型的发展奠定了基础。

第二次世界大战期间，英国的密码学家阿兰·图灵为了解开恩尼格玛（Enigma）密码机的秘密，也使用了统计方法，这些方法后来演变成了 N-Gram 模型的雏形。在战后的几十年里，研究者们持续探索着基于统计的自然语言处理方法，N-Gram 模型成了这一领域的基石。

综上所述，N-Gram 模型的发展是多学科交叉研究和应用的结果，很多学者为其发展做出了重要贡献。虽然没有一个具体的“大师”发明了 N-Gram 模型，但我们可以从它的发展历史中看到，许多人的智慧和努力共同推动了自然语言处理技术的进步。

具体来说，N-Gram 模型的构建过程如下。

（1）将给定的文本分割成连续的 N 个词的组合（N-Gram）。

比如，在 Bigram 模型（2-Gram 模型，即二元模型）中，我们将文本分割成多个由相邻的两个词构成的组合，称它们为“二元组”（2-Gram）。

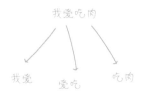

把“我爱吃肉”这句话分割成二元组

（2）统计每个 N-Gram 在文本中出现的次数，也就是词频。

比如，二元组“我爱”在语料库中出现了 3 次（如下页图所示），即这个二元组的词频为 3。

我爱 ——→ 3次

二元组“我爱”在语料库中出现了3次

（3）为了得到一个词在给定上下文中出现的概率，我们可以利用条件概率公式计算。具体来讲，就是计算给定前 N−1 个词时，下一个词出现的概率。这个概率可以通过计算某个 N-Gram 出现的次数与前 N−1 个词（前缀）出现的次数之比得到。

比如，二元组“我爱”在语料库中出现了 3 次，而二元组的前缀“我”在语料库中出现了 10 次，则给定“我”，下一个词为“爱”的概率为 30%（如下图所示）。

我 = 10

我爱 = 3　　我 —30%→ 爱

我喜 = 2　　我 —20%→ 喜

给定“我”，下一个词为“爱”的概率为30%

（4）可以使用这些概率来预测文本中下一个词出现的可能性。多次迭代这个过程，甚至可以生成整个句子，也可以算出每个句子在语料库中出现的概率。

比如，从一个字“我”，生成“爱”，再继续生成“吃”，直到“我爱吃肉”这个句子。计算“我爱”“爱吃”“吃肉”出现的概率，然后乘以各自的条件概率，就可以得到这个句子在语料库中出现的概率了。如右图所示。

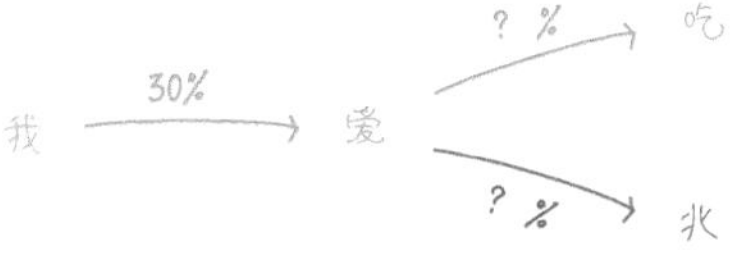

哪一个词更可能出现在“爱”后面

咖哥：小冰，听懂了吗？

小冰：懂了。N-Gram 模型是一种简化的概率模型，它通过计算 N 个词的联合概率来预测下一个词，可以说是最早的语言模型，当然，也是一种统计方法。

咖哥：那你说说 N-Gram 里面的“N”代表什么，“Gram”又代表什么？

1.2 “词”是什么，如何“分词”

小冰一愣，回答：你说了，“N”就是将文本分割成连续 *N* 个词的组合的“N”，一个 2-Gram 表示两个相邻的词组成的序列，例如“我爱吃肉”分成“我爱”“爱吃”和“吃肉”；而一个 3-Gram 表示三个相邻的词组成的序列，例如“我爱吃肉”分成“我爱吃”和“爱吃肉”。以此类推，还可以有 4-Gram、5-Gram……而“Gram”，我猜应该就是“词”的意思吧。

咖哥：你理解得基本正确。不过，我必须指出的是，在自然语言处理中，我们所说的“词”并不像想象的那么简单，笼统地把“Gram”称为“词”是不合适的。

“Gram”这个词来源于希腊语的词根，意为“字母”或“写作”。在 N-Gram 模型中，它表示文本中的一个元素，“N-Gram”指长度为 *N* 的连续元素序列。

那么你看，这里的“元素”在英文中可以指单词，也可以指字符，有时还可以指“子词”(Subword)；而在中文中，可以指词或者短语，也可以指字。

咖哥发言

在自然语言处理中，子词分词算法将单词切分成更小的部分，即子词，以便更好地处理未登录词（语料库词汇表里面找不到的词）、拼写错误和词汇变化等问题。这种算法有助于减小词汇表大小，同时提高模型的泛化能力。

例如，如果我们使用子词分词算法将英文单词 "embedding" 进行切分，可能得到以下几个子词：["em", "bed", "ding"]。这是一个简化的示例，实际上的子词分词可能更复杂。

在 BERT 等自然语言处理模型中，常用的子词分词算法有 WordPiece（使用贪婪算法或者基于统计的方法进行训练，可以根据训练数据自动学习，得出最优的分词方案）和 SentencePiece(在切分子词的同时还考虑了多个子词的共性）。这些算法可以根据训练数据集自动学习出高频子词。以 WordPiece 为例：

"playing" 可以切分为 ["play", "##ing"]
"unstoppable" 可以切分为 ["un", "##stop", "##able"]

在这些例子中，双井号（##）表示该子词是一个前缀或后缀，而非一个独立的词。这有助于模型了解子词在原始单词中的位置。通过使用子词分词算法，自然语言处理模型可以更好地应对不同语言中词汇的复杂性和变化。

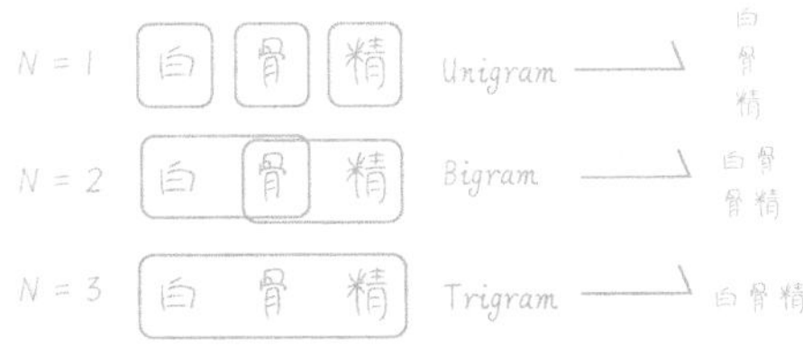

Gram为字时的N-Gram

刚才的图示“孙悟空三打白骨精”中，是把“白骨精”作为一个“词”，也就是一个Gram来处理的，我们也可以进行粒度更细的拆分，如左图所示，那么，每一个Gram代表的就是一个“字”了。此时的一元组就是一个字，二元组就是两个字。

小冰：那么在实际应用中，到底应该把语料库拆分成什么元素呢？是字还是词？

咖哥：那就具体情况具体分析了。在自然语言处理中，一个非常关键的预处理环节就是按照需要对语料库，也就是自然语言数据集中的句子进行分词，分词之后，文本序列就形成了可以输入语言模型的一个个“元素”（或者称为“单元”），这个元素的英文名叫作“Token”。Token翻译成中文，常常词不达意。有人叫它“令牌”，有人叫它“子词”或者“分词”。总而言之，当你看到Token，就应该知道，我们已经通过分词工具，把语料，也就是一个个句子，切成了能够被语言模型读取并处理的一个个元素。

小冰：那么，分词是怎么进行的呢？

咖哥：一般的自然语言处理工具包都为我们提供好了分词的工具。比如，英文分词通常使用NLTK、spaCy等自然语言处理库，中文分词通常使用jieba库（中文NLP工具包），而如果你将来会用到BERT这样的预训练模型，那么你就需要使用BERT的专属分词器Tokenizer，它会把每个单词拆成子词——这是BERT处理生词的方法。

咖哥发言

上面说的分词，是自然语言处理的一个预处理环节。当然，除了分词之外，还有文本清洗、去停用词[①]、词干提取和词性标注等很多NLP数据预处理技术。本书的目的是讲解GPT模型的技术演进，所以本书将笔墨聚焦于语言模型的发展、注意力机制，以及Transformer架构，对各种文本数据预处理技术不做赘述。

① 指在自然语言文本中频繁出现但通常对文本分析任务没有太大贡献的词语。常见的停用词包括“的”“是”“在”“和”“那”“这”“个”。

咖哥：下面我们一起用 Python 创建一个 Bigram 模型吧[①]，这个模型能够根据给定的文本，预测下一个元素。

1.3 创建一个Bigram字符预测模型

1

这个 Bigram 字符预测模型程序的整体结构如下图所示。

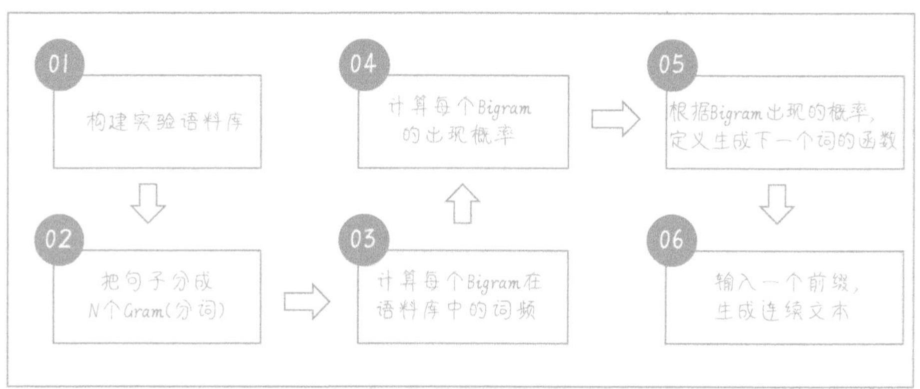

Bigram字符预测模型程序结构

第1步　构建实验语料库

首先建一个非常简单的数据集。

In

```
# 构建一个玩具数据集
corpus = [ " 我喜欢吃苹果 ",
      " 我喜欢吃香蕉 ",
      " 她喜欢吃葡萄 ",
      " 他不喜欢吃香蕉 ",
      " 他喜欢吃苹果 ",
      " 她喜欢吃草莓 "]
```

这个玩具数据集，你可以把它想象成中文的一个简单缩影，抑或文明曙光初现时我们祖先发明的第一批语言和文字，人们每天反反复复就只说这么几句话。这就是我们的实验语料库。

第2步　把句子分成*N*个“Gram”（分词）

定义一个分词函数，用它将文本分割成单个汉字字符，针对字符来计算 Bigram 词频。

---

① 本书所有程序代码都通过Python语言实现。

In

```
# 定义一个分词函数，将文本转换为单个字符的列表
def tokenize(text):
    return [char for char in text] # 将文本拆分为字符列表
```

第3步　计算每个Bigram在语料库中的词频

定义计算 N-Gram 词频的函数，并在数据集上应用这个函数，指定参数 n 为 2，以生成 Bigram，然后把所有的词频都显示出来。

In

```
# 定义计算 N-Gram 词频的函数
from collections import defaultdict, Counter # 导入所需库
def count_ngrams(corpus, n):
    ngrams_count = defaultdict(Counter) # 创建一个字典，存储 N-Gram 计数
    for text in corpus: # 遍历语料库中的每个文本
        tokens = tokenize(text) # 对文本进行分词
        for i in range(len(tokens) - n + 1): # 遍历分词结果，生成 N-Gram
            ngram = tuple(tokens[i:i+n]) # 创建一个 N-Gram 元组
            prefix = ngram[:-1] # 获取 N-Gram 的前缀
            token = ngram[-1] # 获取 N-Gram 的目标单字
            ngrams_count[prefix][token] += 1 # 更新 N-Gram 计数
    return ngrams_count
bigram_counts = count_ngrams(corpus, 2) # 计算 Bigram 词频
print("Bigram 词频：") # 打印 Bigram 词频
for prefix, counts in bigram_counts.items():
    print("{}: {}".format("".join(prefix), dict(counts)))
```

Out

```
Bigram 词频：
我 : {'喜': 2}
喜 : {'欢': 6}
欢 : {'吃': 6}
吃 : {'苹': 2, '香': 2, '葡': 1, '草': 1}
苹 : {'果': 2}
香 : {'蕉': 2}
她 : {'喜': 2}
葡 : {'萄': 1}
他 : {'不': 1, '喜': 1}
不 : {'喜': 1}
草 : {'莓': 1}
```

从输出中可以看到，每一个二元组在整个语料库中出现的次数都被统计得清清楚楚，这就是我们所构造的模型的基础信息。比如说，“吃苹”这个 Bigram，在语料库中出现了 2 次；而“吃葡”则只出现过 1 次。

第4步　计算每个Bigram的出现概率

根据词频计算每一个 Bigram 出现的概率。也就是计算给定前一个词时，下一个词出现的可能性，这是通过计算某个 Bigram 词频与前缀词频之比得到的。

In

```
# 定义计算 N-Gram 出现概率的函数
def ngram_probabilities(ngram_counts):
    ngram_probs = defaultdict(Counter) # 创建一个字典，存储 N-Gram 出现的概率
    for prefix, tokens_count in ngram_counts.items(): # 遍历 N-Gram 前缀
        total_count = sum(tokens_count.values()) # 计算当前前缀的 N-Gram 计数
        for token, count in tokens_count.items(): # 遍历每个前缀的 N-Gram
            ngram_probs[prefix][token] = count / total_count # 计算每个 N-Gram 出现的概率
    return ngram_probs
bigram_probs = ngram_probabilities(bigram_counts) # 计算 Bigram 出现的概率
print("\nbigram 出现的概率 :") # 打印 Bigram 概率
for prefix, probs in bigram_probs.items():
    print("{}: {}".format("".join(prefix), dict(probs)))
```

Out

```
Bigram 出现的概率：
我 : {' 喜 ': 1.0}
喜 : {' 欢 ': 1.0}
欢 : {' 吃 ': 1.0}
吃 : {' 苹 ': 0.3333333333333333, ' 香 ': 0.3333333333333333, ' 葡 ': 0.16666666666666666, ' 草 ': 0.16666666666666666}
苹 : {' 果 ': 1.0}
香 : {' 蕉 ': 1.0}
她 : {' 喜 ': 1.0}
葡 : {' 萄 ': 1.0}
他 : {' 不 ': 0.5, ' 喜 ': 0.5}
不 : {' 喜 ': 1.0}
草 : {' 莓 ': 1.0}
```

这样，我们拥有了全部 Bigram 出现的概率，也就拥有了一个 N-Gram 模型。可以用这个模型来进行文本生成。也就是说，你给出一个字，它可以为你预测下一个字，方法就是直接选择出现概率最高的一个词进行生成。

第5步　根据Bigram出现的概率，定义生成下一个词的函数

定义生成下一个词的函数，基于 N-Gram 出现的概率计算特定前缀出现后的下一个词。

In

```
# 定义生成下一个词的函数
def generate_next_token(prefix, ngram_probs):
    if not prefix in ngram_probs: # 如果前缀不在 N-Gram 中，返回 None
```

```
    return None
  next_token_probs = ngram_probs[prefix] # 获取当前前缀的下一个词的概率
  next_token = max(next_token_probs,
            key=next_token_probs.get) # 选择概率最大的词作为下一个词
  return next_token
```

这段代码接收一个词序列（称为前缀）和一个包含各种可能的下一个词及其对应概率的词典。首先，检查前缀是否在词典中。如果前缀不存在于词典中，那么函数返回None，表示无法生成下一个词。如果前缀存在于词典中，该函数就会从词典中取出这个前缀对应的下一个词的概率。接着，函数会在其中找到概率最大的词，然后将这个词作为下一个词返回。

有了这个函数，给定一个前缀词之后，我们就可以调用它，生成下一个词。

第6步　输入一个前缀，生成连续文本

先定义一个生成连续文本的函数。

```
# 定义生成连续文本的函数
def generate_text(prefix, ngram_probs, n, length=6):
  tokens = list(prefix) # 将前缀转换为字符列表
  for _ in range(length - len(prefix)): # 根据指定长度生成文本
    # 获取当前前缀的下一个词
    next_token = generate_next_token(tuple(tokens[-(n-1):]), ngram_probs)
    if not next_token: # 如果下一个词为 None，跳出循环
      break
    tokens.append(next_token) # 将下一个词添加到生成的文本中
  return "".join(tokens) # 将字符列表连接成字符串
```

这个函数首先将前缀字符串转化为字符列表 tokens，以便后续操作。然后进入一个循环，循环的次数等于生成文本的目标长度 length 减去前缀的长度。循环的目的是生成足够长度的文本。在循环中，函数会调用之前定义的 generate_next_token 函数，以获取下一个词。

这个函数会考虑到当前的 n-1 个词（也就是前缀的最后 n-1 个词），以及所有可能的下一个词及其对应的概率。如果 generate_next_token 函数返回的下一个词是 None（也就是没有找到合适的下一个词），那么循环会提前结束，不再生成新的词。如果函数成功找到了下一个词，那么这个词会被添加到字符列表 tokens 的尾部。当循环结束时，函数将使用 Python 的 join 方法，将字符列表连接成一个字符串，也就是函数生成的一段连续文本。

有了这个函数，我们就可以调用它，生成连续文本。一个简单的语言模型就做好了！

小冰问道：咖哥，那我们能否用这个模型生成句子呢？

咖哥回答：当然可以，加入一个前缀，模型立刻就能生成一个句子。

In

```
# 输入一个前缀，生成文本
generated_text = generate_text(" 我 ", bigram_probs, 2)
print("\n 生成的文本：", generated_text) # 打印生成的文本
```

Out

```
生成的文本：我喜欢吃苹果
```

这个 Bigram 字符预测模型，也就是简单的 N-Gram 模型虽然有局限性，但它对后来许多更加强大的自然语言处理技术都有很大的启发意义。你看，我们只是通过一个玩具数据集和二元组模型，就能生成简单的句子。

在 N-Gram 模型中，我们预测一个词出现的概率，只需考虑它前面的 *N*-1 个词。这样做的优点是计算简单，但缺点也很明显：它无法捕捉到距离较远的词之间的关系。而下面我给你介绍的这个和 N-Gram 差不多同时出现的早期语言模型——Bag-of-Words 模型（也称"词袋模型"），则并不考虑哪个词和哪个词临近，而是通过把词看作一袋子元素的方式来把文本转换为能统计的特征。

1.4 词袋模型

词袋模型是一种简单的文本表示方法，也是自然语言处理的一个经典模型。它将文本中的词看作一个个独立的个体，不考虑它们在句子中的顺序，只关心每个词出现的频次，如下图所示。

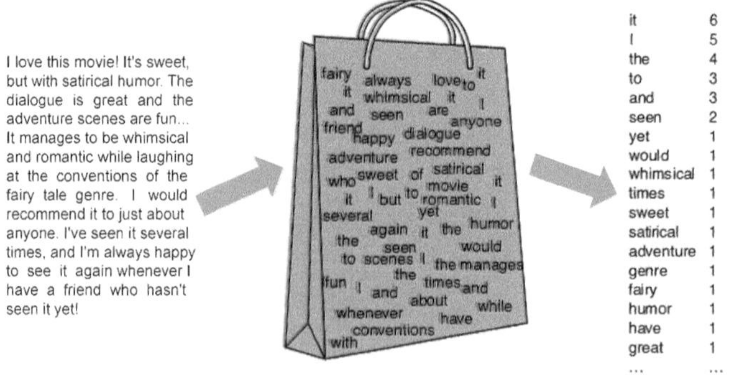

词袋模型

小冰：看起来N-Gram 模型考虑了词与词之间的顺序关系，而词袋模型则忽略了这个信息。我想，这能让词袋模型在某些应用场景下，比如文本分类和情感分析等，更加简单高效吧。

咖哥：正是如此！比如有这样两个句子。

- "咖哥喜欢吃苹果"
- "苹果是咖哥喜欢的水果"

词袋模型会将这两个句子表示成如下的向量。

- {"咖哥": 1, "喜欢": 1, "吃": 1, "苹果": 1}
- {"苹果": 1, "是": 1, "咖哥": 1, "喜欢": 1, "的": 1, "水果": 1}

通过比较这两个向量之间的相似度，我们就可以判断出它们之间关联性的强弱。

小冰：哦，原来是这样！那我们可以用代码实现这个过程吗？

咖哥：当然可以，我们来编写一个简单的词袋模型。

1.5 用词袋模型计算文本相似度

下面的程序将用词袋模型比较一些文本的相似度，这个程序的结构如下。

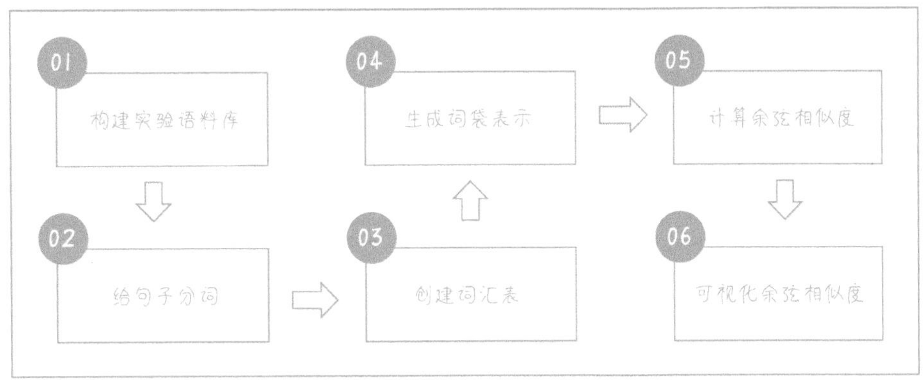

用词袋模型比较文本相似度的程序结构

第1步 构建实验语料库

定义一个简单的数据集，作为我们的实验语料库。

In

```
# 构建一个玩具数据集
corpus = [" 我特别特别喜欢看电影 ",
      " 这部电影真的是很好看的电影 ",
      " 今天天气真好是难得的好天气 ",
      " 我今天去看了一部电影 ",
      " 电影院的电影都很好看 "]
```

1

第2步　给句子分词

用 jieba 包对这些句子进行分词。和前面 N-Gram 的示例略有不同，这个例子中以词为单位处理语料，而不是“字”。

In

```
# 对句子进行分词
import jieba # 导入 jieba 包
# 使用 jieba.cut 进行分词，并将结果转换为列表，存储在 corpus_tokenized 中
corpus_tokenized = [list(jieba.cut(sentence)) for sentence in corpus]
```

第3步　创建词汇表

根据分词结果，为语料库创建一个完整的词汇表，并显示这个词汇表。

In

```
# 创建词汇表
word_dict = {} # 初始化词汇表
# 遍历分词后的语料库
for sentence in corpus_tokenized:
  for word in sentence:
    # 如果词汇表中没有该词，则将其添加到词汇表中
    if word not in word_dict:
      word_dict[word] = len(word_dict) # 分配当前词汇表索引
print(" 词汇表：", word_dict) # 打印词汇表
```

Out

```
词汇表：{' 我 ': 0, ' 特别 ': 1, ' 喜欢 ': 2, ' 看 ': 3, ' 电影 ': 4, ' 这部 ': 5, ' 真的 ': 6, ' 是 ': 7, ' 很 ': 8, ' 好看 ': 9, ' 的 ': 10, ' 今天天气 ': 11, ' 真好 ': 12, ' 难得 ': 13, ' 好 ': 14, ' 天气 ': 15, ' 今天 ': 16, ' 去 ': 17, ' 了 ': 18, ' 一部 ': 19, ' 电影院 ': 20, ' 都 ': 21}
```

第4步　生成词袋表示

根据这个词汇表将句子转换为词袋表示。

In

```
# 根据词汇表将句子转换为词袋表示
bow_vectors = [] # 初始化词袋表示
# 遍历分词后的语料库
for sentence in corpus_tokenized:
    # 初始化一个全 0 向量，其长度等于词汇表大小
    sentence_vector = [0] * len(word_dict)
    for word in sentence:
        # 给对应词索引位置上的数加 1，表示该词在当前句子中出现了一次
        sentence_vector[word_dict[word]] += 1
    # 将当前句子的词袋向量添加到向量列表中
    bow_vectors.append(sentence_vector)
print(" 词袋表示：", bow_vectors) # 打印词袋表示
```

Out

```
词袋表示： [[1, 2, 1, 1, 1, 0, 0, 0, 0, 0, 0, 0, 0, 0, 0, 0, 0, 0, 0, 0, 0, 0],
[0, 0, 0, 0, 2, 1, 1, 1, 1, 1, 1, 0, 0, 0, 0, 0, 0, 0, 0, 0, 0, 0],
[0, 0, 0, 0, 0, 0, 0, 1, 0, 0, 1, 1, 1, 1, 1, 1, 0, 0, 0, 0, 0, 0],
[1, 0, 0, 1, 1, 0, 0, 0, 0, 0, 0, 0, 0, 0, 0, 0, 1, 1, 1, 1, 0, 0],
[0, 0, 0, 0, 1, 0, 0, 0, 1, 1, 1, 0, 0, 0, 0, 0, 0, 0, 0, 0, 1, 1]]
```

这里，我们得到了 5 个 Python 列表，分别对应语料库中的 5 句话。这 5 个列表，就是词袋表示向量，向量中的每个元素表示对应词在文本中出现的次数。向量的长度等于词汇表中的词的数量，这里我们一共有 22 个词。我们可以看到，词袋表示忽略了文本中词的顺序信息，仅关注词的出现频率。

例如，我们的词汇表为 {' 我 ': 0, ' 特别 ': 1, ' 喜欢 ': 2, ' 看 ': 3, ' 电影 ': 4}，那么句子“我特别特别喜欢看电影”的词袋表示为 [1, 2, 1, 1, 1]，即“我”“喜欢”“看”和“电影”这些词在句子中各出现了一次，而“特别”则出现了两次。

咖哥发言

我们经常听说的 One-Hot 编码也可以看作一种特殊的词袋表示。在 One-Hot 编码中，每个词都对应一个只包含一个 1，其他元素全为 0 的向量，1 的位置与该词在词汇表中的索引对应。在单词独立成句的情况下，词袋表示就成了 One-Hot 编码。比如上面的语料库中，“我”这个单词如果独立成句，则该句子的词袋表示为 [1, 0, 0, 0, 0, 0, 0, 0, 0, 0, 0, 0, 0, 0, 0, 0, 0, 0, 0, 0, 0, 0]，这完全等价于“我”在当前词汇表中的 One-Hot 编码。

第5步　计算余弦相似度

计算余弦相似度（Cosine Similarity），衡量两个文本向量的相似性。

余弦相似度可用来衡量两个向量的相似程度。它的值在 −1 到 1 之间，值越接近 1，表示两个向量越相似；值越接近 −1，表示两个向量越不相似；当值接近 0 时，表示两个向量之间没有明显的相似性。

余弦相似度的计算公式如下：

$$\text{cosine\_similarity}(\boldsymbol{A}, \boldsymbol{B}) = (\boldsymbol{A} \cdot \boldsymbol{B}) / (||\boldsymbol{A}|| * ||\boldsymbol{B}||)$$

其中，$(\boldsymbol{A} \cdot \boldsymbol{B})$ 表示向量 $\boldsymbol{A}$ 和向量 $\boldsymbol{B}$ 的点积，$||\boldsymbol{A}||$ 和 $||\boldsymbol{B}||$ 分别表示向量 $\boldsymbol{A}$ 和向量 $\boldsymbol{B}$ 的范数（长度）。在文本处理中，我们通常使用余弦相似度来衡量两个文本在语义上的相似程度。对于词袋表示的文本向量，使用余弦相似度计算文本之间的相似程度可以减少句子长度差异带来的影响。

咖哥发言

余弦相似度和向量距离（Vector Distance）都可以衡量两个向量之间的相似性。余弦相似度关注向量之间的角度，而不是它们之间的距离，其取值范围在 −1（完全相反）到 1（完全相同）之间。向量距离关注向量之间的实际距离，通常使用欧几里得距离（Euclidean Distance）来计算。两个向量越接近，它们的距离越小。

如果要衡量两个向量的相似性，而不关心它们的大小，那么余弦相似度会更合适。因此，余弦相似度通常用于衡量文本、图像等高维数据的相似性，因为在这些场景下，关注向量的方向关系通常比关注距离更有意义。而在一些需要计算实际距离的应用场景，如聚类分析、推荐系统等，向量距离会更合适。

本例中，我们编写一个函数来计算余弦相似度，然后计算每两个句子之间的余弦相似度。

In

```
# 导入 numpy 库，用于计算余弦相似度
import numpy as np
# 定义余弦相似度函数
def cosine_similarity(vec1, vec2):
    dot_product = np.dot(vec1, vec2) # 计算向量 vec1 和 vec2 的点积
    norm_a = np.linalg.norm(vec1) # 计算向量 vec1 的范数
    norm_b = np.linalg.norm(vec2) # 计算向量 vec2 的范数
    return dot_product / (norm_a * norm_b) # 返回余弦相似度
```

```
# 初始化一个全 0 矩阵，用于存储余弦相似度
similarity_matrix = np.zeros((len(corpus), len(corpus)))
# 计算每两个句子之间的余弦相似度
for i in range(len(corpus)):
    for j in range(len(corpus)):
        similarity_matrix[i][j] = cosine_similarity(bow_vectors[i],
                                                    bow_vectors[j])
```

第6步　可视化余弦相似度

使用 matplotlib 可视化句子和句子之间的相似度。

In

```
# 导入 matplotlib 库，用于可视化余弦相似度矩阵
import matplotlib.pyplot as plt
plt.rcParams["font.family"]=['SimHei'] # 用来设定字体样式
plt.rcParams['font.sans-serif']=['SimHei'] # 用来设定无衬线字体样式
plt.rcParams['axes.unicode_minus']=False # 用来正常显示负号
fig, ax = plt.subplots() # 创建一个绘图对象
# 使用 matshow 函数绘制余弦相似度矩阵，颜色使用蓝色调
cax = ax.matshow(similarity_matrix, cmap=plt.cm.Blues)
fig.colorbar(cax) # 条形图颜色映射
ax.set_xticks(range(len(corpus))) # x 轴刻度
ax.set_yticks(range(len(corpus))) # y 轴刻度
ax.set_xticklabels(corpus, rotation=45, ha='left') # 刻度标签
ax.set_yticklabels(corpus) # 刻度标签为原始句子
plt.show() # 显示图形
```

Out

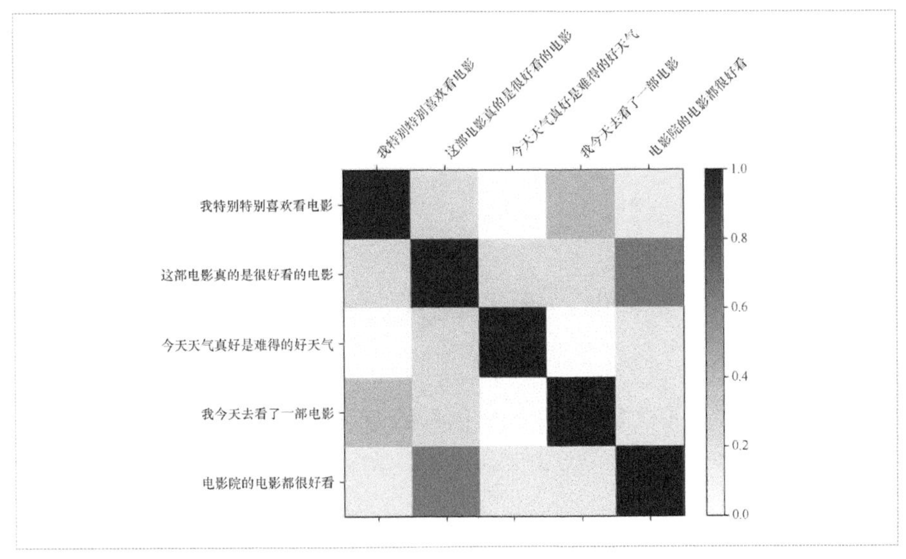

矩阵图中每个单元格表示两个句子之间的余弦相似度，颜色越深，句子在语义上越相似。例如，“这部电影真的是很好看的电影”和“电影院的电影都很好看”交叉处的单元格颜色相对较深，说明它们具有较高的余弦相似度，这意味着它们在语义上较为相似。

1

小冰：词袋模型的确不错！不过，咖哥，如果不出意外的话，你现在一定会告诉我这个模型有哪些不足之处，后续的研究人员又是如何改进的吧？

咖哥：没错，小冰。词袋模型是早期的一种模型，相对简单，存在两个主要问题：第一，它使用高维稀疏向量来表示文本，每个单词对应词汇表中的一个维度。这导致模型更适用于高维空间，而且计算效率低。第二，词袋模型在表示单词时忽略了它们在文本中的上下文信息。该模型无法捕捉单词之间的语义关系，因为单词在向量空间中的相对位置没有意义。

所以你看，词袋模型并没有像 N-Gram 那样，将连续的几个单词放在一起考虑，因此也就缺乏相邻上下文的语言信息。

因此，NLP 领域的科学家们逐渐从回归 N-Gram 的思路入手，去研究如何使用低维密集向量表示单词，同时尽量通过 N-Gram 这种子序列来捕捉单词和单词直接的上下文关系。这就是下节课中我要给你讲的词向量。

小结

N-Gram 和 Bag-of-Words 是两种非常基础但是仍然十分常用的自然语言处理技术，它们都用于表示文本数据，但具有不同的特点和适用场景。

N-Gram 是一种用于语言建模的技术，它用来估计文本中词序列的概率分布。N-Gram 模型将文本看作一个由词序列构成的随机过程，根据已有的文本数据，计算出词序列出现的概率。因此，N-Gram 主要用于语言建模、文本生成、语音识别等自然语言处理任务中。

（1）N-Gram 是一种基于连续词序列的文本表示方法。它将文本分割成由连续的 N 个词组成的片段，从而捕捉局部语序信息。

（2）N-Gram 可以根据不同的 N 值捕捉不同程度的上下文信息。例如，1-Gram（Unigram）仅关注单个词，而 2-Gram（Bigram）关注相邻的两个词的组合，以此类推。

（3）随着 N 的增加，模型可能会遇到数据稀疏性问题，导致模型性能下降。

Bag-of-Words 则是一种用于文本表示的技术，它将文本看作由单词构成的无序集合，通过统计单词在文本中出现的频次来表示文本。因此，Bag-of-Words 主要用于文本分类、情感分析、信息检索等自然语言处理任务中。

（1）Bag-of-Words 是基于词频将文本表示为一个向量，其中每个维度对应词汇表中的一个单词，其值为该单词在文本中出现的次数。

（2）Bag-of-Words 忽略了文本中的词序信息，只关注词频。这使得词袋模型在某些任务中表现出色，如主题建模和文本分类，但在需要捕捉词序信息的任务中表现较差，如机器翻译和命名实体识别。

（3）Bag-of-Words 可能会导致高维稀疏表示，因为文本向量的长度取决于词汇表的大小。为解决这个问题，可以使用降维技术，如主成分分析（Principal Component Analysis，PCA）或潜在语义分析（Latent Semantic Analysis，LSA）。

万丈高楼平地起，N-Gram 和 Bag-of-Words 都是处理文本数据的简单方法，它们在某些任务中可能表现良好，但在捕捉复杂语言结构方面还有明显的不足。近年来，词嵌入技术及深度学习模型等更先进的文本表示和语言建模方法纷纷涌现，可以在许多 NLP 任务中实现更好的性能。敬请期待后续新技术的学习。

思考

1. 使用给定的语料库，分别计算并比较二元组（N=2）、三元组（N=3）和四元组（N=4）出现的概率。观察不同的 N 对模型结果的影响，并分析原因。

2. 在词袋模型中，所有词的重要性是相同的。然而，在实际文本中，一些词（如停用词）可能出现频率高，但并不重要，而一些词出现频率低，但可能非常重要。请你自主学习 TF-IDF（词频 - 逆文档频率）[①] 表示，并用这种表示方式解决这个问题。

① TF-IDF是由两部分组成的：词频（Term Frequency，TF）和逆文档频率（Inverse Document Frequency，IDF）。词频表示词条在文本中出现的频率。逆文档频率是一个用于减轻高频词（如英语中的“the”“is”，中文中的“的”“了”等）权重的因子。

第 2 课

问君文本何所似：词的向量表示 Word2Vec 和 Embedding

咖哥和小冰正准备开始今天的课程，有人走进数据科学讲习所。来人是老朋友，马总。

马总：咖哥，小雪。忙呢？

咖哥：马总，你来得正好，我们正要讲一个 NLP 的基础知识——词向量（Word Vector），你有兴趣的话不妨一块来听听。不过，你刚才认错人了，这位是小冰。小雪最近在外边做项目。

马总：对不起，对不起，是我的错，她俩长得太像了。

马总把小冰看成小雪

小冰：哪儿像了？我怎么一点不觉得。

咖哥：马总把你看成小雪，肯定是你俩有相似之处，你想想，马总怎么没把我看成小雪呢？

小冰：你是男的，我是女的，怎么可能认错？

咖哥：对啊。这就还是说明你们俩在某些维度上的特征有相似之处，比如说，性别相同，年龄相似，而且都挺可爱……

小冰：……

2.1 词向量 ≈ 词嵌入

咖哥：和你开个玩笑，因为咱们今天要讲的词向量，通常也叫词嵌入（Word Embedding），是一种寻找词和词之间相似性的 NLP 技术，它把词汇各个维度上的特征用数值向量进行表示，利用这些维度上特征的相似程度，就可以判断出哪些词和哪些词语义更接近。

咖哥发言

在实际应用中，词向量和词嵌入这两个重要的 NLP 术语通常可以互换使用。它们都表示将词汇表中的单词映射到固定大小的连续向量空间中的过程。这些向量可以捕捉词汇的语义信息，例如：相似语义的词在向量空间中余弦相似度高，距离也较近，而不同语义的词余弦相似度低，距离也较远。

虽然这两个术语通常可以互换使用，但在某些情况下，它们可能会有细微的差别。

- 词向量：这个术语通常用于描述具体的向量表示，即一个词对应的实际数值向量。例如，我们可以说“'cat' 这个词的词向量是一个 300 维的向量”。
- 词嵌入：这个术语通常用于描述将词映射到向量空间的过程或表示方法。它通常包括训练算法和生成的词向量空间。例如，我们可以说“我们使用 Word2Vec 算法来生成词嵌入”。

下面这张图就形象地呈现了词向量的内涵：把词转化为向量，从而捕捉词与词之间的语义和句法关系，使得具有相似含义或相关性的词语在向量空间中距离较近。

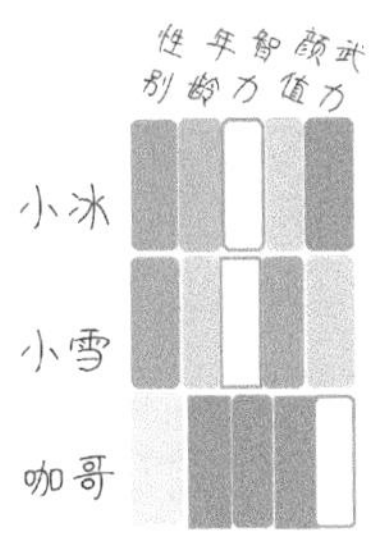

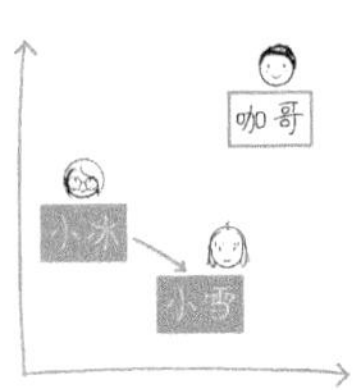

词向量的内涵

直观地解释一下这张图：初始状态的词向量，是一组无意义的多维度数据。如果在语料库中，“小冰”“小雪”这两个词总是和“女生”一起出现，那么，在这些词的学习过程中，我们按照某种算法逐渐更新词向量数据，就会有一个或一些维度的向量开始蕴含与“性别”相关的信息，而这一行或几行数值，我们就可以理解成“性别向量”；如果“小冰”“小雪”这两个词也总是和“年轻”一起出现，那么在某个维度，就会表示与“年龄”相关的信息，这一行数值可以理解成“年龄向量”；这样，这些词就变成了一个个向量组合，综合各个维度进行比较，“小冰”和“小雪”的余弦相似度就会高，而“咖哥”这个词在各个维度上都和它们不同，与它们的余弦相似度就低。也就是说，我们把语料库中的词和某些上下文信息，都“嵌入”了向量表示中。

2

这就是为什么词向量也叫作词嵌入。

小冰：明白。上节课你曾说过，在衡量词向量和文本相似性的时候，我们关心的是两个向量的夹角。因此，使用余弦相似度来度量更好。而且，在之前的《零基础学机器学习》的学习中，你也曾给我解释过词向量的概念（如下图所示），我至今记忆犹新。但是，我现在的疑问是，词向量是通过什么技巧或方法，来发现词的这些“维度”和“向量表示”的呢？

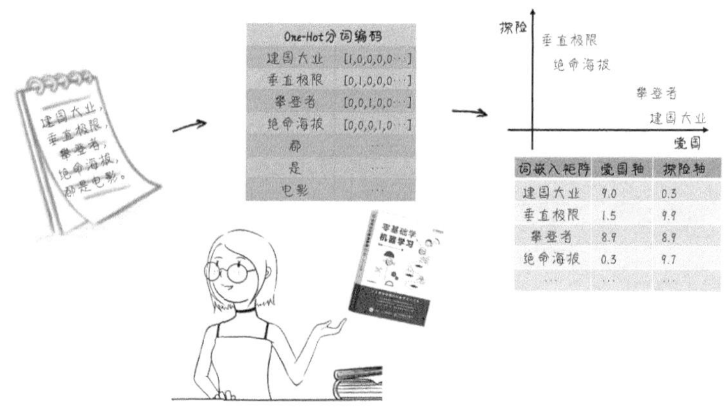

在《零基础学机器学习》中，咖哥曾这样向小冰解释词向量

咖哥：也是通过机器学习算法，从语料库，也就是大量的文本数据中“习得”的。最著名的词向量学习算法叫作 Word2Vec（Word to Vector，W2V）。Word2Vec 的核心思想，我给你打个比方，就是“近朱者赤，近墨者黑”，英文中也有类似的谚语——“看一个人跟谁交往，能得知他的品性”[①]。在自然语言处理中，这意味着一个词的含义可以根据它周围的词推断出来。如何做到呢？秘密在于我们将词映射到向量空间时，会将这个

① 这句英文谚语的原文是 "A man is known by the company he keeps."。

词和它周围的一些词语一起学习，这就使得具有相似语义的词在向量空间中靠得更近。这样，我们就可以通过向量之间的距离来度量词之间的相似性了。

当然，这样说还是很笼统，下面来具体谈一谈 Word2Vec 的实现细节。

2.2 Word2Vec：CBOW模型和Skip-Gram模型

在 Word2Vec 之前，已经有一些方法尝试将词汇表达为稠密向量，以便更好地表示词与词之间的关系。然而，这些方法的计算效率和结果质量还有待提高。

2

咖哥发言

分布式表示是一种表示方法，它将离散的符号（如单词）映射到连续的向量空间中。在这个空间中，每个维度不再对应单个符号，而是表示符号的某种特征或属性。分布式表示通过捕获单词之间的相似性和关系，能更好地描述和处理自然语言数据。

分布式表示这个概念最早可以追溯到 1986 年，当时，杰弗里·辛顿、大卫·鲁梅尔哈特和罗纳德·威廉姆斯在一篇名为《Learning representations by back-propagating errors》（通过反向传播误差进行表示学习）的论文中描述了一种通过反向传播（backpropagation）算法训练多层神经网络的方法，这种方法使得神经网络能够学到输入数据的分布式表示。

然而，分布式表示很晚才在 NLP 领域得到应用。20 世纪 90 年代，约书亚·本吉奥和其他研究人员开始尝试将神经网络应用于词汇和句子表示的学习，推进了神经网络语言模型的发展，以及后来的 Word2Vec 等词嵌入技术的出现。

2013 年，托马斯·米科洛夫（Tomas Mikolov）和他 Google 的同事们开发了 Word2Vec 算法[①]。Word2Vec 采用了一种高效的方法来学习词汇的连续向量表示，这种方法将词汇表中的每个词都表示成固定长度的向量（如右图所示），从而使在大规模数据集上进行训练变得可行。

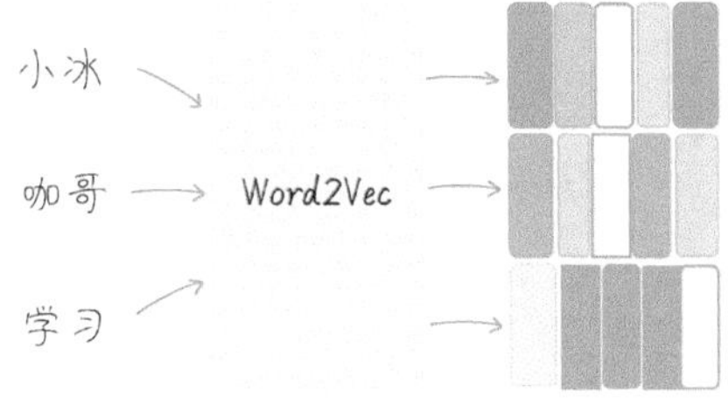

将词汇表中的每个词都表示成固定长度的向量

① MIKOLOV T, SUTSKEVER I, CHEN K, et al. Distributed representations of words and phrases and their compositionality [J/OB]. (2013-10-16) [2023-04-17]. https://arxiv.org/pdf/1310.4546.pdf.

咖哥发言

让我们简单了解一下稀疏向量和稠密向量。在稀疏向量中，大部分元素的值为 0，只有少数元素的值非零。稀疏向量通常用于表示高维数据，其中许多维度的值为零。词袋模型就是一种稀疏向量表示。在词袋模型中，每个文档用一个向量表示，向量的长度等于词汇表中的词数量，向量的每个元素表示相应词在文档中出现的次数。由于大部分单词可能不会出现在给定文档中，因此词袋模型中的向量通常是稀疏的。而我们常用的 One-Hot 编码，当然更是稀疏了，每一个 One-Hot 编码中，都有大量的 0，而只有一个 1。

稠密向量中的元素大部分为非零值。稠密向量通常具有较低的维度，同时能够捕捉到更丰富的信息。Word2Vec 就是一种典型的稠密向量表示。稠密向量能够捕捉词与词之间的语义和语法关系，使得具有相似含义或相关性的词在向量空间中距离较近。

在自然语言处理中，稠密向量通常更受欢迎，因为它们能够捕捉到更多的信息，同时计算效率更高。下图直观地展示了二者的区别。

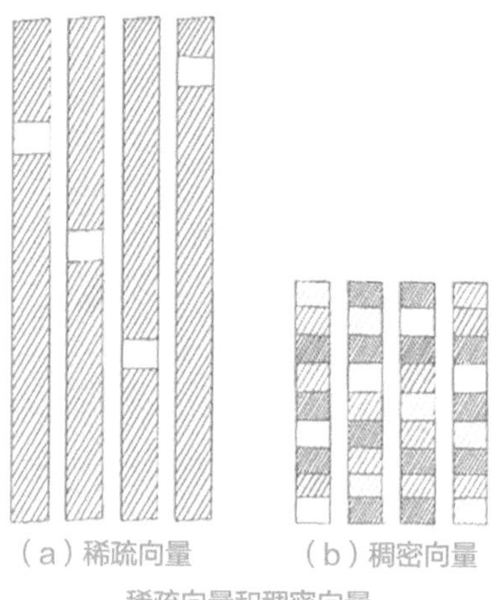

稀疏向量和稠密向量

很快，NLP 研究者们就发现，通过 Word2Vec 学习得到的向量可以捕捉到词与词之间的语义和语法关系。而且，这个算法比以前的方法更加高效，能够轻松地处理大规模的文本数据。因此，Word2Vec 迅速流行起来。

小冰：明白了，Word2Vec 是一种生成词向量的算法；而词向量是 Word2Vec 算法输出的结果，也是一种能够表示词的数值向量。你能否说说 Word2Vec 的算法实现细节呢？

咖哥：Word2Vec通过训练一个神经网络模型来学习词嵌入，模型的任务就是基于给定的上下文词来预测目标词，或者基于目标词来预测上下文词。

具体来说，Word2Vec有两种主要实现方式：CBOW（Continuous Bag of Words，有时翻译为“连续词袋”）模型和Skip-Gram（有时翻译为“跳字”）模型，如下图所示。CBOW模型通过给定上下文词（也叫“周围词”）来预测目标词（也叫“中心词”）；而Skip-Gram模型则相反，通过给定目标词来预测上下文词。这两个模型都是通过训练神经网络来学习词向量的。在训练过程中，我们通过最小化预测词和实际词之间的损失来学习词向量。当训练完成后，词向量可以从神经网络的权重中提取出来。

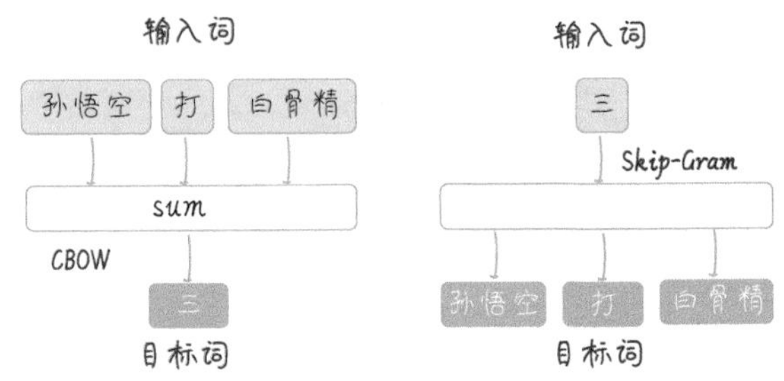

CBOW模型和Skip-Gram模型

小冰：哇，看起来Word2Vec也是很强大的语言模型，给我周围的一些词，我就能预测出来它们中间的词；而给我一个句子中间的词，我也能够通过Skip-Gram模型预测出来周围的词！咖哥，能否用代码来实现这两个模型？

咖哥说：当然可以，这两个语言模型都是通过简单的神经网络实现的，如下图所示。不过，预测具体的词并不是Word2Vec的目标，它的真正目标是通过调节神经网络参数，学习词嵌入，以捕捉词汇表中词语之间的语义和语法关系，为下游的NLP任务提供丰富的表示。

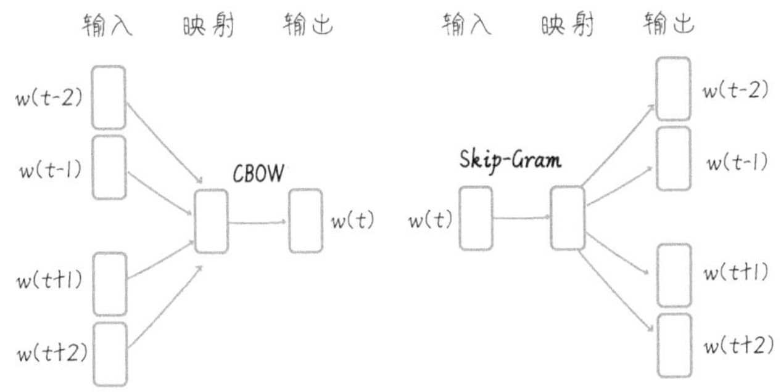

CBOW模型和Skip-Gram模型的神经网络结构

这两个网络，都是比较浅层的神经网络，严格说还称不上深度学习。在 CBOW 模型的神经网络结构中，输入是目标词周围的上下文词。通过输入上下文词、目标中心词和神经网络的参数，来学习上下文和中心词之间的对应关系。而在 Skip-Gram 模型的神经网络结构中，输入则是句子中的一个词，而这个词的目标词是它周围的多个词。在这两个模型中，滑动窗口 *N* 的大小都是可以调整的。

让我们从 Skip-Gram 模型开始，来构建一个学习词向量的神经网络。

2.3 Skip-Gram模型的代码实现

下面我们来按部就班使用 PyTorch 实现一个简单的 Word2Vec 模型（此处使用 Skip-Gram 模型）。这个模型试图通过学习词的向量表示，来捕捉词与词之间的语义和语法关系。

咖哥发言

PyTorch 是一个开源的机器学习库，用于计算机视觉和自然语言处理等领域。它提供了以下两个主要功能。

张量计算：类似于 NumPy，PyTorch 提供的一种在 GPU 上进行计算的高效方式。这对于机器学习任务中常见的大量计算来说非常有用。

深度学习：PyTorch 是构建和训练神经网络的一个框架，具有简单、灵活的特点。PyTorch 的主要优势在于其动态计算图，使得搭建复杂的模型和实施新想法更为方便。

另外，PyTorch 还有一个丰富的生态系统，包括各种预训练的模型、数据集和其他扩展库，如 TorchText、TorchVision 和 TorchAudio。

因为其灵活性和直观性，PyTorch 已经成为研究领域最受欢迎的深度学习框架之一，同时在工业界也得到了广泛的应用。

在继续学习本课程之前，请确保你已经依照 PyTorch 官网上的步骤安装了 PyTorch。要注意的是，根据你的硬件配置（CPU 及 GPU 的版本）和操作系统类型，PyTorch 官网上会给出不同的安装方式。

程序结构如下。

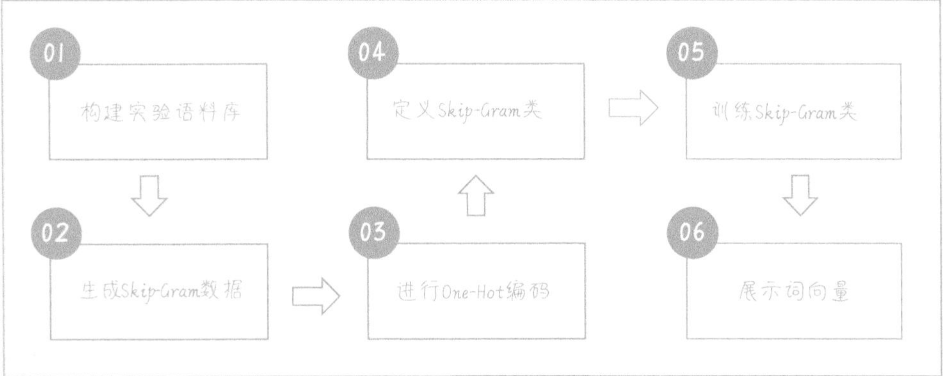

2

第1步　构建实验语料库

创建一个简单的数据集，作为我们的实验语料库，并整理出语料库的词汇表。

In

```
# 定义一个句子列表，后面会用这些句子来训练 CBOW 和 Skip-Gram 模型
sentences = ["Kage is Teacher", "Mazong is Boss", "Niuzong is Boss",
          "Xiaobing is Student", "Xiaoxue is Student",]
# 将所有句子连接在一起，然后用空格分隔成多个单词
words = ' '.join(sentences).split()
# 构建词汇表，去除重复的词
word_list = list(set(words))
# 创建一个字典，将每个词映射到一个唯一的索引
word_to_idx = {word: idx for idx, word in enumerate(word_list)}
# 创建一个字典，将每个索引映射到对应的词
idx_to_word = {idx: word for idx, word in enumerate(word_list)}
voc_size = len(word_list) # 计算词汇表的大小
print(" 词汇表：", word_list) # 输出词汇表
print(" 词汇到索引的字典：", word_to_idx) # 输出词汇到索引的字典
print(" 索引到词汇的字典：", idx_to_word) # 输出索引到词汇的字典
print(" 词汇表大小：", voc_size) # 输出词汇表大小
```

Out

```
词汇表： ['Boss', 'Kage', 'Mazong', 'Student', 'Xiaoxue', 'Niuzong', 'Teacher', 'is', 'Xiaobing']
词汇到索引的字典: {'Boss': 0, 'Kage': 1, 'Mazong': 2, 'Student': 3, 'Xiaoxue': 4, 'Niuzong': 5, 'Teacher': 6, 'is': 7, 'Xiaobing': 8}
索引到词汇的字典： {0: 'Boss', 1: 'Kage', 2: 'Mazong', 3: 'Student', 4: 'Xiaoxue', 5: 'Niuzong', 6: 'Teacher', 7: 'is', 8: 'Xiaobing'}
词汇表大小： 9
```

整个语料库包含 5 个简单的句子。注意这里的词汇表 word_list 是无序的，因为在创建词汇表时使用了 Python 的 set 数据结构来删除重复的词汇，然后再将 set 转换回

list。Python 中，set 数据结构是基于哈希表实现的，它的主要优点是查找速度快，但它不维护元素的顺序。

第2步　生成Skip-Gram数据

定义一个函数，从刚才的数据集中生成 Skip-Gram 训练数据。

In

```
# 生成 Skip-Gram 训练数据
def create_skipgram_dataset(sentences, window_size=2):
    data = [] # 初始化数据
    for sentence in sentences: # 遍历句子
        sentence = sentence.split()  # 将句子分割成单词列表
        for idx, word in enumerate(sentence):  # 遍历单词及其索引
            # 获取相邻的单词，将当前单词前后各 N 个单词作为相邻单词
            for neighbor in sentence[max(idx - window_size, 0):
                        min(idx + window_size + 1, len(sentence))]:
                if neighbor != word:  # 排除当前单词本身
                    # 将相邻单词与当前单词作为一组训练数据
                    data.append((word, neighbor))
    return data
# 使用函数创建 Skip-Gram 训练数据
skipgram_data = create_skipgram_dataset(sentences)
# 打印未编码的 Skip-Gram 数据样例（前 3 个）
print("Skip-Gram 数据样例（未编码）：", skipgram_data[:3])
```

Out

```
Skip-Gram 数据样例（未编码）：
[('is', 'Kage'), ('Kage', 'is'), ('Teacher', 'is')]
```

Skip-Gram 模型的任务是根据给定的目标词来预测上下文词。因此数据集中每个元素包括一个目标词和它的一个上下文词。根据 Gram 窗口的大小，一个元素可能会有多个上下文词，那就形成多个 Skip-Gram 数据。

第3步　进行One-Hot编码

把 Skip-Gram 训练数据转换成 Skip-Gram 模型可以读入的 One-Hot 编码后的向量。

In

```
# 定义 One-Hot 编码函数
import torch # 导入 torch 库
def one_hot_encoding(word, word_to_idx):
    tensor = torch.zeros(len(word_to_idx)) # 创建一个长度与词汇表相同的全 0 张量
    tensor[word_to_idx[word]] = 1  # 将对应词索引位置上的值设为 1
```

```
    return tensor # 返回生成的 One-Hot 编码后的向量
# 展示 One-Hot 编码前后的数据
word_example = "Teacher"
print("One-Hot 编码前的单词：", word_example)
print("One-Hot 编码后的向量：", one_hot_encoding(word_example, word_to_idx))
# 展示编码后的 Skip-Gram 训练数据样例
print("Skip-Gram 数据样例（已编码）：", [(one_hot_encoding(context, word_to_idx),
        word_to_idx[target]) for context, target in skipgram_data[:3]])
```

Out

```
One-Hot 编码前的单词： Teacher
One-Hot 编码后的向量： tensor([0., 0., 0., 0., 1., 0., 0., 0., 0.])
Skip-Gram 数据样例（已编码）：
[(tensor([0., 1., 0., 0., 0., 0., 0., 0., 0.]), 6),
(tensor([0., 0., 0., 0., 1., 0., 0., 0., 0.]), 6),
(tensor([0., 0., 0., 0., 0., 0., 1., 0., 0.]), 1)]
```

One-Hot 编码后的数据是向量，这种形式的向量就是之前提过的稀疏向量，其长度等于词汇表大小，其中对应单词在词汇表中的索引位置上的值为 1，其他位置上的值为 0。我们此处的目标就是通过学习，把这种稀疏向量压缩成更具有表现力的低维稠密向量。

在现在这个已经经过编码的 Skip-Gram 训练数据集中（我展示了前 3 个数据），每个数据包含两个张量（Tensor），前一个是输入（Input），格式是中心词的 One-Hot 编码，后一个是要预测的目标（Target），格式则是上下文词的索引。

小冰：能否说说为什么这里我们需要把输入转换成 One-Hot 编码后的向量？

咖哥：在原始的 Skip-Gram 模型中，接收输入的是线性层，需要将输入转换为 One-Hot 编码形式，才能在神经网络中使用它们。后面的示例中，你还会看到经过改进的网络，使用嵌入层（Embedding）接收输入，那时就可以省去 One-Hot 编码这一步啦。

而对于目标词，我们使用它们在词汇表中的索引，而不是 One-Hot 编码后的向量。这是因为我们后面要使用交叉熵损失（CrossEntropyLoss）函数来计算模型的预测值和实际值的差距。PyTorch 的 CrossEntropyLoss 函数接受类别索引作为目标值（而不是 One-Hot 编码后的向量）。这样设计的原因是，计算预测值和实际值的差距时，实际上只需要知道正确类别的索引，而不需要处理高维稀疏向量，这样可以提高计算效率。

第4步　定义Skip-Gram类

通过继承 PyTorch 的 nn.Model 类来实现 Skip-Gram 类。

咖哥发言

在 PyTorch 中，nn.Module 是一个非常重要的类，它是所有神经网络模型的基类。每一个模型都应该继承 nn.Module 类，然后重写其中的方法。最基础且最重要的两个方法如下。

__init__：在这个方法中定义模型中的各个层级和部分。所有的层级都应该是 nn.Module 类的子类，包括 nn.Linear、nn.Conv2d、nn.ReLU 等。

forward：在这个方法中定义了模型的前向传播方式，也就是输入数据如何通过各个层级来生成输出。

定义 Skip-Gram 类，一方面，将模型的定义和实际计算分开，从而让代码更加清晰易读，另一方面，通过定义的模型类，可以方便地存储和加载模型，可以复用模型结构，同时也可以方便地使用 PyTorch 的自动求导功能来进行模型的训练。

In

```
# 定义 Skip-Gram 类
import torch.nn as nn # 导入 neural network
class SkipGram(nn.Module):
    def __init__(self, voc_size, embedding_size):
        super(SkipGram, self).__init__()
        # 从词汇表大小到嵌入层大小（维度）的线性层（权重矩阵）
        self.input_to_hidden = nn.Linear(voc_size, embedding_size, bias=False)
        # 从嵌入层大小（维度）到词汇表大小的线性层（权重矩阵）
        self.hidden_to_output = nn.Linear(embedding_size, voc_size, bias=False)
    def forward(self, X): # 前向传播的方式，X 形状为 (batch_size, voc_size)
        # 通过隐藏层，hidden 形状为 (batch_size, embedding_size)
        hidden = self.input_to_hidden(X)
        # 通过输出层，output_layer 形状为 (batch_size, voc_size)
        output = self.hidden_to_output(hidden)
        return output
embedding_size = 2 # 设定嵌入层的大小，这里选择 2 是为了方便展示
skipgram_model = SkipGram(voc_size, embedding_size)  # 实例化 Skip-Gram 模型
print("Skip-Gram 类：", skipgram_model)
```

Out

```
Skip-Gram 类： SkipGram(
  (input_to_hidden): Linear(in_features=9, out_features=2, bias=False)
  (hidden_to_output): Linear(in_features=2, out_features=9, bias=False) )
```

在这个简单的神经网络模型的 __init__ 方法中定义了两个线性层（nn.Linear，也叫全连接层），这两个线性层的权重矩阵中的参数是可学习的部分。

- input_to_hidden 把 One-Hot 编码后的向量从词汇表大小映射到嵌入层大小，以形成并学习词的向量表示。
- hidden_to_output 把词的向量表示从嵌入层大小映射回词汇表大小，以预测目标词。

而在 forward 方法中，定义了前向传播的方式，首先将输入通过输入层到隐藏层的映射生成隐藏层的数据，然后将隐藏层的数据通过隐藏层到输出层的映射生成输出。

2

第5步 训练Skip-Gram类

对刚才创建的 Skip-Gram 类实例进行训练。

In

```
# 训练 Skip-Gram 类
learning_rate = 0.001 # 设置学习速率
epochs = 1000 # 设置训练轮次
criterion = nn.CrossEntropyLoss() # 定义交叉熵损失函数
import torch.optim as optim # 导入随机梯度下降优化器
optimizer = optim.SGD(skipgram_model.parameters(), lr=learning_rate)
# 开始训练循环
loss_values = [] # 用于存储每轮的平均损失值
for epoch in range(epochs):
    loss_sum = 0 # 初始化损失值
    for center_word, context in skipgram_data:
        X = one_hot_encoding(center_word, word_to_idx).float().unsqueeze(0) # 将中心词转换为 One-Hot 向量
        y_true = torch.tensor([word_to_idx[context]], dtype=torch.long) # 将周围词转换为索引值
        y_pred = skipgram_model(X) # 计算预测值
        loss = criterion(y_pred, y_true) # 计算损失
        loss_sum += loss.item() # 累积损失
        optimizer.zero_grad() # 清空梯度
        loss.backward() # 反向传播
        optimizer.step() # 更新参数
    if (epoch+1) % 100 == 0: # 输出每 100 轮的损失，并记录损失
        print(f"Epoch: {epoch+1}, Loss: {loss_sum/len(skipgram_data)}")
        loss_values.append(loss_sum / len(skipgram_data))
# 绘制训练损失曲线
import matplotlib.pyplot as plt # 导入 matplotlib
# 绘制二维词向量图
plt.rcParams["font.family"]=['SimHei'] # 用来设定字体样式
plt.rcParams['font.sans-serif']=['SimHei'] # 用来设定无衬线字体样式
plt.rcParams['axes.unicode_minus']=False # 用来正常显示负号
plt.plot(range(1, epochs//100 + 1), loss_values) # 绘图
```

```
plt.title(' 训练损失曲线 ') # 图题
plt.xlabel(' 轮次 ') # X 轴 Label
plt.ylabel(' 损失 ') # Y 轴 Label
plt.show() # 显示图
```

Out

```
Epoch: 100, Loss: 2.1747937202453613
Epoch: 200, Loss: 2.1470229427019754
Epoch: 300, Loss: 2.1150383671124775
Epoch: 400, Loss: 2.07618362903595
Epoch: 500, Loss: 2.0306010961532595
Epoch: 600, Loss: 1.9832865635553996
Epoch: 700, Loss: 1.9422581712404887
Epoch: 800, Loss: 1.9113846600055695
Epoch: 900, Loss: 1.8883622487386067
Epoch: 1000, Loss: 1.8694449504216513
```

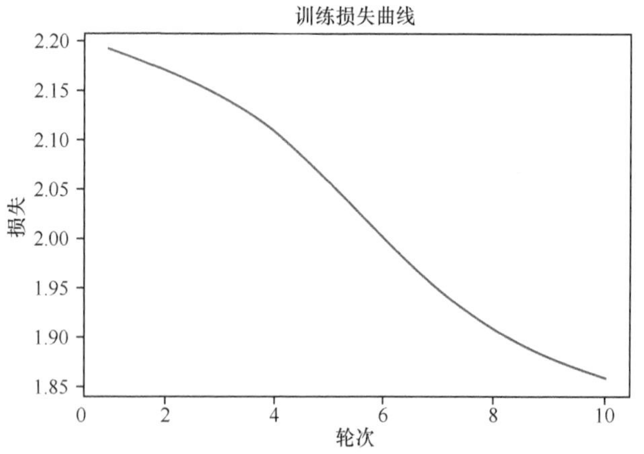

这段程序呈现了一个典型的 PyTorch 神经网络训练流程。首先定义一些基本参数和预处理文本数据。接下来，创建模型实例，定义损失函数（交叉熵损失）和优化器（SGD 优化器）。随后进行 1000 轮训练，尝试学习词嵌入。在训练过程中，损失函数将模型的输出数据与目标数据进行比较，可以看到模型的损失会随着训练的进行而降低，通过最小化这个损失，模型将接近上下文单词正确的概率分布。通过学习词与词之间的关系，表示模型对目标词的预测会越来越靠谱。

小冰：咖哥，这里我有一个疑问，我们是希望 y_pred 和 y_true 一致，也就是类别相同，这实际上是个“多类别分类”问题。这里的“类别”就是词汇表中每个单词的索引，对吧？

咖哥：正确！在 Skip-Gram 模型中，我们的目标是预测上下文单词，即在词汇表中找到具有最高概率的单词索引。y_pred 包含了当词汇表中所有单词前缀为输入词时的条件概率信息（如下图所示），其最后一个维度是词汇表的大小。选择词汇表中概率最高的那个词和 y_true 进行比较，确定损失值。这里，我建议你动手调试程序，查看 y_pred 和 y_true 的形状及具体内容，这样你就会了解需要把什么信息传入 nn.CrossEntropyLoss() 损失函数，以求得损失。

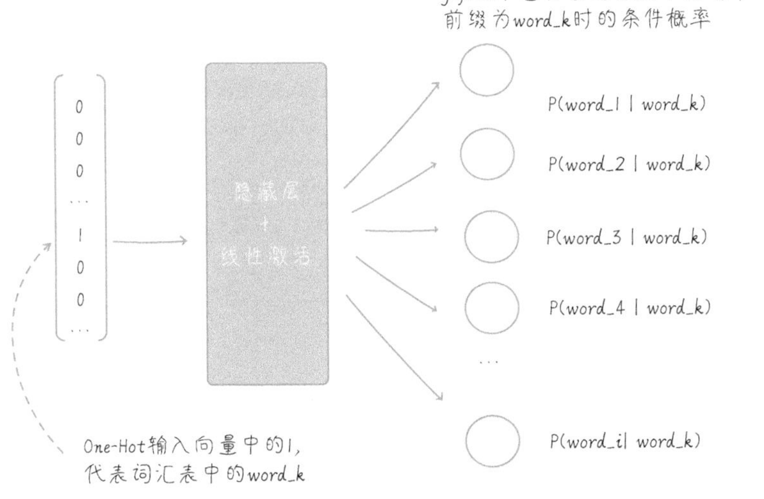

如果词汇表有i个词，输入词为k，我们要比较所有前缀为k的词的概率

小冰：对于机器学习的多分类问题，你曾经告诉我，通常使用 softmax 函数将输出转换为概率分布，这样可以方便地找到具有最高概率的类别。为什么我没有看见你使用 softmax 函数进行概率转换呢？

咖哥：实际上，Pytorch 中的 CrossEntropyLoss 函数内部结合了 Logsoftmax 函数和 NLLLoss 函数，这就计算了对数似然损失（Log Likelihood Loss）在经过 softmax 函数之后的预测概率。这意味着，虽然我们并没有显式地使用 softmax 函数，但它已经隐含在损失函数中。

咖哥发言

softmax 函数是一种常用的激活函数，通常用于将一个向量转换为概率分布。在机器学习的多分类问题中，softmax 函数常用于将模型的输出转换为各个类别的概率。

softmax 函数的计算公式以代码的形式表示如下：

```
softmax(x_i) = exp(x_i) / sum(exp(x_j)) for j in range(1, n)
```

其中，x_i 是输入向量中的第 i 个元素，n 是向量的维度。

softmax 函数的主要作用是对向量进行归一化，使得向量中的元素都在 0 到 1 的范围内，并且使得所有元素的和等于1。这样，每个元素就可以被解释为对应类别的概率。

在多分类问题中，模型的输出通常是一个向量，其中每个元素表示对应类别的得分或原始输出。通过 softmax 函数可以将这些原始输出转换为概率分布，以便更好地解释模型的预测结果。最终，我们可以选择具有最高概率的类别作为模型的预测结果。

需要注意的是，softmax 函数的输出具有归一化和概率解释的特性。softmax 函数会放大输入中较大的值，从而使得最大值更接近 1，而其他值更接近 0。因此，它会放大输入向量中的差异，使得概率分布更加尖锐。

第6步　展示词向量

W2V 中有两个权重矩阵：输入到隐藏层的权重矩阵 input_to_hidden 和隐藏层到输出的权重矩阵 hidden_to_output。其中，输入到隐藏层的权重矩阵蕴含着词嵌入的信息。这个矩阵的每一列都对应一个单词在词汇表中的索引，而这一列的元素的数值则表示该单词的词向量。通过提取这些词向量，我们可以在二维或三维空间中绘制它们，以观察词与词之间的相似性和关系。

In

```
# 输出 Skip-Gram 习得的词嵌入
print("Skip-Gram 词嵌入：")
for word, idx in word_to_idx.items(): # 输出每个词的嵌入向量
    print(f"{word}: {skipgram_model.input_to_hidden.weight[:,idx].detach().numpy()}")
```

Out

```
Skip-Gram 词嵌入：
Xiaobing: [-1.3628563 -2.1293848]
Xiaoxue: [-1.3693085 -2.1389563]
Boss: [ 2.923863  -0.4184679]
Student: [-0.09255204 -0.8242733 ]
is: [-0.23261149  0.29151806]
Kage: [-0.3542828 -0.9870443]
Niuzong: [ 0.8161409 -0.624454 ]
Mazong: [ 0.821509   -0.62387395]
Teacher: [ 0.8520589  -0.47847477]
```

代码 skipgram_model.input_to_hidden.weight[:,idx] 访问 skipgram_model 的 input_to_hidden。索引 [:, idx] 选择了所有行和索引为 idx 的列，也就是提取了对应索引 idx 的单词的嵌入向量，而这个嵌入向量，是我们之前通过 W2V 模型在语料库中习得的。

语句中的 detach() 方法创建了一个新的从当前计算图中分离出来的张量（在本书中，向量与张量含义相同，程序中习惯称之为张量），这意味着它不会反向传播梯度。numpy() 方法将这个张量转换为 NumPy 数组，便于显示。

2

小冰：咖哥，你这样打印出来两个向量，我可看不出牛总（Niuzong）和马总（Mazong）怎么就比较相似了，我也看不出小冰（Xiaobing）和小雪（Xiaoxue）哪里比较像？

咖哥：牛总和马总都是老板，怎么不像？小冰和小雪都是咖哥的学生，怎么不像？哎，我们在二维平面上绘制一下这个二维词向量，你就看得出来了吧。

In

```
fig, ax = plt.subplots()
for word, idx in word_to_idx.items():
    # 获取每个单词的嵌入向量
    vec = skipgram_model.input_to_hidden.weight[:,idx].detach().numpy()
    ax.scatter(vec[0], vec[1]) # 在图中绘制嵌入向量的点
    ax.annotate(word, (vec[0], vec[1]), fontsize=12) # 点旁添加单词标签
plt.title(' 二维词嵌入 ') # 图题
plt.xlabel(' 向量维度 1') # X 轴 Label
plt.ylabel(' 向量维度 2') # Y 轴 Label
plt.show() # 显示图
```

Out

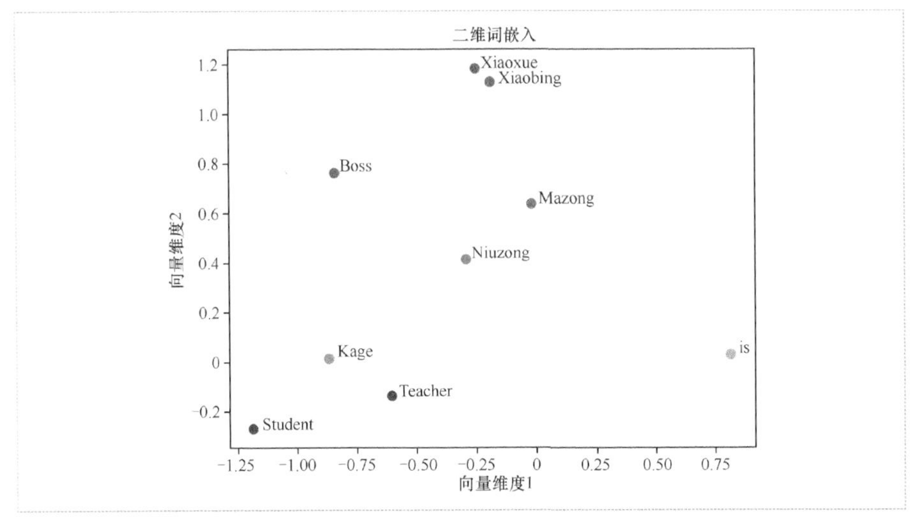

这段代码可视化了输入到隐藏层的权重矩阵，展示了每个词的低维词向量。这里我们之所以把向量维度设计成二维，就是为了直接在二维平面上画出每个词的向量，如果词嵌入向量的维度超过二维或三维，就要先进行降维才能够展示。

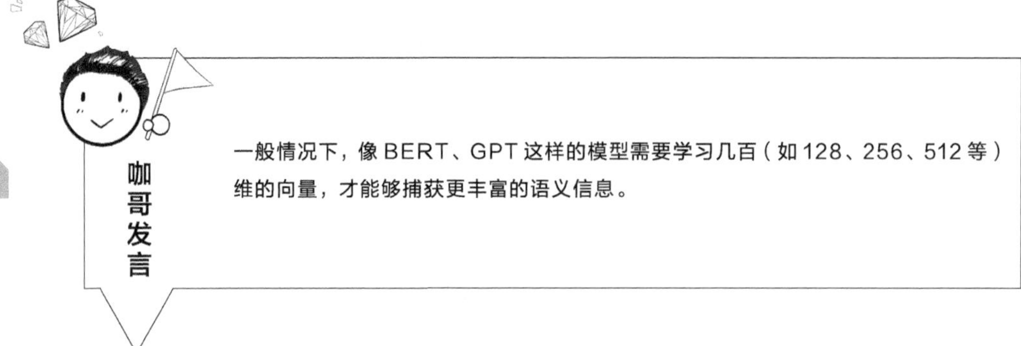

一般情况下，像 BERT、GPT 这样的模型需要学习几百（如 128、256、512 等）维的向量，才能够捕获更丰富的语义信息。

总结一下吧：我们使用 PyTorch 实现了一个简单的 Word2Vec（这里是 Skip-Gram）模型。模型包括输入层、隐藏层和输出层。输入层接收中心词（以 One-Hot 编码后的向量形式表示）。接下来，输入层到隐藏层的权重矩阵（记为 input_to_hidden）将这个向量转换为词嵌入，该词嵌入直接作为隐藏层的输出。隐藏层到输出层的权重矩阵（记为 hidden_to_output）将隐藏层的输出转换为一个概率分布，用于预测与中心词相关的周围词（以索引形式表示）。通过最小化预测词和实际目标词之间的分类交叉熵损失，可以学习词嵌入向量。下图展示了这个流程。

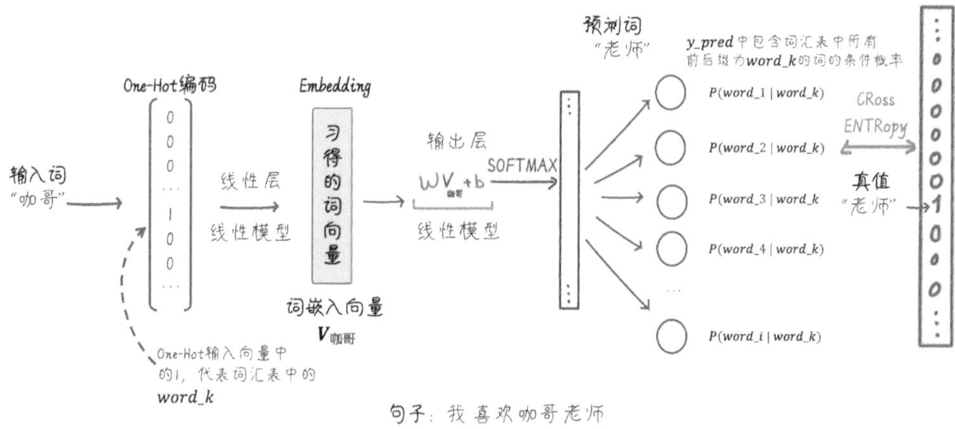

下面，我们来看看 CBOW 模型的具体实现和 Skip-Gram 模型有何不同。

2.4 CBOW模型的代码实现

CBOW 模型与 Skip-Gram 模型相反，其主要任务是根据给定的周围词来预测中心词。我们下面就来实现一个 CBOW 模型，不过这里不重复数据集的构建、网络的训练等代码块，只突出和 Skip-Gram 模型的区别。

第一个区别在于，CBOW 模型数据集的准备与 Skip-Gram 模型不同。在 Skip-Gram 中，输入是中心词，目标是周围词，形成一个个的二元组。当一个中心词有多个周围词时，会形成多个（中心词，周围词）形式的元组。而 CBOW 模型的数据集构建则略有不同，它将多个周围词对应到同一个中心词。需要构建出((周围词 1，周围词 2，周围词 3...)，中心词）这样的元组。这是因为对于每个中心词来讲，我们需要找到其在 context_window 范围内的周围词。将周围词和中心词的 ID 组合成训练数据，以便为每个目标单词提供其周围词的列表。

2

In

```
# 生成 CBOW 训练数据
def create_cbow_dataset(sentences, window_size=2):
    data = []# 初始化数据
    for sentence in sentences:
        sentence = sentence.split() # 将句子分割成单词列表
        for idx, word in enumerate(sentence): # 遍历单词及其索引
            # 获取上下文词汇，将当前单词前后各 window_size 个单词作为周围词
            context_words = sentence[max(idx - window_size, 0):idx] \
                + sentence[idx + 1:min(idx + window_size + 1, len(sentence))]
            # 将当前单词与上下文词汇作为一组训练数据
            data.append((word, context_words))
    return data

# 使用函数创建 CBOW 训练数据
cbow_data = create_cbow_dataset(sentences)
# 打印未编码的 CBOW 数据样例（前三个）
print("CBOW 数据样例（未编码）：", cbow_data[:3])
```

Out

```
CBOW 数据样例（未编码）：
[('Kage', ['is', 'Teacher']), ('is', ['Kage', 'Teacher']), ('Teacher', ['Kage', 'is'])]
```

我们从这个示例中可以看到多个周围词是如何对应到中心词的。因为 window_size 是 2，在第一个数据样例 ('Kage', ['is', 'Teacher']) 中，有两个周围词 ['is', 'Teacher'] 和一个中心词 'Kage'，Teacher 和 Kage 虽然隔着一个词，但是仍然在 2 这个滑动窗口范围内；在第二个数据样例中，有两个周围词 ['Kage', 'Teacher'] 和

一个中心词 'is'。

第二个区别在于，在 CBOW 模型的构建中，几个周围词所有嵌入向量的平均值会成为隐藏层的输出。这是一个重要的步骤，因为它允许模型考虑到所有周围词的信息。为了在模型中添加这个步骤，我们可以稍微修改实现 CBOW 模型的代码。

In

```
# 定义 CBOW 模型
import torch.nn as nn # 导入 neural network
class CBOW(nn.Module):
    def __init__(self, voc_size, embedding_size):
        super(CBOW, self).__init__()
        # 从词汇表大小到嵌入大小的线性层（权重矩阵）
        self.input_to_hidden = nn.Linear(voc_size,
                                         embedding_size, bias=False)
        # 从嵌入大小到词汇表大小的线性层（权重矩阵）
        self.hidden_to_output = nn.Linear(embedding_size,
                                          voc_size, bias=False)

    def forward(self, X): # X: [num_context_words, voc_size]
        # 生成嵌入：[num_context_words, embedding_size]
        embeddings = self.input_to_hidden(X)
        # 计算隐藏层，求嵌入的均值：[embedding_size]
        hidden_layer = torch.mean(embeddings, dim=0)
        # 生成输出层：[1, voc_size]
        output_layer = self.hidden_to_output(hidden_layer.unsqueeze(0))
        return output_layer
embedding_size = 2 # 设定嵌入层的大小，这里选择 2 是为了方便展示
cbow_model = CBOW(voc_size,embedding_size)  # 实例化 CBOW 模型
print("CBOW 模型：", cbow_model)
```

Out

```
CBOW 模型： CBOW(
  (input_to_hidden): Linear(in_features=9, out_features=2, bias=False)
  (hidden_to_output): Linear(in_features=2, out_features=9, bias=False))
```

此处在前向传播部分添加一个名为 embedding 的向量，并对其进行平均值处理。这样，我们就在 CBOW 模型中计算了周围词嵌入的平均值，并使用它来预测中心词。这使得模型能够更好地利用上下文信息来学习词嵌入。

此外，在模型的训练环节，也需要根据 cbow_data 数据的结构进行相应调整后，以正确的格式输入 CBOW 模型。

In

```
for target, context_words in cbow_data:
    # 将上下文词转换为 One-Hot 编码后的向量并堆叠
    X = torch.stack([one_hot_encoding(word, word_to_idx) for word in context_words]).float()
    # 将目标词转换为索引值
    y_true = torch.tensor([word_to_idx[target]], dtype=torch.long)
```

经过上述调整，CBOW 模型就搭建好了。

小冰：咖哥啊，听你这么说，Skip-Gram 模型和 CBOW 模型看起来很相似，但是为何二者的名字却有这么大区别，你能解释解释吗？

咖哥：尽管 Skip-Gram 模型和 CBOW 模型看起来很相似，但它们的训练目标和结构有很大的区别。这些区别导致了它们在捕捉词语关系方面的性能有差异。它们的主要区别如表 2.1 所示。

表 2.1　Skip-Gram 模型和 CBOW 模型的区别

模型	训练目标	结构	性能
Skip-Gram 模型	给定一个目标词，预测上下文词。因此，它的训练目标是在给定目标词的情况下，使上下文词出现的条件概率最大化	模型首先将目标词映射到嵌入向量空间，然后从嵌入向量空间映射回词汇表空间以预测上下文词的概率分布	由于其目标是预测多个上下文词，其在捕捉稀有词和更复杂的词语关系方面表现得更好
CBOW 模型	给定上下文词，预测目标词。因此，它的训练目标是在给定上下文词的情况下，使目标词出现的条件概率最大化	模型首先将上下文词映射到嵌入向量空间，然后从嵌入向量空间映射回词汇表空间以预测目标词的概率分布	由于其目标是预测一个目标词，其在训练速度和捕捉高频词语关系方面表现得更好

尽管 Skip-Gram 模型和 CBOW 模型在实现和训练目标上有所不同，但它们都试图学习词汇的分布式表示（词向量），以捕捉词与词之间的语义和句法关系。在实际应用中，可以根据具体任务和数据集的特点选择使用哪种模型。

小冰：咖哥，目前我们实现的 W2V 模型，有没有什么可以进一步改进的地方？

咖哥：有。可以使用 PyTorch 的 nn.Embedding，即嵌入层，来替换 One-Hot 编码，这样可以节省计算资源。nn.Embedding 可以直接将索引映射到对应的嵌入向量。我可以借此机会给你介绍一下如何理解并使用 PyTorch 的 nn.Embedding。

2.5　通过nn.Embedding来实现词嵌入

在上文中 W2V 模型的实现过程中，权重向量被存储在 PyTorch 的线性层（nn.

Linear）中。线性层是神经网络的最基本组件，初学者很容易理解。然而，对于各种嵌入向量的学习的模型来说，用嵌入层（nn.Embedding）来捕获词向量才是更为标准的实现方式。

本质上来说，嵌入层和线性层一样，也是通过对层内参数的调整，来习得权重，获取知识。

2

咖哥发言

在 PyTorch 中，nn.Embedding 是 nn 中的一个模块，它用于将离散的索引（通常是单词在词汇表中的索引）映射到固定大小的向量空间。在自然语言处理任务中，词嵌入是将单词表示为高维向量的一种常见方法。词嵌入可以捕捉单词之间的相似性、语义关系等。在训练过程中，嵌入层会自动更新权重以最小化损失函数，从而学习到有意义的词向量。

嵌入层的构造函数接收以下两个参数。

- num_embeddings：词汇表的大小，即唯一单词的数量。
- embedding_dim：词嵌入向量的维度。

使用嵌入层有以下优点。

- 更简洁的代码：与线性层相比，嵌入层提供了更简洁、更直观的表示词嵌入的方式。这使得代码更容易理解和维护。
- 更高的效率：嵌入层比线性层更高效，因为它不需要进行矩阵乘法操作。它直接从权重矩阵中查找对应的行（嵌入向量），这在计算上更高效。
- 更容易训练：嵌入层不需要将输入转换为 One-Hot 编码后的向量。我们可以直接将单词索引作为输入，从而减少训练的计算复杂性。

接下来，让我们修改刚才创建好的 Skip-Gram 模型，用 nn.Embedding 代替 nn.Linear。

In

```
# 定义 Skip-Gram 模型
import torch.nn as nn # 导入 neural network
class SkipGram(nn.Module):
```

```
    def __init__(self, voc_size, embedding_size):
        super(SkipGram, self).__init__()
        # 从词汇表大小到嵌入大小的嵌入层（权重矩阵）
        self.input_to_hidden = nn.Embedding(voc_size, embedding_size)
        # 从嵌入大小到词汇表大小的线性层（权重矩阵）
        self.hidden_to_output = nn.Linear(embedding_size, voc_size, bias=False)
    def forward(self, X):
        hidden_layer = self.input_to_hidden(X) # 生成隐藏层：[batch_size, embedding_size]
        output_layer = self.hidden_to_output(hidden_layer) # 生成输出层：[batch_size, voc_size]
        return output_layer
```

2

Out

```
Skip-Gram 模型： SkipGram(
  (input_to_hidden): Embedding(9, 2)
  (hidden_to_output): Linear(in_features=2, out_features=9, bias=False))
```

现在，Skip-Gram 模型的 input_to_hidden 层的类型从线性层替换成了嵌入层。还需要稍微修改数据生成和训练过程，直接使用单词索引，而不是 One-Hot 编码后的向量作为 Skip-Gram 模型的输入。

In

```
X = torch.tensor([word_to_idx[target]], dtype=torch.long) # 输入是中心词
y_true = torch.tensor([word_to_idx[context]], dtype=torch.long) # 目标词是周围词
```

此外，因为 nn.Embedding 是一个简单的查找表，所以 input_to_hidden.weight 的维度为 [voc_size, embedding_size]。因此，当打印和可视化权重时，需要使用 weight[idx] 来获取权重，而非之前代码中的 weight[:,idx]。

经过上面的几个调整，再次运行程序，也可以学习 W2V 向量。这个向量蕴含在 PyTorch 的嵌入层中，可以通过 embedding_size 参数来调整它的维度。此处嵌入层的维度是 2，但刚才说过，处理真实语料库时，嵌入层的维度一般来说有几百个，这样才可以习得更多的语义知识。其实，几百维的词向量，对于动辄拥有上万，甚至十万、百万个词的词汇表（《辞海》的词条数，总条目数近 13 万）来说，已经算是很“低”维、很稠密了。

所以，词向量或者说词嵌入的学习过程就是，通过神经网络来习得包含词的语义信息的向量，这个向量通常是几维到几百维不等，然后可以降维进行展示，以显示词和词之间的相似程度。如下页图所示。

咖哥：最后，我想再次强调一点：尽管实现 W2V 的两个算法，Skip-Gram 和 CBOW，都可以看作语言模型，因为它们能预测目标词；然而，在 W2V 中预测目标词的

能力实际上是一种手段，而不是最终目的。词嵌入算法的真正目标是为每个词生成一个稠密向量表示，而这个向量表示就是 W2V 模型隐藏层中的权重矩阵。

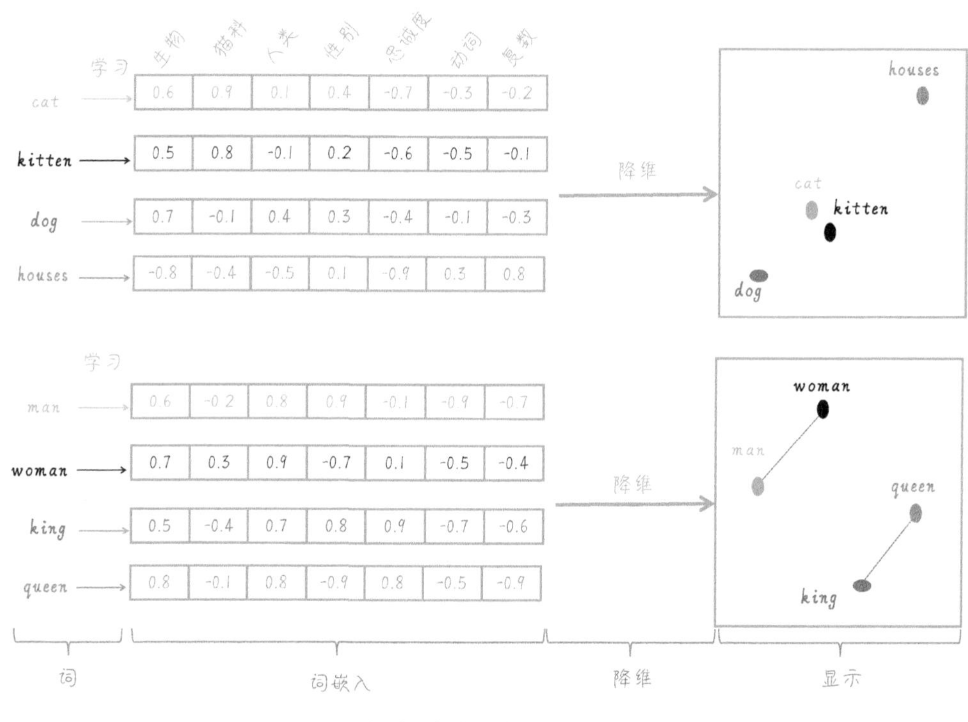

词向量的学习过程示意图

这些词向量捕捉了词与词之间的关系之后，具有相似含义或用法的词在向量空间中会靠得更近。我们可以使用这些词向量作为其他自然语言处理任务（如文本分类、文本相似度比较、命名实体识别等）的输入特征。

小冰：原来如此，如果我理解得没错的话，Skip-Gram 和 CBOW 这两个模型从预测词的角度上看，和 N-Gram 本质是相同的，都是语言模型；然而，因为我们只是提取 Word2Vec 神经网络中嵌入层的权重，而不需要模型最终的预测结果，从这个角度上，它和 Bag-of-Words 是同一类的应用，都是把词转换成为一种向量表示。

咖哥：非常正确。Word2Vec 之后的许多词嵌入方法，如 GloVe（Global Vectors for Word Representation）和 fastText，也都是这样使用的。我们可以拿到别人已经训练好的词向量（GloVe 和 fastText 都提供现成的词向量供我们下载）作为输入，来完成我们的下游 NLP 任务；也可以利用 PyTorch 的 nn.Embedding，来针对特定语料库从头开始词嵌入的学习，然后再把学到的词向量（也就是经过 nn.Embedding 的参数处理后的序列信息）作为输入，完成下游 NLP 任务。

小结

上节课中介绍的 Bag-of-Words（BoW）和本课介绍的 Word2Vec（W2V）都可以看作分布式表示的应用实例。这两种方法都试图将离散的符号（如单词）映射到连续的向量空间，让原本没有意义的词汇编码变成蕴含某些语言信息的表示——这也就是分布式表示的内涵。然而，它们在实现方式和表示能力上有很大的不同。

2

Bag-of-Words 是一种简单的分布式表示方法，它将文本表示为单词计数或权重的向量。这种表示方法捕获了文本中单词的频率信息，但忽略了单词的顺序和上下文关系。因此，Bag-of-Words 的表达能力较弱，特别是不太善于捕获单词之间的语义关系。

Word2Vec 是一种更先进的分布式表示方法，它通过学习单词在上下文中的共现关系来生成低维、密集的词向量。这种表示方法能够捕获单词之间的语义和语法关系，并在向量空间中体现这些关系。与 Bag-of-Words 相比，Word2Vec 的表达能力更强，计算效率更高。Bag-of-Words 与 Word2Vec 的对比如表 2.2 所示。

表 2.2　Bag-of-Words 与 Word2Vec 的对比

特点	Bag-of-Words	Word2Vec
稀疏性 vs 密集性	高维稀疏向量，计算效率低	低维密集向量，计算效率更高
上下文无关 vs 上下文敏感	忽略上下文信息	能够捕获单词之间的上下文关系
语义关系	无法捕捉单词之间的语义关系	能捕获单词之间的语义和语法关系
参数共享	每个单词的向量表示都是唯一的	参数共享，能够减少参数数量，提高泛化能力

我们可以将 Bag-of-Words 和 Word2Vec 看作分布式表示的演进过程中的两个重要阶段，其中 Word2Vec 技术更先进，表达能力更强。从词袋模型到词向量的发展，表明自然语言处理领域在表示单词和处理语义方面取得了重要进展。

Word2Vec 对整个自然语言处理领域产生了巨大的影响。后来的许多词嵌入方法，如 GloVe 和 fastText 这两种被广泛应用的词向量，都受到了 Word2Vec 的启发。如今，Word2Vec 已经成为词嵌入领域的基石。它的出现使得更复杂的 NLP 任务，如文本分类、情感分析、命名实体识别、机器翻译等，处理起来更轻松。这主要是因为 Word2Vec 生成的词向量能够捕捉到单词之间的语义和语法关系。

然而，Word2Vec 仍然存在一些局限性。

（1）词向量的大小是固定的。Word2Vec 这种“在全部语料上一次习得，然后反复使用”的词向量被称为静态词向量。它为每个单词生成一个固定大小的向量，这限制了模型捕捉词义多样性的能力。在自然语言中，许多单词具有多种含义，但 Word2Vec 无法为这些不同的含义生成多个向量表示。

（2）无法处理未知词汇。Word2Vec 只能为训练过程中出现过的单词生成词向量。对于未知或低频词汇，Word2Vec 无法生成合适的向量表示。虽然可以通过拼接词根等方法来解决这个问题，但这并非 Word2Vec 本身的功能。

值得注意的是，Word2Vec 本身并不是一个完善的语言模型，因为语言模型的目标是根据上下文预测单词，而 Word2Vec 主要关注生成有意义的词向量。尽管 CBOW 和 Skip-Gram 模型在训练过程中学习了单词之间的关系，但它们并未直接对整个句子的概率分布进行建模。而后来的模型，如基于循环神经网络、长短期记忆网络和 Transformer 的模型，则通过对上下文进行建模，更好地捕捉到了语言结构，从而成为更为强大的语言模型。

思考

1. 简述词向量的内涵和使用方法。

2. 请完成实现 CBOW 模型的完整代码。

3. 请用嵌入层替代线性层，完成实现 Skip-Gram 模型的代码，并输出 Skip-Gram 模型习得的词嵌入。

4. 自主学习 GloVe 和 fastText，并尝试在你的 NLP 任务中使用 GloVe 和 fastText 词向量，例如比较两段文本的相似度。

第 3 课

山重水复疑无路：神经概率语言模型和循环神经网络

小冰打开微信，突然“啊！”了一声。

咖哥：什么事情弄得你一惊一乍的？

小冰：大新闻，我们厂的“雕龙一拍”真的按时发布了。朋友圈被它“刷爆”了！哎呀，不好不好，我们领导发布新品的同时，股价竟然同步下跌 8%！我这股票期权大幅缩水啊！我就说这“雕龙一拍”的“拍”字没有起好，拍什么拍，让人联想起拍马屁、拍砖头什么的。

咖哥：唉，小冰。这可就是你没学问了。这个“拍”字很适合中文 NLP 产品，很古典，很符合你们厂的审美。首先，“雕龙”来源于我国古代语言学巨著《文心雕龙》，把这个名字赋予一个中文大模型，内涵十分丰富；其次，“拍”出自明代冯梦龙几部白话话本集的统称“三言二拍”，所谓“拍”，指拍案惊奇，也就是读书读到妙处，拍案而起，大喊一声“写得好！”（见下图）。

咖哥拍案而起：“写得好！”

也就是说，给“雕龙一拍”起名字的人对自己的产品很有信心，认为自己的聊天机器人回答得好，值得拍掌喝彩！所以你放心，明天股价没准还得涨回来。

小冰：嗯，你这么说我就放心了。

咖哥说：你看，如果只关注词本身，而不考虑上下文，就会陷入与 Word2Vec、GloVe 及 fastText 等词向量模型相似的局限性。因为这些词向量模型只关注多个词语的局部语义信息，无法捕捉到句子级别的语义信息。而且，它们无法解决一词多义问题。同一个词在不同的语境中可能有不同的含义，但 Word2Vec 只能为每个词分配一个固定的向量表示，无法捕捉这种多义性。比如说中文的“拍”字，其义可褒可贬；再比如英文中的“Apple”，可以指水果，也可以指科技公司。每一个单词的具体语义，都和上下文息息相关，变化十分细微。因此，尽管有了词向量这种单词的表征，在很长的一段时间内，研究自然语言处理的学者们还是无法做出能够真正理解人类语言的模型。而另外一个问题是，Word2Vec 这类词向量模型是以已知词汇表为基础学习的，它们无法处理未见过的词（即词汇表外的词），不能为未知词生成合适的词向量。

正是由于这个局限，NLP 迟迟没有在具体下游任务的处理上实现突破。回忆一下人工智能这十几年来的突破性进展，你会发现之前最吸引眼球的 ImageNet 图像分类、人脸识别的应用、下围棋的 AlphaGo、自动驾驶，再加上能生成以假乱真图片的 GAN，全和 NLP 无关。

因此，如何让 NLP 技术真正落地，真正解决实际问题，成了 NLP 学者们最头疼的问题。此时的 NLP，用“山重水复疑无路”来形容最恰当。

小冰：后来学者们一定想出了好办法，对吗？

咖哥看小冰有点紧张，说：那是当然！如果没有进展，你是怎么见到 Transformer 架构和 BERT 等预训练模型，以及今天的 ChatGPT 的呢？今天我要给你讲的神经概率语言模型，就是 NLP 在进入深度学习时代之后的又一个飞跃的成果。这些模型能够更好地理解人类语言，并捕捉到细微的语义差异。我们先来讲讲神经概率语言模型。

3.1 NPLM的起源

神经概率语言模型（Neural Probabilistic Language Model，NPLM）的起源和发展可以追溯到 2003 年，当时约书亚·本希奥及其团队发表了一篇题为“A

Neural Probabilistic Language Model"(《一种神经概率语言模型》)的论文[①]。这篇论文首次提出了将神经网络应用于语言模型的想法，为自然语言处理领域开辟了新的研究方向。

在 NPLM 之前，传统的语言模型主要依赖于最基本的 N-Gram 技术，通过统计词汇的共现频率来计算词汇组合的概率。然而，这种方法在处理稀疏数据和长距离依赖时遇到了困难。

NPLM 是一种将词汇映射到连续向量空间的方法，其核心思想是利用神经网络学习词汇的概率分布。和 N-Gram 一样，NPLM 通过利用前 N-1 个词来预测第 N 个词，但是 NPLM 构建了一个基于神经网络的语言模型。与传统的 N-Gram 语言模型相比，NPLM 优化参数和预测第 N 个词的方法更加复杂。

3

得益于神经网络的强大表达能力，NPLM 能够更有效地处理稀疏数据和长距离依赖问题。这意味着，NPLM 在面对罕见词汇和捕捉距离较远的词之间的依赖关系时表现得更加出色，相较于传统的 N-Gram 语言模型有着显著的优势。

如下图所示，NPLM 的结构包括 3 个主要部分：输入层、隐藏层和输出层。输入层将词汇映射到连续的词向量空间，隐藏层通过非线性激活函数学习词与词之间的复杂关系，输出层通过 softmax 函数产生下一个单词的概率分布。

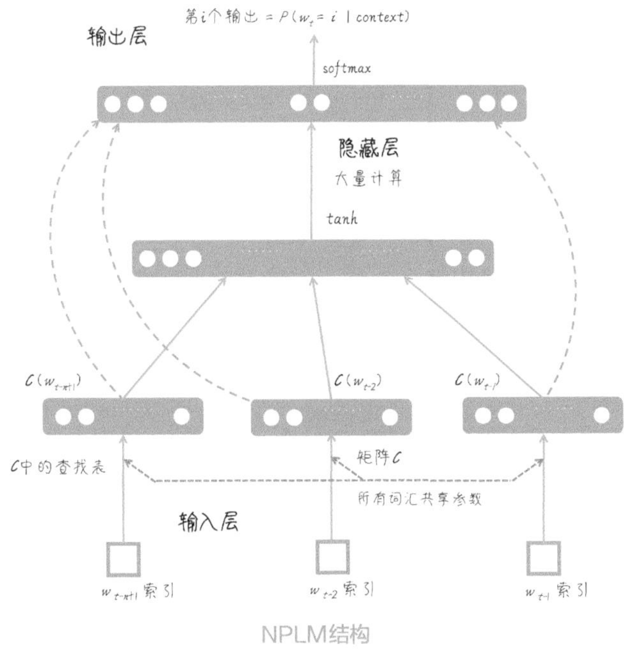

NPLM结构

① BENGIO Y, DUCHARM R, VINCENT P, et al. A neural probabilistic language model [J]. Journal of Machine Learning Research, 2003(3): 1137-1155.

- 图中的矩阵 *C* 用于将输入的词（Context，即之前的 *N* 个词，也被称为上下文词）映射到一个连续的向量空间。这个过程在论文中称为“table look-up”，因为我们可以将矩阵 *C* 视为一张查找表，通过查找表可以将输入词的索引（或 One-Hot 编码）转换为其对应的词向量表示。矩阵 *C* 的参数在所有词之间共享。这意味着，对于所有的输入词，都使用相同的矩阵 *C* 来获取它们的词向量表示。这有助于减少模型的参数数量，提高模型的泛化能力。

- 通过矩阵 *C* 会得到一组词向量，此时需要对输入向量进行线性变换（即矩阵乘法和偏置加法），然后将其输入隐藏层，进行上下文语义信息的学习。因为论文发表时间较早，所以隐藏层使用双曲正切（tanh）函数作为非线性激活函数，而不是后来常见的 ReLU 函数。在这篇论文发表的 2003 年，算力还不是很强，所以论文特别注明：这一部分的计算量通常较大。

- 输出层通常是一个全连接层，用于计算给定上下文条件下每个词的概率。图中“第 i 个输出 = $P(w_t = i \mid \text{context})$”这句话描述了 NPLM 的输出目标。对于每个词 i，模型计算在给定上下文条件下，目标词汇 w_t（也就是下一个词）是词汇表中第 i 个词的概率。此处应用 softmax 函数将输出层的值转换为概率分布，这也是后来神经网络的分类输出层的标准做法。

所以小冰你看，在词向量学习方面，NPLM 和 Word2Vec 十分相似，都是通过捕捉前几个词的语义信息，将输入词汇的离散表示转换为连续的词向量表示，但是 NPLM 进一步通过神经网络来学习词与词之间的相似性和关系，从而计算目标词在给定上下文条件下出现的概率。

小冰：明白了，前面讲的 BoW 和 W2V，都是词的表示学习技术，而 N-Gram 和 NPLM 则是语言模型，NPLM 的关键在于把神经网络引入了语言模型的结构。看起来神经概率语言模型的结构似乎也不是很复杂，不过，还是得通过代码来实现一下，我才能够完全理解。

3.2 NPLM的实现

咖哥：当然了，我们还是用具体的实例来讲解如何实现一个简单的 NPLM，这样会比较清晰。

这个程序的结构如下。

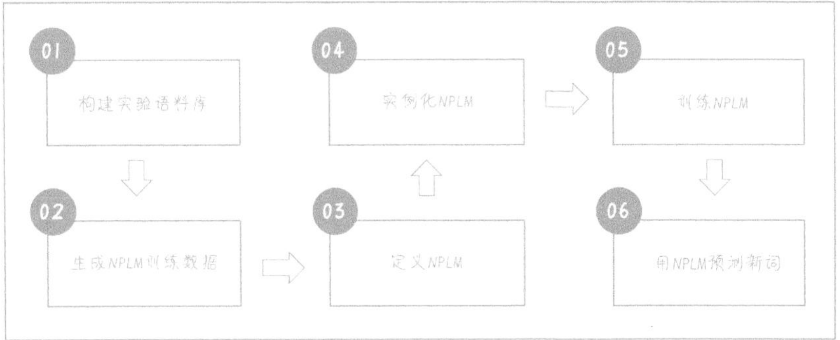

第1步　构建实验语料库

定义一个非常简单的数据集，作为实验语料库，并整理出该语料库的词汇表。

In

```
# 构建一个非常简单的数据集
sentences = [" 我 喜欢 玩具 ", " 我 爱 爸爸 ", " 我 讨厌 挨打 "]
# 将所有句子连接在一起，用空格分隔成多个词，再将重复的词去除，构建词汇表
word_list = list(set(" ".join(sentences).split()))
# 创建一个字典，将每个词映射到一个唯一的索引
word_to_idx = {word: idx for idx, word in enumerate(word_list)}
# 创建一个字典，将每个索引映射到对应的词
idx_to_word = {idx: word for idx, word in enumerate(word_list)}
voc_size = len(word_list) # 计算词汇表的大小
print(' 词汇表：', word_to_idx) # 打印词汇到索引的映射字典
print(' 词汇表大小：', voc_size) # 打印词汇表大小
```

Out

```
字典：{' 讨厌 ': 0, ' 爱 ': 1, ' 挨打 ': 2, ' 我 ': 3, ' 玩具 ': 4, ' 喜欢 ': 5, ' 爸爸 ': 6}
词汇表大小：7
```

第2步　生成NPLM训练数据

从语料库中生成批处理数据，作为 NPLM 的训练数据，后面会将数据一批一批地输入神经网络进行训练。

In

```
# 构建批处理数据
import torch # 导入 PyTorch 库
import random # 导入 random 库
batch_size = 2 # 每批数据的大小
def make_batch():
    input_batch = [] # 定义输入批处理列表
    target_batch = [] # 定义目标批处理列表
    selected_sentences = random.sample(sentences, batch_size) # 随机选择句子
```

```
    for sen in selected_sentences: # 遍历每个句子
        word = sen.split() # 用空格将句子分隔成多个词
        # 将除最后一个词以外的所有词的索引作为输入
        input = [word_to_idx[n] for n in word[:-1]] # 创建输入数据
        # 将最后一个词的索引作为目标
        target = word_to_idx[word[-1]] # 创建目标数据
        input_batch.append(input) # 将输入添加到输入批处理列表
        target_batch.append(target) # 将目标添加到目标批处理列表
    input_batch = torch.LongTensor(input_batch) # 将输入数据转换为张量
    target_batch = torch.LongTensor(target_batch) # 将目标数据转换为张量
    return input_batch, target_batch # 返回输入批处理和目标批处理数据

input_batch, target_batch = make_batch() # 生成批处理数据
print(" 输入批处理数据：",input_batch) # 打印输入批处理数据
# 将输入批处理数据中的每个索引值转换为对应的原始词
input_words = []
for input_idx in input_batch:
    input_words.append([idx_to_word[idx.item()] for idx in input_idx])
print(" 输入批处理数据对应的原始词：",input_words)
print(" 目标批处理数据：",target_batch) # 打印目标批处理数据
# 将目标批处理数据中的每个索引值转换为对应的原始词
target_words = [idx_to_word[idx.item()] for idx in target_batch]
print(" 目标批处理数据对应的原始词：",target_words)
```

Out

```
输入批处理数据： tensor([[6, 2], [6, 3]])
输入批处理数据对应的原始词：[[' 我 ', ' 喜欢 '], [' 我 ', ' 讨厌 ']]
目标批处理数据：tensor([1, 5])
目标批处理数据对应的原始词：[' 玩具 ', ' 挨打 ']
```

第3步　定义NPLM

定义一个神经概率语言模型，这个模型将被用于预测给定句子的下一个词。

In

```
import torch.nn as nn # 导入神经网络模块
# 定义神经概率语言模型（NPLM）
class NPLM(nn.Module):
    def __init__(self):
        super(NPLM, self).__init__()
        self.C = nn.Embedding(voc_size, embedding_size) # 定义一个词嵌入层
        # 第一个线性层，其输入大小为 n_step * embedding_size，输出大小为 n_hidden
        self.linear1 = nn.Linear(n_step * embedding_size, n_hidden)
        # 第二个线性层，其输入大小为 n_hidden，输出大小为 voc_size，即词汇表大小
        self.linear2 = nn.Linear(n_hidden, voc_size)
    def forward(self, X): # 定义前向传播过程
```

```
# 输入数据 X 张量的形状为 [batch_size, n_step]
X = self.C(X)  # 将 X 通过词嵌入层，形状变为 [batch_size, n_step, embedding_size]
X = X.view(-1, n_step * embedding_size) # 形状变为 [batch_size, n_step * embedding_size]
# 通过第一个线性层并应用 tanh 函数
hidden = torch.tanh(self.linear1(X)) # hidden 张量形状为 [batch_size, n_hidden]
# 通过第二个线性层得到输出
output = self.linear2(hidden) # output 形状为 [batch_size, voc_size]
return output # 返回输出结果
```

这里定义了一个名为“NPLM”的神经概率语言模型类，它继承自 PyTorch 的 nn.Module。在这个类中，我们定义了词嵌入层和线性层，如下所示。

- self.C：一个词嵌入层，用于将输入数据中的每个词转换为固定大小的向量表示。voc_size 表示词汇表大小，embedding_size 表示词嵌入的维度。
- self.linear1：第一个线性层，不考虑批次的情况下输入大小为 n_step * embedding_size，输出大小为 n_hidden。n_step 表示时间步数，即每个输入序列的长度；embedding_size 表示词嵌入的维度；n_hidden 表示隐藏层的大小。
- self.linear2：第二个线性层，不考虑批次的情况下输入大小为 n_hidden，输出大小为 voc_size。n_hidden 表示隐藏层的大小，voc_size 表示词汇表大小。

在 NPLM 类中，我们还定义了一个名为 forward 的方法，用于实现模型的前向传播过程。在这个方法中，首先将输入数据通过词嵌入层 self.C，然后 X.view(-1, n_step * embedding_size) 的目的是在词嵌入维度上展平张量，也就是把每个输入序列的词嵌入连接起来，形成一个大的向量。接着，将该张量传入第一个线性层 self.linear1 并应用 tanh 函数，得到隐藏层的输出。最后，将隐藏层的输出传入第二个线性层 self.linear2，得到最终的输出结果。

咖哥发言

在神经网络的构建和调试过程中，张量的形状非常重要。因为如果输入的形状和神经网络层所要求的形状不相符，要么程序无法运行，要么会得到错误的结果。在这个程序中，我通过注释详细地说明了每一步中张量的形状，希望你阅读 PyTorch 文档中各种神经网络层的参数说明，并在代码调试过程中注意这些张量形状，反复检查每一步张量形状是否正确。

第4步　实例化NPLM

设定一些参数后初始化 NPLM，并打印出它的结构。

In

```
n_step = 2 # 时间步数，表示每个输入序列的长度，也就是上下文长度
n_hidden = 2 # 隐藏层大小
embedding_size = 2 # 词嵌入大小
model = NPLM() # 创建神经概率语言模型实例
print(' NPLM 模型结构：', model) # 打印模型的结构
```

Out

```
NPLM 模型结构： NPLM(
 (C): Embedding(7, 2)
 (linear1): Linear(in_features=4, out_features=2, bias=True)
 (linear2): Linear(in_features=2, out_features=7, bias=True))
```

3

可以看到，模型包含一个词嵌入层和两个线性层。

第5步　训练NPLM

生成一批批的数据来训练这个模型。模型经过学习，将能够预测这个数据集中每一句话的最后一个词。

In

```
import torch.optim as optim # 导入优化器模块
criterion = nn.CrossEntropyLoss() # 定义损失函数为交叉熵损失函数
optimizer = optim.Adam(model.parameters(), lr=0.1) # 定义优化器为 Adam，学习率为 0.1
# 训练模型
for epoch in range(5000): # 设置训练迭代次数
  optimizer.zero_grad() # 清除优化器的梯度
  input_batch, target_batch = make_batch() # 创建输入和目标批处理数据
  output = model(input_batch) # 将输入数据传入模型，得到输出结果
  loss = criterion(output, target_batch) # 计算损失值
  if (epoch + 1) % 1000 == 0: # 每 1000 次迭代，打印 1 次损失值
    print('Epoch:', '%04d' % (epoch + 1), 'cost =', '{:.6f}'.format(loss))
  loss.backward() # 反向传播计算梯度
  optimizer.step() # 更新模型参数
```

Out

```
Epoch: 1000 cost = 0.711473
Epoch: 2000 cost = 0.517517
Epoch: 3000 cost = 0.382639
Epoch: 4000 cost = 0.326816
Epoch: 5000 cost = 0.285422
```

在训练过程中，首先定义损失函数（交叉熵损失函数）和优化器（Adam）。接下来，进行 5000 次迭代训练，每次迭代中，首先清除优化器的梯度，然后生成输入和目标批处理数据，并将它们转换为张量。接着，将输入数据传入模型，模型进行推理，得到预测值。随后，我们将预测值和目标数据进行比较，计算损失值，执行反向传播和参数更新。每 1000 次迭代后，打印当前的损失值——可以看到损失值逐渐减少。

上面这个过程，是非常标准的 PyTorch 深度学习模型的训练过程。

第6步　用NPLM预测新词

用模型预测下一个词，并显示预测结果。

In

```
# 进行预测
input_strs = [['我', '讨厌'], ['我', '喜欢']] # 需要预测的输入序列
# 将输入序列转换为对应的索引
input_indices = [[word_to_idx[word] for word in seq] for seq in input_strs]
# 将输入序列的索引转换为张量
input_batch = torch.LongTensor(input_indices)
# 对输入序列进行预测，取输出中概率最大的类别
predict = model(input_batch).data.max(1)[1]
# 将预测结果的索引转换为对应的词
predict_strs = [idx_to_word[n.item()] for n in predict.squeeze()]
for input_seq, pred in zip(input_strs, predict_strs):
  print(input_seq, '->', pred) # 打印输入序列和预测结果
```

Out

```
[['我', '喜欢'], ['我', '爱']] -> ['玩具', '爸爸']
```

上面这段代码的核心语句是 predict = model(input_batch).data.max(1)[1]，它对输入批处理数据进行预测，并从输出中选择概率最大的类别，得到一个形状为 [batch_size, 1] 的张量，表示每个输入样本预测的概率最大的词的索引。这句代码细节比较多，这里做一下解释。

- model(input_batch)：将批处理的数据传入训练好的模型，得到输出。输出张量的形状为 [batch_size, voc_size]，表示每个输入样本对应的词汇表中所有词的概率。
- model(input_batch).data：从模型输出中提取实际的张量数据。这是为了后续操作方便而进行的转换。
- model(input_batch).data.max(1)：沿词汇维度对张量数据求最大值。这

个操作会返回两个值，一个是最大概率值，另一个是对应的索引。

- model(input_batch).data.max(1)[1]：在最大概率值和对应索引的元组中，仅保留索引。索引代表着概率最大的词在词汇表中的位置。
- 所以，最终结果 predict 是形状为 [batch_size, 1] 的张量，表示每个输入样本预测的概率最大的词的索引。这些索引可以进一步转换为实际的词，用于展示预测结果。

至此，一个完整的神经网络语言模型已经搭建完成。这个语言模型的输入是一个句子的前 N-1 个单词，输出是第 N 个单词。神经网络包括一个嵌入层，后面跟着一个线性层，然后再使用 tanh 来激活。程序使用交叉熵损失函数和 Adam 优化器进行训练。最后的线性输出层给出词汇表中所有单词作为下一个单词的概率分布，我们通常选择概率最高的那个单词作为预测的下一个单词。此处在计算交叉熵损失时使用了 softmax 函数。

小冰：咖哥，现在我们所拥有的这个 NPLM 语言模型有多强大？

咖哥：坦白地讲，目前这个模型不够强大。NPLM 是一种较为简单的神经网络语言模型，它的历史意义在于开创性地把神经网络技术引入了 NLP 领域。也就是说，NPLM 最大的贡献，就在于它提出了基于神经网络构建深度学习模型。从此开始，深度学习就登上了 NLP 的舞台。而深度学习在 NPLM 中的优势主要体现在以下几方面。

- 可以自动学习复杂的特征表示，减少了手工特征工程的需求。
- 可以对大量数据进行高效的处理，使得模型能通过大规模语料库更好地学习词与词之间的语义和语法关系。
- 具有强大的拟合能力，可以捕捉到语言数据中的复杂结构和模式。

具体到 NPLM 本身来说，它也存在一些明显的不足之处。

- 模型结构简单：NPLM 使用了较少的线性层和激活函数，神经网络的层数不够深，这使得模型的表达能力受到限制。对于复杂的语言模式和长距离依赖关系，NPLM 可能无法捕捉到足够的信息。
- 窗口大小固定：NPLM 使用窗口大小固定的输入序列，这限制了模型处理不同长度上下文的能力。在实际应用中，语言模型通常需要处理长度可变的文本数据。

- 缺乏长距离依赖捕捉：由于窗口大小固定，NPLM 无法捕捉长距离依赖。在许多 NLP 任务中，捕捉长距离依赖关系对于理解句子结构和语义具有重要意义。
- 训练效率低：NPLM 的训练过程中，全连接层的输出大小等于词汇表的大小。当词汇表非常大时，计算量会变得非常大，导致训练效率降低。
- 词汇表固定：NPLM 在训练时使用固定词汇表，这意味着模型无法处理训练集中未出现的词汇（未登录词）。这限制了模型在现实应用中的泛化能力。

为了解决这些问题，研究人员提出了一些更先进的神经网络语言模型，如循环神经网络、长短期记忆网络、门控循环单元（GRU）和 Transformer 等。这些模型能够捕捉长距离依赖，处理变长序列，同时具有更强的表达能力和泛化能力。下面我们就继续讲解 NLP 发展史上的另外一个里程碑——循环神经网络的使用。这里多说一句，其实 LSTM 和 GRU 都是广义上的循环神经网络。

3

3.3 循环神经网络的结构

NPLM 在处理长序列时会面临一些挑战。首先，由于它仍然是基于词的模型，因此在处理稀有词汇或者词汇表外的词汇时效果不佳。其次，NPLM 不能很好地处理长距离依赖关系。而上面这两个局限，恰恰就是 RNN 的优势。

小冰：那么 RNN 是怎么解决这些问题的呢？

咖哥：RNN 的核心思想是利用“循环”的机制，将网络的输出反馈到输入，这使得它能够在处理数据时保留前面的信息，从而捕获序列中的长距离依赖关系，在处理序列数据，如文本、语音和时间序列时具有明显的优势。

RNN 的起源可以追溯到 20 世纪 80 年代，当时学者在研究如何使用神经网络处理序列数据。1986 年，戴维·E. 鲁梅尔哈特（David E. Rumelhart）等人提出的通过时间反向传播（Backpropagation Through Time，BPTT）的训练算法①，为 RNN 的发展奠定了基础。

20 世纪 90 年代，许多学者开始关注 RNN，并提出了许多改进方法，如长短期记忆网络和门控循环单元等。

当 NPLM 问世之后，尤其是深度学习于 2012 年前后在 ImageNet 竞赛中一炮打响后，深度学习神经网络逐渐成为 AI 模型的主流，循环神经网络和它的种种变体也就

① RUMELHART D E, HINTON G E, WILLIAMS R J. Learning representations by back-propagating errors[J]. Nature, 1986, 323(6088): 533 - 536.

自然而然地被应用在 NLP 的各种任务中。

小冰：那 RNN 的原理和架构是怎样的？

咖哥：简单来说，RNN 可以看作一个具有“记忆”的神经网络。RNN 的基本原理是通过循环来传递隐藏状态信息，从而实现对序列数据的建模。一个简单的 RNN 包括输入层、隐藏层和输出层。在每个时间步（可理解为每次循环的过程），RNN 会读取当前输入，并结合前一个时间步的隐藏状态来更新当前的隐藏状态。然后，这个隐藏状态会被用于生成输出和更新下一个时间步的隐藏状态。通过这种方式，RNN 可以捕获序列中的依赖关系。最后，输出层根据隐藏层的信息产生预测。

3

通过在每个时间步共享权重（即在处理各个 token 时使用相同的 RNN），RNN 能够处理不同长度的输入序列。这种权重共享机制使得 RNN 具有很大的灵活性，因为它可以适应各种长度的序列，在处理自然语言和其他可变长度序列数据时更具优势，而不像 NPLM 那样受到窗口大小固定的限制。

我们先来看一个 RNN 的基本架构图，这将帮助你更好地理解 RNN 的工作原理。

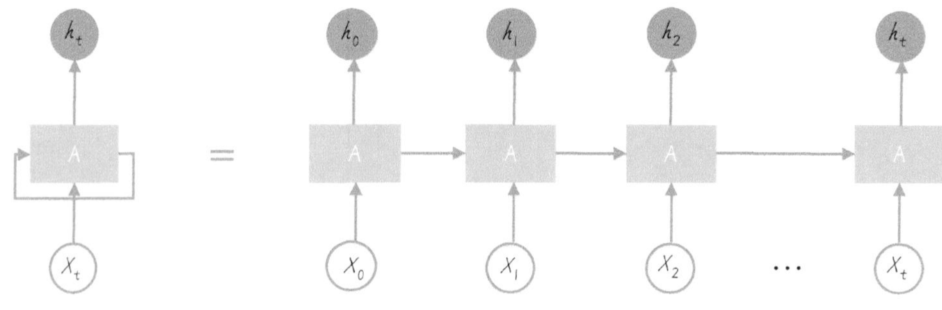

RNN基本架构

假设我们有一个序列数据，例如一段文本。我们可以将这段文本分成单词或字符，并将其作为 RNN 的输入。对于每一个时间步，RNN 会执行以下操作。

（1）接收当前时间步的输入 x_t（即上图中的 x_t）。

（2）结合前一时间步的隐藏层状态 h_(t-1)，计算当前时间步的隐藏层状态 h_t（即上图中的 h_t）。这通常通过一个激活函数（如 tanh 函数）实现。计算公式如下（其中，W_hh 是隐藏层到隐藏层的权重矩阵，W_xh 是输入到隐藏层的权重矩阵）：

h_t = tanh(W_hh * h_(t-1) + W_xh * x_t + b_h)

（3）基于当前时间步的隐藏层状态 h_t，计算输出层 y_t（RNN 在时间步 t 的输出）。

这通常通过一个线性变换和激活函数（如 softmax 函数）实现。计算公式如下：

$$y\_t = softmax(W\_hy * h\_t + b\_y)$$

通过上述操作，RNN 可以处理整个序列数据，并在每个时间步生成一个输出。需要注意的是，RNN 具有参数共享的特性。这意味着在不同时间步，RNN 使用相同的权重矩阵（W_hh，W_xh 和 W_hy）和偏置（b_h 和 b_y）进行计算。

RNN 采用 BPTT 算法进行训练。与普通反向传播不同，BPTT 算法需要在时间维度上展开 RNN，以便在处理时序依赖性时计算损失梯度。因此，BPTT 算法可以看作一种针对具有时间结构的数据的反向传播算法。在 BPTT 算法中，我们首先用损失函数计算模型的损失（如交叉熵损失），然后使用梯度下降法（或其他优化算法）来更新模型参数。

BPTT 算法的关键在于，我们需要将梯度沿着时间步（对于自然语言处理问题来说，时间步就是文本序列的 token）反向传播，从输出层一直传播到输入层。具体步骤如下。

（1）根据模型的输出和实际标签计算损失。对每个时间步，都可以计算一个损失值，然后对所有时间步的损失值求和，得到总损失。

（2）计算损失函数关于模型参数（权重矩阵和偏置）的梯度。这需要应用链式求导法则，分别计算损失函数关于输出层、隐藏层和输入层的梯度。然后将这些梯度沿着时间步传播回去。

（3）使用优化算法（如梯度下降法、Adam 等）来更新模型参数。这包括更新权重矩阵（W_hh，W_xh 和 W_hy）和偏置（b_h 和 b_y）。

经过多轮迭代训练，RNN 模型的参数不断更新，从而使得模型在处理序列数据时的性能不断提高。

RNN 虽然在某些方面具有优势，但它的局限性也不容忽视。在训练过程中，RNN 可能会遇到梯度消失和梯度爆炸的问题，这会导致网络很难学习长距离依赖关系。为了缓解这些问题，研究人员提出了 LSTM 和 GRU 等改进型 RNN 结构。LSTM、GRU 广义上属于 RNN，不过这些结构引入了门控机制，使得模型能够更好地捕捉到序列中的长距离依赖关系，从而在许多 NLP 任务中表现更优。

小冰：咖哥，我感觉这循环神经网络里面需要深入理解的地方还挺多的，你能否给出一个具体的实战案例？

咖哥：当然，我们下面这个实战案例，就是基于循环神经网络的变体 LSTM实现的。

3.4 循环神经网络实战

在这个实战案例中，我们继续采用上一节中的数据集和程序结构，将一个词序列作为输入，预测序列中下一个词。训练过程和训练参数也保持不变，仅仅调整神经网络中隐藏层的类型，用 LSTM 层替换线性层，就可以把模型改造成 RNN 模型，并完成相同的词预测任务。

RNN 模型的实现过程如下。

In

```
import torch.nn as nn # 导入神经网络模块
# 定义神经概率语言模型（NPLM）
class NPLM(nn.Module):
    def __init__(self):
        super(NPLM, self).__init__() # 调用父类的构造函数
        self.C = nn.Embedding(voc_size, embedding_size) # 定义一个词嵌入层
        # 用 LSTM 层替代第一个线性层，其输入大小为 embedding_size，隐藏层大小为 n_hidden
        self.lstm = nn.LSTM(embedding_size, n_hidden, batch_first=True)
        # 第二个线性层，其输入大小为 n_hidden，输出大小为 voc_size，即词汇表大小
        self.linear = nn.Linear(n_hidden, voc_size)
    def forward(self, X):  # 定义前向传播过程
        # 输入数据 X 张量的形状为 [batch_size, n_step]
        X = self.C(X)  # 将 X 通过词嵌入层，形状变为 [batch_size, n_step, embedding_size]
        # 通过 LSTM 层
        lstm_out, _ = self.lstm(X) # lstm_out 形状变为 [batch_size, n_step, n_hidden]
        # 只选择最后一个时间步的输出作为全连接层的输入，通过第二个线性层得到输出
        output = self.linear(lstm_out[:, -1, :]) # output 的形状为 [batch_size, voc_size]
        return output # 返回输出结果
```

Out

```
RNN 模型结构： RNNLM(
 (embedding): Embedding(7, 2)
 (lstm): LSTM(2, 2, batch_first=True)
 (linear): Linear(in_features=2, out_features=7, bias=True))
```

咖哥：这里，我们使用了一个 LSTM 层替换了 NPLM 原有的线性层。之后，定义了一个基于 RNN 的语言模型，它包含一个嵌入层、一个 LSTM 层和一个线性层。该模型将输入的词序列转换为嵌入向量，将嵌入向量输入 LSTM 层中，并将 LSTM 层的输出传递到线性层中，以生成最终的输出。其中 LSTM 层的输入是词嵌入，输出是在每个时间步的隐藏状态。我们只选择最后一个时间步的隐藏状态作为全连接层的输入，以生成预测结果。

在 RNN 模型中，网络结构主要取决于以下几个参数。

（1）词嵌入大小 embedding_size：决定了词嵌入层的输出维度。

（2）隐藏层大小 n_hidden：决定了 LSTM（或其他 RNN 变体）层的隐藏状态大小。

这意味着，在 RNN 模型中，我们可以灵活地处理不同长度的输入序列，而不需要改变网络结构。这是 RNN 模型与 NPLM 的一个重要区别。这使得 RNN 模型在处理自然语言任务时更具优势，因为它可以很好地处理不同长度的文本序列。

咖哥发言

在 PyTorch 中，RNN（包括 LSTM）的输入参数主要包括 input（第一个参数）和 h_0（第二个参数）。

（1）参数 input。

这是一个包含输入序列的张量。它的形状取决于 batch_first 参数。如果 batch_first=True，则 input 的形状为 (batch_size, seq_length, input_size)。如果 batch_first=False，则 input 的形状为 (seq_length, batch_size, input_size)。

- batch_size：批次中的序列数。
- seq_length：每个序列中的时间步长。
- input_size：每个时间步长的输入特征数。

（2）参数 h_0。

这是 RNN 的初始隐藏状态。它的形状为 (num_layers * num_directions, batch_size, hidden_size)。

- num_layers：RNN 网络中的层数。
- num_directions：如果 RNN 是双向的，则为 2，否则为 1。
- hidden_size：隐藏状态的特征数。

小冰：咖哥，刚才你讲的循环神经网络中的种种细节，比如隐藏层状态的计算 h_t = tanh(W_hh * h_(t-1) + W_xh * x_t + b_h)，又比如基于当前时间步的隐藏层状态 h_t，计算输出层 y_t 的线性变换和激活，为什么在你的代码中都没有体现？

咖哥：你提的这个问题很好，体现了你对模型原理的探求。其实，这是因为 RNN 实现的细节已经被封装在 PyTorch 的 LSTM 层了。这里的代码 lstm_out,_=self.lstm(X) 虽然很简洁，但实际上它涵盖了 LSTM 处理输入序列的复杂计算过程。对于输入序列 X，LSTM 会逐时间步处理，每个时间步的输入不仅包括当前时间步的数据，还会接收上一时间步的隐藏层状态。这样，信息就在时间步之间传递，形成一种循环。在每个时间步，通过 LSTM 内部的门控机制，网络计算并更新当前的状态，并生成对应的输出。

咖哥发言

在处理输入序列时，LSTM 内部会进行以下操作。

对于每个时间步 t，LSTM 会接收当前时间步的输入 x_t 及上一个时间步的隐藏状态 h_(t-1) 和细胞状态 c_(t-1)。

接着，LSTM 会计算输入门、遗忘门和输出门的激活值。这些门控机制使得 LSTM 能够有选择地保留或遗忘之前的信息，从而更好地捕捉长距离依赖关系。这些门的计算公式如下。

- 输入门：i_t = sigmoid(W_ii * x_t + b_ii + W_hi * h_(t-1) + b_hi)
- 遗忘门：f_t = sigmoid(W_if * x_t + b_if + W_hf * h_(t-1) + b_hf)
- 输出门：o_t = sigmoid(W_io * x_t + b_io + W_ho * h_(t-1) + b_ho)

其中，W_ii 是从当前输入 x_t 到输入门的权重矩阵，而 W_hi 是从前一时间步的隐藏状态 h_(t-1) 到输入门的权重矩阵。W_if 是从当前输入 x_t 到遗忘门的权重矩阵，W_hf 是从前一时间步的隐藏状态 h_(t-1) 到遗忘门的权重矩阵。W_io 是从当前输入 x_t 到输出门的权重矩阵，W_ho 是从前一时间步的隐藏状态 h_(t-1) 到输出门的权重矩阵。偏置项 b_ii、b_hi、b_if、b_hf、b_io 和 b_ho，即各自门控或单元的偏置。以上所有的权重矩阵和偏置项都是在模型的训练过程中通过反向传播和优化算法学习得到的。求得的 i_t 是输入层保留的比例，取值为 0 到 1 之间；f_t 是历史状态保留的比例，当其为 0 时，表示遗忘所有历史信息；o_t 是输出保留的比例。

LSTM 更新细胞状态 c_t。这是通过结合输入门、遗忘门和当前输入的信息来实现的。计算公式如下。

- 细胞候选状态：g_t = tanh(W_ig * x_t + b_ig + W_hg * h_(t-1) + b_hg)
- 细胞状态更新：c_t = f_t * c_(t-1) + i_t * g_t

最后，LSTM 会计算当前时间步的隐藏状态 h_t，这通常作为输出。计算公式如下。

- 隐藏状态：h_t = o_t * tanh(c_t)

在整个循环过程中，LSTM 会逐时间步处理输入序列，并产生对应的输出。这使得 LSTM 能够捕捉到输入序列中的长距离依赖关系，并在各种 NLP 任务中表现出优越的性能。

因为本书的重点是基于 Transformer 技术的 GPT 模型，而 RNN 及其各种变体的技术细节和 Transformer 技术的传承关系不紧密（Transformer 领域的核心论文 “Attention is All You Need” 中的主要思路就是摒弃 RNN 结构），所以，既然最新技术不是从 RNN 演进而来，那我们就没有必要将 RNN 和 LSTM 的实现细节一一写清楚了。

不过，你要注意到，在我们的循环神经网络中，n_step 这个参数将不再出现。理解这个差异有助于你了解原始的 NPLM 和 RNN 模型的本质区别。我这里详细说说。

- 在 NPLM 中，n_step 作为一个重要参数，直接影响模型的结构。具体来说，n_step 决定了模型中第一个线性层的输入大小（n_step * m）。这是因为 NPLM 会将词嵌入层的输出展平，然后将其输入第一个线性层。因此，n_step 的值将直接影响线性层的输入大小，从而影响整个模型的结构。
- 在 RNN 模型中，因为 RNN 模型是专门为处理任意长度的序列数据设计的，我们会将词嵌入层的输出直接输入 LSTM（或其他 RNN 变体）层，而不需要将其展平。因此，输入序列的长度不会影响网络结构。

3

小冰：所以，这个模型的效率会比原来好吗？这个任务用 RNN 来处理，能够体现出它的优势吗？

咖哥：RNN 模型在处理序列数据时具有优势，因为它们可以捕捉序列中的长距离依赖关系。在本例中，我们构建了一个基于 LSTM 的 RNN 模型，能够更好地捕捉长距离依赖。虽然在这个简单的示例中，模型的改进可能不会显著提高效率，但在处理更复杂的自然语言任务时，LSTM 的性能通常会比简单的线性模型更好。

小冰：这个 RNN 模型，从本质上说，还是 NPLM 吗？

咖哥：虽然刚才我们对程序结构的改动不大，但从本质上说，这个 RNN 模型已经不是原始的 NPLM 模型了。虽然它们都是用于预测序列中下一个词的概率的语言模型，但它们的结构和处理序列的方式有很大的不同。

小冰：明白了，循环神经网络的一个重要优势是其“记忆”能力，即在处理序列时能够保留之前的信息。这使得 RNN 在许多 NLP 任务中具有优势，尤其是那些需要上下文依赖关系的任务。

咖哥：的确如此，RNN 的这种特性使得它在很长一段时间内都是 NLP 任务的最佳解决方案（State of the Art，SOTA）。SOTA 这个词在科研场景中十分常见，代表该领域目前最强大的解决方案。LSTM 前几年曾经是各种 NLP 任务的 SOTA。

小冰：那也就是说，ChatGPT 中一定也用到了 RNN 架构喽？

咖哥：不对哦，RNN 并不是 NLP 任务的完美解决方案，它的局限性主要包括以下几点。

- 顺序计算：这些网络在处理序列时，需要按照时间步的顺序进行计算。这意味着在某个时间步的计算完成之前，无法进行下一个时间步的计算。这种顺序计算限制了这些网络的并行计算能力，从而降低了计算效率和速度。
- 长距离依赖问题：尽管 LSTM 和 GRU 等 RNN 变体拥有了更好的记忆功能，但在处理非常长的序列时，这些网络仍然可能无法完全捕捉到序列中的长距离依赖关系。
- 有限的可扩展性：RNN 及其变体在面对更大规模的数据集和更复杂的任务时，可能会遇到扩展性问题。随着序列长度的增加，它们的计算复杂性也会增加，这可能导致训练时间过长和资源需求过高。

在 RNN 时代，NLP 应用落地整体表现不佳的原因有以下几点。

- 模型表达能力不足：尽管 RNN 及其变体在某些任务中取得了不错的成果，但它们的表达能力可能不足以处理复杂的 NLP 任务。这是因为自然语言中的依赖关系和语义结构可能非常复杂，而这些网络可能无法捕捉到全部信息。
- 缺乏大规模数据：在 RNN 时代，大规模的预训练数据集和计算资源相对较少。这使得模型难以从大量的无监督文本数据中学习到丰富的语言知识，从而影响了它们在实际应用中的表现。
- 优化算法发展不足：在 RNN 时代，优化算法仍处在相对初级的阶段，可能无法充分利用可用的数据和计算资源。这可能导致模型训练过程中的梯度消失、梯度爆炸等问题，从而影响模型的性能和稳定性。

当然了，随着 Transformer 架构的出现和大规模预训练技术的发展，NLP 领域已经取得了显著的进展。不过，在开启 Transformer 这扇未来之门之前，我们还有两个非常关键的技术要解锁。它们就是 Seq2Seq 架构和注意力机制。

小结

NPLM 和上一课中讲过的 Word2Vec 都是自然语言处理领域的重要技术，它们都可以用于将自然语言文本编码成向量形式，也都能够预测新词。

- NPLM 是一种基于神经网络的语言模型，用于估计语言序列的概率分布。它通过学习上下文中的词来预测下一个词，其主要思想是将单词转换为向量形式，并使用这些向量来训练一个神经网络。NPLM 基于神经网络，因此它可以通过深度学习的技术，例如卷积神经网络和循环神经网络等来具体实现。

- Word2Vec 是一种将单词表示为向量的词向量学习算法。它有两种不同的实现方式：CBOW 模型和 Skip-Gram 模型。CBOW 模型的思想是基于上下文预测目标单词，而 Skip-Gram 模型则是基于目标单词预测上下文。早期的 Word2Vec 使用的是一种浅层神经网络模型，称为嵌入层，它将单词映射到向量空间中。

3

NPLM 在语言模型领域产生了深远的影响。自此，深度学习就登上了NLP的舞台。后来的许多神经网络模型，如循环神经网络、长短期记忆网络、门控循环单元和双向长短期记忆网络（Bi-LSTM）等，都是以 NPLM 为基础发展而来的。如今，神经网络已成为自然语言处理领域的核心技术之一，NPLM 在其中起到了关键的推动作用。

随着深度学习模型的不断发展，在循环神经网络之后，人们又将自注意力机制运用到 Transformer 中，使得模型在捕捉长距离依赖和处理变长序列等问题上表现更出色。神经网络模型逐渐发展为更为复杂和强大的预训练语言模型，如 BERT、GPT 等，它们将在众多实际 NLP 任务上取得成果。

思考

1. 原始的 NPLM 使用效果如何，有哪些局限性？

2. RNN 针对 NPLM 的局限性做了哪些改进？

3. 完成本课的 RNN 模型代码。

第 4 课

柳暗花明又一村：Seq2Seq 编码器 – 解码器架构

咖哥：1832 年，一个名叫塞缪尔·芬利·布里斯·莫尔斯（Samuel Finley Breese Morse）的美国画家乘坐一艘船从欧洲返回美国，船上与他同行的一位乘客谈到人类刚刚发现的电磁现象。莫尔斯立刻对这个话题产生了浓厚的兴趣，因为他意识到这种电磁现象也许有很大的应用价值，因为电信号传播得很快、很远，也许可以应用于远程通信。

自此，莫尔斯摇身一变，从艺术家变身科学家，开始了科研。不过，如何把电信号和人类的语言连接起来，是摆在莫尔斯面前的一大难题。他苦苦地思索了几年，终于，灵感降临了。当时，欣喜若狂的他在笔记本上记下这样一段话："电流是神速的，如果它能够不停顿地走 10 英里，我就让它走遍全世界。电流只要停止片刻，就会出现火花，火花是一种符号，没有火花是另一种符号，没有火花的时间长又是一种符号（见右图）。这里有 3 种符号可以组合起来，代表数字和字母。它们可以构成数字或字母，文字就可以通过导线传送了。这样，能够把消息传到远处的崭新工具就可以实现了！"

莫尔斯的灵感突然涌现，发明了莫尔斯电码

就这样，莫尔斯发明了一种特殊的编码系统，即莫尔斯电码（Morse Code）。莫尔斯电码把电流的"通""断"和"长断"转换为简单的点（短信号）和划（长信号），将它们组合起来表示数字和字母，运用这种方式对人类的文字进行编码。这样一来，通过莫尔斯电报机发送的信号就能被接收者准确地解读，也就是解码。1837 年，第一台电报机问世。

1843 年，莫尔斯获得了 3 万美元的资助，他用这笔钱修建了从华盛顿州到巴尔的摩的电报线路，该线路全长 64.4 千米。1844 年 5 月 24 日，在座无虚席的国会大厦里，莫尔斯用他那激动得有些颤抖的双手，操纵着他倾十余年心血研制成功的电报机，向巴尔的摩发出了人类历史上的第一份电报：

"What hath God wrought!"（上帝创造了何等奇迹！）

小冰：等一下，咖哥。这是要给我补一下历史课？

咖哥：其实，莫尔斯的科研工作和我们 NLP 的任务很相似！他是把文本编码成"莫尔斯电码"，通过电信号发送，然后解码；而我们则是把文本编码成"向量"，然后对这个向量进行解码。

在电报和电话系统中，文字和声音信号分别被编码成电信号，然后传输到另一端的接收器进行解码和还原，这个过程就是我们提到过的通信模型。而我们今天要讲的 NLP 中的重要技术——序列到序列（Sequence to Sequence，Seq2Seq）架构中的编码器 - 解码器架构，正可以类比为这个通信模型，如下图所示。

编码器-解码器架构和通信模型十分相似

小冰点头：原来如此啊。

4.1 Seq2Seq架构

咖哥：没错，小冰。NLP 的很多任务，比如语言翻译，比如内容摘要，再比如对话系统，其实都是一个信息编码、再解码的过程。本质上，这些都是序列到序列的问题。语言的编码是一个序列，叫作输入序列；解码又是一个序列，叫作输出序列。

起初，人们尝试使用一个独立的 RNN 来解决这种序列到序列的 NLP 任务，但发现效果并不理想。这是因为 RNN 在同时处理输入和输出序列（既负责编码又负责解码）时，容易出现信息损失。而 Seq2Seq 架构通过编码器（Encoder）和解码器 (Decoder) 来分离对输入和输出序列的处理，即在编码器和解码器中，分别嵌入相互独立的 RNN（见下页图），这样就有效地解决了编解码过程中的信息损失问题。

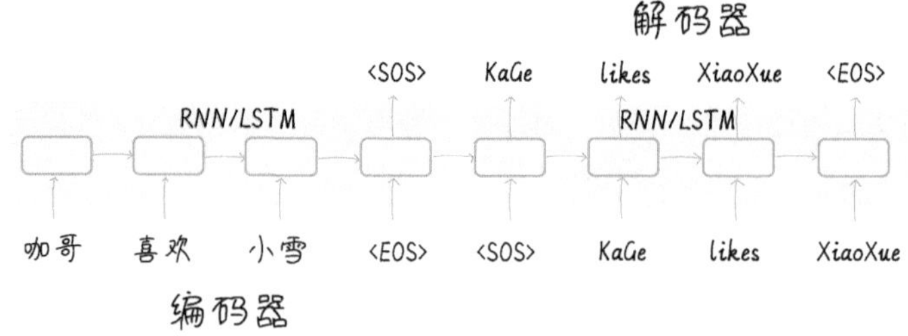

Seq2Seq架构：编码器-解码器架构

所以今天，我们讲述的重点只有一个，就是 Seq2Seq 编码器 - 解码器架构，这也是 Transformer 的基础架构。

咖哥：Seq2Seq 架构的全名是“Sequence-to-Sequence”，简称 S2S，意为将一个序列映射到另一个序列。它的起源可以追溯到 2014 年，当时伊利亚·苏茨克维（他后来成为负责研发 ChatGPT 的首席科学家）等人发表了一篇题为“Sequence to Sequence Learning with Neural Networks”（《神经网络序列到序列学习》）的论文[①]，首次提出了 Seq2Seq 架构。

Seq2Seq 架构是一个用于处理输入序列和生成输出序列的神经网络模型，由一个编码器和一个解码器组成。从直观上理解，这种架构就是将输入序列转换成一个固定大小的向量表示，然后将该向量表示转换成输出序列，如下图所示。

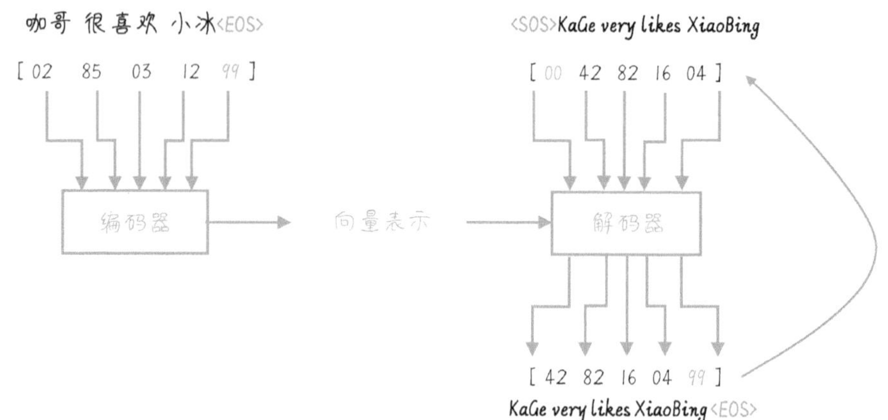

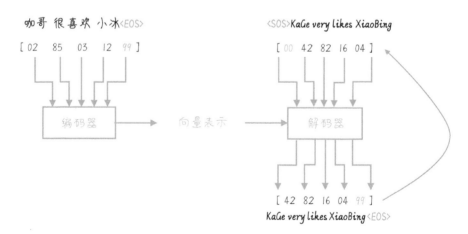

Seq2Seq架构将输入序列转换成向量表示，然后将该向量表示转换成输出序列

① SUTSKEVER I, VINYALS O, LE Q V. Sequence to Sequence learning with neural networks [J]. Advances in Neural Information Processing Systems, 2014:27.

图中，模型读取了一个输入的句子“咖哥很喜欢小冰”，并生成“Kage very likes XiaoBing”作为输出的句子。在输出句子的结束标记后，模型停止输出。编码器将输入序列编码成一个固定大小的向量表示，解码器再将这个向量表示解码成输出序列。在解码阶段，解码器在每个时间步生成一个输出符号，并将其作为下一个时间步的输入。这个过程实际上是自回归的，因为解码器在生成输出序列时依赖于先前生成的符号。

下面来看模型中的两个主要组件。

- 编码器（Encoder）：编码器负责将输入序列（例如源语言的文本）转换为固定大小的向量表示。编码器通常采用 RNN、LSTM 或 GRU 等模型。编码器会逐个处理输入序列中的元素（例如单词或字符），在每个时间步更新其隐藏状态。最后，编码器会生成一个上下文向量，它包含了整个输入序列的信息。
- 解码器（Decoder）：解码器负责将编码器生成的上下文向量转换为输出序列（例如目标语言的文本）。解码器通常也采用 RNN、LSTM 或 GRU 等模型。解码器使用来自编码器的上下文向量作为其初始隐藏状态，并逐个生成输出序列中的元素。在每个时间步，解码器根据当前隐藏状态、生成的上一个输出元素（如单词）及其他可能的信息（例如注意力机制），来生成下一个输出元素。

小冰：嗯，咖哥，我可不可以这样总结一下 Seq2Seq 架构的核心思想？它是将输入序列压缩成一个向量，再将该向量作为解码器的输入，生成输出序列。可以说，Seq2Seq 架构的本质是一种对输入序列的压缩和对输出序列的解压缩过程。而这个压缩和解压缩的过程，可以通过 RNN 等序列建模方法来实现。编码器使用 RNN 来处理输入序列，生成向量表示；解码器也使用 RNN 来处理向量表示，生成输出序列。

咖哥：总结得不错，你还要注意 Seq2Seq 架构的下面几个细节特点。

- 编码器的输入序列和解码器的输出序列的长度可以是不同的，因此基于这种架构的模型很适合用来处理翻译、问答、文本摘要等生成类型的 NLP 问题。
- 编码器和解码器可以采用 RNN、LSTM 或其他循环神经网络变体，也可以采用任何其他形式的神经网络来处理输入序列和向量表示。
- 可以使用注意力机制增强模型性能，让解码器在生成输出时关注输入序列的不同部分。不过，这是后话了，是我们下一课要讲解的内容。

咖哥发言

让我们进一步对比电信号的传播和 NLP 任务。在电话通信中，编码后的电信号可以视为一种上下文向量，它包含了原始声音信号的信息。而在 Seq2Seq 架构中，编码器将输入序列编码为一个固定大小的上下文向量，这个向量携带了整个输入序列的信息。解码器接收到这个上下文向量后，就可以生成相应的输出序列。此外，在电话通信中，为了解决长距离传输导致的信息损失问题，会使用中继器和放大器等设备对信号进行放大和“整形”，确保信号质量。而在 Seq2Seq 架构中，为了解决长序列导致的信息损失问题，研究人员引入了注意力机制。通过注意力机制，解码器可以更加有效地获取编码器的上下文信息，从而提升模型在处理长序列时的性能。

接下来，我们来构建一个简单的 Seq2Seq 架构，实现语料库内中文到英文的翻译功能。

4.2 构建简单Seq2Seq架构

我们会在一个小型语料库上训练 Seq2Seq 架构，学习如何将一个中文句子翻译成对应的英文句子。

这个翻译架构的程序结构如下。

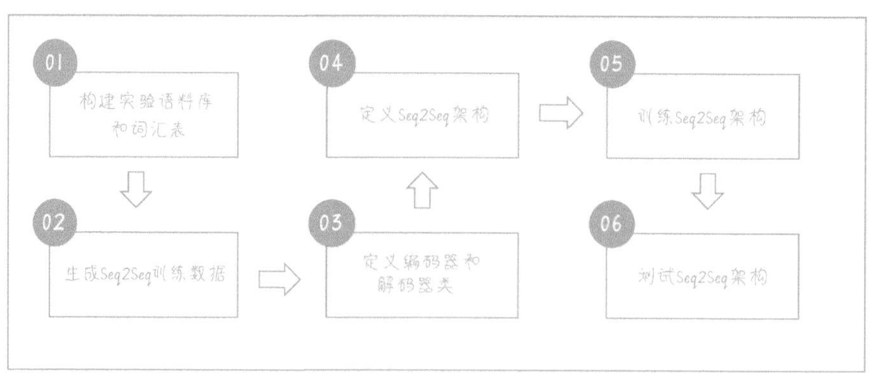

第1步 构建实验语料库和词汇表

定义一个函数来构建语料库，然后调用这个函数并打印语料库的信息。

In

```
# 构建语料库，每行包含中文、英文（解码器输入）和翻译成英文后的目标输出 3 个句子
sentences = [
    ['咖哥 喜欢 小冰', '<sos> KaGe likes XiaoBing', 'KaGe likes XiaoBing <eos>'],
    ['我 爱 学习 人工智能', '<sos> I love studying AI', 'I love studying AI <eos>'],
    ['深度学习 改变 世界', '<sos> DL changed the world', 'DL changed the world <eos>'],
    ['自然 语言 处理 很 强大', '<sos> NLP is so powerful', 'NLP is so powerful <eos>'],
    ['神经网络 非常 复杂', '<sos> Neural-Nets are complex', 'Neural-Nets are complex <eos>']]
word_list_cn, word_list_en = [], [] # 初始化中英文词汇表
# 遍历每一个句子并将单词添加到词汇表中
for s in sentences:
    word_list_cn.extend(s[0].split())
    word_list_en.extend(s[1].split())
    word_list_en.extend(s[2].split())
# 去重，得到没有重复单词的词汇表
word_list_cn = list(set(word_list_cn))
word_list_en = list(set(word_list_en))
# 构建单词到索引的映射
word2idx_cn = {w: i for i, w in enumerate(word_list_cn)}
word2idx_en = {w: i for i, w in enumerate(word_list_en)}
# 构建索引到单词的映射
idx2word_cn = {i: w for i, w in enumerate(word_list_cn)}
idx2word_en = {i: w for i, w in enumerate(word_list_en)}
# 计算词汇表的大小
voc_size_cn = len(word_list_cn)
voc_size_en = len(word_list_en)
print(" 句子数量：", len(sentences)) # 打印句子数量
print(" 中文词汇表大小：", voc_size_cn) # 打印中文词汇表大小
print(" 英文词汇表大小：", voc_size_en) # 打印英文词汇表大小
print(" 中文词汇到索引的字典：", word2idx_cn) # 打印中文词汇到索引的字典
print(" 英文词汇到索引的字典：", word2idx_en) # 打印英文词汇到索引的字典
```

Out

```
句子数量：5
中文词汇表大小：18
英文词汇表大小：20
中文词汇到索引的字典：{'处理': 0, '小冰': 1, '深度学习': 2, '复杂': 3, '人工智能': 4, '我': 5, '喜欢': 6, '强大': 7, '非常': 8, '自然': 9, '学习': 10, '语言': 11, '改变': 12, '爱': 13, '神经网络': 14, '咖哥': 15, '很': 16, '世界': 17}
英文词汇到索引的字典：{'world': 0, 'are': 1, 'is': 2, 'changed': 3, 'Neural-Nets': 4, 'DL': 5, 'KaGe': 6, 'likes': 7, 'XiaoBing': 8, 'AI': 9, 'complex': 10, 'the': 11, 'love': 12, 'powerful': 13, 'I': 14, 'NLP': 15, '<eos>': 16, '<sos>': 17, 'studying': 18, 'so': 19}
```

这个语料库是专门为学习 Seq2Seq 模型而创建的，每行包含 3 个句子。

- 第一句（源语言）：中文句子，作为输入序列提供给编码器。
- 第二句（<sos>+ 目标语言）：英文句子，作为解码器的输入序列。句子以特殊

的开始符号 <sos> 开头，表示句子的开始。<sos> 符号有助于解码器学会在何时开始生成目标句子。

- 第三句（目标语言 +<eos>）：也是英文句子，作为解码器的目标输出序列。句子以特殊的结束符号 <eos> 结尾，表示句子的结束。<eos> 符号有助于解码器学会在何时结束目标句子的生成。

这个语料库包含 5 组句子，涵盖人工智能、深度学习、自然语言处理、神经网络等不同主题。

第2步 生成Seq2Seq训练数据

基于语料库中的句子结构，定义生成数据的函数，并生成示例数据。

In

```
import numpy as np # 导入 numpy
import torch # 导入 torch
import random # 导入 random 库
# 定义一个函数，随机选择一个句子和词汇表生成输入、输出和目标数据
def make_data(sentences):
    # 随机选择一个句子进行训练
    random_sentence = random.choice(sentences)
    # 将输入句子中的单词转换为对应的索引
    encoder_input = np.array([[word2idx_cn[n] for n in random_sentence[0].split()]])
    # 将输出句子中的单词转换为对应的索引
    decoder_input = np.array([[word2idx_en[n] for n in random_sentence[1].split()]])
    # 将目标句子中的单词转换为对应的索引
    target = np.array([[word2idx_en[n] for n in random_sentence[2].split()]])
    # 将输入、输出和目标批次转换为 LongTensor
    encoder_input = torch.LongTensor(encoder_input)
    decoder_input = torch.LongTensor(decoder_input)
    target = torch.LongTensor(target)
    return encoder_input, decoder_input, target
# 使用 make_data 函数生成输入、输出和目标张量
encoder_input, decoder_input, target = make_data(sentences)
for s in sentences: # 获取原始句子
    if all([word2idx_cn[w] in encoder_input[0] for w in s[0].split()]):
        original_sentence = s
        break
print(" 原始句子：", original_sentence) # 打印原始句子
print(" 编码器输入张量的形状：", encoder_input.shape)  # 打印输入张量形状
print(" 解码器输入张量的形状：", decoder_input.shape)  # 打印输出张量形状
print(" 目标张量的形状：", target.shape) # 打印目标张量形状
print(" 编码器输入张量：", encoder_input) # 打印输入张量
print(" 解码器输入张量：", decoder_input) # 打印输出张量
print(" 目标张量：", target) # 打印目标张量
```

Out

```
原始句子：[' 咖哥 喜欢 小冰 ', '<sos> KaGe likes XiaoBing', 'KaGe likes XiaoBing <eos>']
编码器输入张量的形状： torch.Size([1, 3])
解码器输入张量的形状： torch.Size([1, 4])
目标张量的形状： torch.Size([1, 4])
编码器输入张量： tensor([[12, 15,  1]])
解码器输入张量： tensor([[16,  8,  6, 15]])
目标张量： tensor([[8,  6, 15, 10]])
```

这个函数每次从语料库中随机抽取一句话，用于模型训练。

小冰：咖哥，编码器的输入张量和解码器输出的目标张量都不难理解——一进，一出。不过，解码器的输入张量有什么作用？

咖哥：好问题！你观察得很仔细。这个 decoder_input 张量包含语料库中每一行的第二句（<sos>+ 目标语言）所对应的内容。在训练阶段，向解码器提供这个信息，模型就能够以正确单词为基础来生成下一个单词，以提高训练速度。否则，在解码器还没有足够的文本生成能力的时候，训练效果会很不好。在这个例子中，解码器的输入以特殊的起始符号 <sos> 开头，然后是目标句子的其他单词，直到目标句子 <eos> 前的最后一个单词。这种做法有个专门的名称，叫作“教师强制”（Teacher Forcing），等一会儿在训练的过程中，我们还会进一步解释它。

第3步　定义编码器和解码器类

定义编码器和解码器类，下一步会把它们组合为 Seq2Seq 架构。

In

```
import torch.nn as nn # 导入 torch.nn 库
# 定义编码器类，继承自 nn.Module
class Encoder(nn.Module):
  def __init__(self, input_size, hidden_size):
    super(Encoder, self).__init__()
    self.hidden_size = hidden_size # 设置隐藏层大小
    self.embedding = nn.Embedding(input_size, hidden_size) # 创建词嵌入层
    self.rnn = nn.RNN(hidden_size, hidden_size, batch_first=True) # 创建 RNN 层
  def forward(self, inputs, hidden): # 前向传播函数
    embedded = self.embedding(inputs) # 将输入转换为嵌入向量
    output, hidden = self.rnn(embedded, hidden) # 将嵌入向量输入 RNN 层并获取输出
    return output, hidden
# 定义解码器类，继承自 nn.Module
class Decoder(nn.Module):
  def __init__(self, hidden_size, output_size):
    super(Decoder, self).__init__()
    self.hidden_size = hidden_size # 设置隐藏层大小
```

4

```
        self.embedding = nn.Embedding(output_size, hidden_size) # 创建词嵌入层
        self.rnn = nn.RNN(hidden_size, hidden_size, batch_first=True)  # 创建 RNN 层
        self.out = nn.Linear(hidden_size, output_size) # 创建线性输出层
    def forward(self, inputs, hidden):  # 前向传播函数
        embedded = self.embedding(inputs) # 将输入转换为嵌入向量
        output, hidden = self.rnn(embedded, hidden) # 将嵌入向量输入 RNN 层并获取输出
        output = self.out(output) # 使用线性层生成最终输出
        return output, hidden
n_hidden = 128 # 设置隐藏层数量
# 创建编码器和解码器
encoder = Encoder(voc_size_cn, n_hidden)
decoder = Decoder(n_hidden, voc_size_en)
print(' 编码器结构：', encoder)  # 打印编码器的结构
print(' 解码器结构：', decoder)  # 打印解码器的结构
```

Out

```
编码器结构： Encoder(
  (embedding): Embedding(18, 128)
  (rnn): RNN(128, 128, batch_first=True))
解码器结构： Decoder(
  (embedding): Embedding(20, 128)
  (rnn): RNN(128, 128, batch_first=True)
  (out): Linear(in_features=128, out_features=20, bias=True))
```

在这里，编码器和解码器类的设计是相似的，它们都包含嵌入层（用于学习序列的向量表示）和 RNN 层，仅解码器中有线性输出层。尽管它们的结构类似，但它们在 Seq2Seq 架构中扮演的是不同的角色，并根据需要处理不同的输入输出维度。

我们选择将编码器和解码器拆分成独立的类，这样可以使代码更加模块化。你可以专注于编码器和解码器各自的功能，同时使代码更具可读性和可维护性。此外，替换不同的编码器和解码器也很方便，从而能够实现更多样化的模型结构。

小冰：那么，要实现不同的模型结构，可以调整哪些地方呢？

咖哥：可以调整的地方很多，比如通过调整 input_size 和 output_size 参数（即输入输出维度），可以使它们适应不同的源语言和目标语言的词汇表大小。又如 RNN 层的个数，当前我们只使用了一个 RNN 层，但根据需要，可以在 RNN 的构造函数中设置 num_layers 参数，堆叠多个 RNN 层，增加模型的复杂性和容量。还可以使用其他类型的 RNN 层，如 LSTM 层或 GRU 层，来替换 RNN 层，帮助模型更好地捕获长距离依赖关系。此外，也可以在 RNN 的构造函数中设置 bidirectional=True 参数，来使用双向 RNN 捕获输入序列中的前后信息。当然，使用双向 RNN 时需要调整隐藏状态的形

状以适应双向结构。

这样，你就可以根据具体任务需求定制编码器和解码器类，为你的 NLP 任务找到最优解。

小冰：我的另一个疑问是，编码器和解码器为什么会有 output、hidden 两个输出呢？这两个输出的作用是什么？

咖哥：在 RNN 及其衍生模型（如 LSTM、GRU 等）中，模型在每个时间步都会输出两个值——output 和 hidden。

- output：每个时间步（每个输入的序列元素）的输出。对于一般的 RNN 来说，output 通常就是 hidden；但对于某些更复杂的模型，如 LSTM 来说，output 可能会与 hidden 有所不同。在你的代码中，output 可以被视为对输入序列中每个元素的编码。
- hidden：RNN 的隐藏状态，保存了至当前步骤的所有历史信息。在标准的 RNN 中，hidden 状态由前一个时间步的 hidden 状态和当前时间步的输入共同决定。这种机制使得 hidden 状态能够捕获和记住序列的时间依赖性。

在 Seq2Seq 架构中，编码器的作用是将源语言句子编码成一个向量，而解码器则以此向量为输入，生成目标语言的句子。在这个过程中，编码器的 hidden 状态被用作解码器的初始 hidden 状态，作为对整个源语言句子的总结，被解码器用来生成第一个目标语言单词。

编码器的 output 通常用于刚才我提到的注意力机制，这是一种在解码器生成每个单词时选择性地查看输入句子的不同部分的技术，可以帮助模型更好地处理长句子和复杂的语言结构。这个简单的 Seq2Seq 架构并没有真正意义上地使用到编码器的 output。后面讲注意力机制的时候，我们就要用到它了。

第4步　定义Seq2Seq架构

组合编码器和解码器，形成 Seq2Seq 架构。

In

```
class Seq2Seq(nn.Module):
    def __init__(self, encoder, decoder):
        super(Seq2Seq, self).__init__()
        # 初始化编码器和解码器
        self.encoder = encoder
        self.decoder = decoder
    def forward(self, enc_input, hidden, dec_input):  # 定义前向传播函数
        # 使输入序列通过编码器并获取输出和隐藏状态
```

```
        encoder_output, encoder_hidden = self.encoder(enc_input, hidden)
        # 将编码器的隐藏状态传递给解码器作为初始隐藏状态
        decoder_hidden = encoder_hidden
        # 使解码器输入（目标序列）通过解码器并获取输出
        decoder_output, _ = self.decoder(dec_input, decoder_hidden)
        return decoder_output
# 创建 Seq2Seq 架构
model = Seq2Seq(encoder, decoder)
print('S2S 模型结构：', model)  # 打印模型的结构
```

Out

```
S2S 模型结构： Seq2Seq(
  (encoder): Encoder(
    (embedding): Embedding(18, 128)
    (rnn): RNN(128, 128, batch_first=True))
  (decoder): Decoder(
    (embedding): Embedding(20, 128)
    (rnn): RNN(128, 128, batch_first=True)
    (out): Linear(in_features=128, out_features=20, bias=True)))
```

这段代码定义了一个类，用于处理输入序列并生成输出序列。这个类继承自 PyTorch 的nn.Module，使其成为一个自定义的深度学习模型。在这个类中，主要完成了以下操作。

- __init__ 方法：这是类的构造函数，用于初始化 Seq2Seq 架构。传入已经定义好的编码器和解码器对象。然后将这两个对象分别赋值给类的实例变量 self.encoder和self.decoder。这样，我们可以在类的其他方法中使用这两个子模型。
- forward 方法：forward 是类的前向传播函数，它定义了如何将输入序列 enc_input 传递给编码器和解码器以生成输出序列。这个函数接收 3 个参数：编码器输入序列 enc_input、初始隐藏状态 hidden 和解码器输入序列 dec_input，具体操作如下。

（1）将输入序列传递给编码器，并获得编码器的输出和隐藏状态（encoder_output, encoder_hidden）。

（2）将编码器的隐藏状态作为解码器的初始隐藏状态（decoder_hidden = encoder_hidden）。

（3）将解码器输入序列，也就是目标序列和解码器的初始隐藏状态传递给解码器，以获取解码器的输出（decoder_output, _）。这里的下划线表示我们不关心解码器返回的隐藏状态，因为我们只需要输出序列。

（4）返回解码器的输出 decoder_output。这个输出可以用来计算损失，优化模型，并生成翻译后的句子。

现在，我们通过 Seq2Seq 类将编码器和解码器组合成一个完整的 Seq2Seq 架构，用于处理输入序列并生成相应的输出序列。

小冰：咖哥，你提到在定义前向传播函数的代码 def forward(self, enc_input, hidden, dec_input) 中，参数 dec_input 接收的实际上是目标序列的信息。可是通常来说，我们是不会在前向传播部分把目标值输入网络的呀。只有在反向传播，计算损失的时候，才需要目标值嘛！这一定就是你刚才说的“教师强制”。

咖哥：问得好！小冰，看来神经网络的原理你已经了解得很透彻了，而且你观察得也很仔细。

教师强制是训练 Seq2Seq 架构的一种常用技术。使用该技术，要向解码器提供真实的目标序列中的词作为输入，而不是使用解码器自身生成的词。这样可以帮助模型更快地收敛，并在训练时获得更好的性能。

然而，教师强制也有一定的缺点。在训练时，解码器的输入是真实的目标序列中的词；而在实际使用（如测试）时，解码器只能依赖其自身生成的词。这可能导致所谓的曝光偏差（Exposure Bias）问题，即训练和测试阶段的数据分布不匹配，从而影响模型的泛化能力。

为了缓解这个问题，可以使用一种名为计划采样（Scheduled Sampling）的技术：在训练过程中以一定概率使用解码器自身生成的词作为输入。这样，模型可以在训练时逐渐适应自身生成的词，从而在测试中实现更好的泛化性能。

第5步　训练 Seq2Seq架构

首先定义一个训练函数，再调用它来训练 Seq2Seq 架构。

In

```
# 定义训练函数
def train_seq2seq(model, criterion, optimizer, epochs):
  for epoch in range(epochs):
    encoder_input, decoder_input, target = make_data(sentences) # 训练数据的创建
    hidden = torch.zeros(1, encoder_input.size(0), n_hidden) # 初始化隐藏状态
    optimizer.zero_grad()# 梯度清零
    output = model(encoder_input, hidden, decoder_input) # 获取模型输出
    loss = criterion(output.view(-1, voc_size_en), target.view(-1)) # 计算损失
    if (epoch + 1) % 40 == 0: # 打印损失
      print(f"Epoch: {epoch + 1:04d} cost = {loss:.6f}")
    loss.backward()# 反向传播
```

```
    optimizer.step()# 更新参数
# 训练模型
epochs = 400 # 训练轮次
criterion = nn.CrossEntropyLoss() # 损失函数
optimizer = torch.optim.Adam(model.parameters(), lr=0.001) # 优化器
train_seq2seq(model, criterion, optimizer, epochs) # 调用函数训练模型
```

Out

```
Epoch: 0100 cost = 0.053425
Epoch: 0200 cost = 0.019734
Epoch: 0300 cost = 0.012709
Epoch: 0400 cost = 0.006261
```

4

这是训练模型的标准过程，与你之前看到的大同小异。在 train_seq2seq 函数中，每个 epoch 都会随机选择一个句子进行训练。首先，为这个句子创建输入批次、输出批次和目标批次。然后初始化模型的隐藏状态，并将梯度清零。接着，将输入批次、隐藏状态和输出批次传递给模型，获取模型的输出。计算模型输出和目标批次之间的损失，并在每 100 个 epoch 后打印损失值。最后，执行反向传播及参数更新。

代码中的 encoder_input 是模型的输入数据，hidden 用于初始化 RNN，这两个张量我们已经十分了解。而 decoder_input 是专属于 Seq2Seq 架构的训练数据。刚才我已经说明了，这些数据用于进行教师强制，是在训练时故意暴露给解码器的内容。

咖哥发言

在 loss = criterion(output.view(-1, voc_size_en), target.view(-1)) 这句代码中，出现了两次 view 函数。在 PyTorch 中，view 函数用于改变张量的形状。参数 -1 表示该维度的大小由其他维度的大小决定，使得重塑后的张量元素总数与之前相同。

在这里，output.view(-1, voc_size_en) 把输出张量 output 重塑为二维张量，第一个维度对应数据的批次大小 batch_size，第二个维度对应英文词汇表的大小。这样做是因为损失函数 nn.CrossEntropyLoss() 期望的输入是一个二维张量，其中每一行都是一个数据样本，每一列对应一个类别的分数。

target.view(-1) 则将 target 重塑为一维张量，这是因为损失函数 nn.CrossEntropyLoss() 期望的 target 输入是一个一维张量，每个元素代表一个类别标签。

第6步　测试Seq2Seq架构

定义一个测试函数，然后用两个例句来测试 Seq2Seq 架构。

In

```
# 定义测试函数
def test_seq2seq(model, source_sentence):
    # 将输入的句子转换为索引
    encoder_input = np.array([[word2idx_cn[n] for n in source_sentence.split()]])
    # 构建输出的句子的索引，以 '<sos>' 开始，后面跟 '<eos>'，长度与输入句子相同
    decoder_input = np.array([word2idx_en['<sos>']] + [word2idx_en['<eos>']]*(len(encoder_input[0])-1))
    # 转换为 LongTensor 类型
    encoder_input = torch.LongTensor(encoder_input)
    decoder_input = torch.LongTensor(decoder_input).unsqueeze(0) # 增加一维
    hidden = torch.zeros(1, encoder_input.size(0), n_hidden) # 初始化隐藏状态
    predict = model(encoder_input, hidden, decoder_input) # 获取模型输出
    predict = predict.data.max(2, keepdim=True)[1] # 获取概率最大的索引
    # 打印输入的句子和预测的句子
    print(source_sentence, '->', [idx2word_en[n.item()] for n in predict.squeeze()])
# 测试模型
test_seq2seq(model, '咖哥 喜欢 小冰')
test_seq2seq(model, '自然 语言 处理 很 强大')
```

Out

```
咖哥 喜欢 小冰 -> ['KaGe', 'likes', 'XiaoBing']
自然 语言 处理 很 强大 -> ['NLP', 'is', 'so', 'powerful', '<eos>']
```

在test_seq2seq函数中，首先将输入的句子转换为索引，并构建输出的句子的索引，以 <sos> 开始，后面跟 <eos>，长度与输入句子相同。

小冰：咖哥，为什么在这里，你使用一个 <sos> 和一系列 <eos> 符号来构建 decoder_input 呢？之前你不是会通过真实的英文目标输出来进行教师强制吗？

咖哥：进行教师强制是因为要在训练的时候，使模型更快地跟“老师”学会要翻译的内容。现在已经进入测试阶段，我就是要看看模型能否脱离“老师”自己翻译，当然不能再“喂”它真实的目标输出了，那不就完全体现不出模型的翻译能力了吗？

咖哥发言

本书聚焦于语言模型的学习，并不涉及如何评估模型的翻译效果。这里简单介绍一下机器翻译领域一个常用的质量评估指标——BLEU（Bilingual Evaluation Understudy），其基本思想是通过比较机器翻译的结果和人工翻译的结果在词级别上的匹配度来评估翻译质量。BLEU主要关注的是N-Gram精度，会计算不同长度N-Gram的精度，并结合这些精度得到一个综合评估。此外，BLEU还引入了一个简短惩罚因子（Brevity Penalty），避免过短的翻译获得过高的评分。

然后，我们将输入批次和输出批次转换为LongTensor类型。接着，初始化模型的隐藏状态，并将输入批次、隐藏状态和输出批次传递给模型，获取模型的输出。接下来，从模型输出中获取概率最大的索引，并将索引转换为对应的单词。最后，我们打印出输入的句子和预测的句子。

咖哥发言

请注意，这里我们一股脑地输出了与encoder_input长度完全相同的目标序列。因此，如果输入序列和目标序列长度不同，可能会出现输出的句子不完整或翻译错误的现象。在输出的第一个句子中，原目标序列末尾的<eos>符号就没有机会被输出。这是一种简化的做法。而对于生成式自回归模型来说，更靠谱的方式是一个token接一个token地向外输出数据，然后以之前解码器生成的token作为解码器后续输出的输入，直至模型输出一个<eos>符号，整个文本生成过程结束。这个过程我们会在后续讲解GPT模型时继续详细说明。

小冰：我认为Seq2Seq架构对序列的处理像是一个压缩和解压缩的过程，而且它能够处理不同长度的输入和输出序列，可以产生连续的输出结果，这样就适用于各种序列生成任务，如机器翻译、对话系统等。

咖哥：没错，所以Seq2Seq架构的核心就在于编码器和解码器的设计。编码器需要将输入序列压缩成一个向量，而解码器需要将该向量解压缩成输出序列。这个压缩和解压缩的过程，在原始的Seq2Seq架构中，是通过RNN等序列建模方法来实现的。编码器使用RNN来处理输入序列，生成向量表示，解码器也使用RNN来处理向量表示，生成输出序列。

当然，通过不断的探索和改进，Seq2Seq 架构也在不断地发展和完善，即将出现的编码器 – 解码器注意力机制，将进一步优化基于 Seq2Seq 架构的模型的性能。

小结

从 NPLM 到 Seq2Seq，NLP 研究人员不断探索更有效的建模方法来捕捉自然语言的复杂性。

NPLM 使用神经网络来学习词嵌入表示，并预测给定上文的下一个词。NPLM 用连续向量表示词，捕捉到了单词之间的语义和语法关系。尽管 NPLM 性能有所提高，但仍然存在一些局限性，例如上下文窗口的大小是固定的。

为了解决上下文窗口大小固定的问题，研究人员开始使用 RNN 来处理可变长度的序列。RNN 可以在处理序列时保持内部状态，从而捕捉长距离依赖关系。然而，RNN 在训练中容易出现梯度消失和梯度爆炸问题。

为了解决梯度消失和梯度爆炸问题，LSTM 和 GRU 等门控循环单元被提出。它们引入了门控机制，可以学习长距离依赖关系，同时缓解梯度消失和梯度爆炸问题。

在此之后，又出现了 Seq2Seq 这种序列到序列的编码器 – 解码器架构，渐渐取代了单一的 RNN。编码器将输入序列编码成一个固定大小的向量，解码器则解码该向量，从而生成输出序列。Seq2Seq 架构可以处理不等长的输入和输出序列，因此在机器翻译、文本摘要等任务中表现出色。

基于 RNN 的 Seq2Seq 架构存在一些缺点，例如难以处理长序列（长输入序列可能导致信息损失）和复杂的上下文相关性等。具体来讲，在一个长序列中，一些重要的上下文信息可能会被编码成一个固定长度的向量，因此在解码过程中，模型难以正确地关注到所有重要信息。为了提高 Seq2Seq 架构的性能，研究人员发现向编码器 – 解码器架构间引入注意力机制，可以帮助 Seq2Seq 架构更好地处理长序列和上下文相关性。通过给予不同时间步（也就是 token）的输入不同的注意力权重，可以让模型更加关注与当前时间步（也就是当前 token）相关的信息。这就是我们下面即将介绍的内容。

思考

1. 说明 Seq2Seq 架构为什么在 NLP 任务中具有优势，这种架构更适合处理哪种类型的 NLP 任务。

2. 在本章代码的基础上调整网络结构，用多层 RNN 构建 Seq2Seq 架构，也可以使用其他类型的 RNN 层，如 LSTM 或 GRU。

第5课

见微知著开慧眼：引入注意力机制

才听了几分钟的课，小冰已经开始打瞌睡了。

咖哥：小冰，你怎么回事，集中一下注意力！

小冰连着打了两个哈欠：咖哥，昨天晚上我一直在看剧。《狂飙》，你知道吗？小雪非得说饰演安欣的演员演得好，一身正气。我倒是把全部的注意力都集中在高启强和大嫂身上了（见右下图）。

咖哥：嗯嗯，巧了。今天我正准备和你好好说说 NLP 里的注意力机制。这和你看电视剧一样，谁演得出彩，你就会更关注谁一些。而注意力机制可以帮助神经网络更好地关注输入序列中的重要部分。

小冰：对了，我想起来了，昨天我们曾经谈到通过 RNN 构建的 Seq2Seq 架构的局限性。Seq2Seq 架构通常使用编码器将输入序列编码为固定长度的向量，并使用解码器解码该向量，从而生成输出序列。这种方法的问题在于，如果编码器无法动态地捕捉到所输入的每个单词的上下文信息，就无法正确地对与上下文相关的单词进行编码。

小冰的全部注意力都集中在她的“偶像”身上

咖哥：这也是 NPLM、RNN 等早期神经网络所共有的问题，所以我们才会引入注意力机制。

通过引入注意力机制，模型可以在每个时间步中为输入序列中不同位置的词分配不同的注意力权重。这使得模型能够更加灵活地有选择地关注输入序列中的重要部分（见下页图），从而更好地捕捉上下文相关性，模型的性能也会因此而提高。

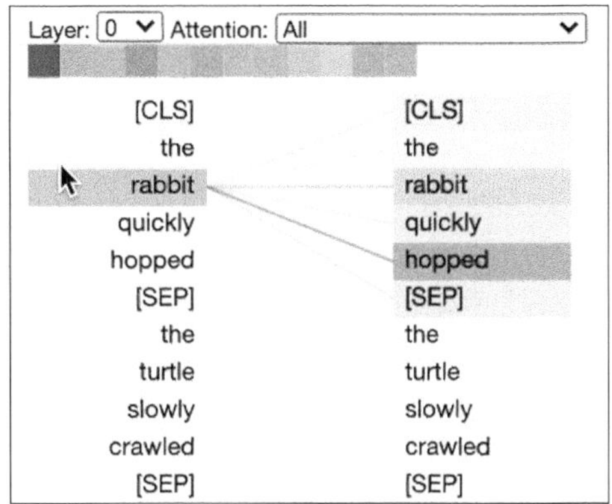

有选择地关注："rabbit"最关注"hopped"

注意力有很多种实现方式（也称实现机制），最简单的注意力机制是点积注意力。

小冰：嗯，我已经迫不及待地想学习大名鼎鼎的注意力机制了！

5.1 点积注意力

咖哥：不急，注意力机制对于初学者来说有点难理解，我们一点一点地讲。现在你先暂时忘记编码器、解码器、隐藏层和序列到序列这些概念。想象我们有两个张量 x1 和 x2，我们希望用注意力机制把它俩给衔接起来，让 x1 看一看，x2 有哪些特别值得关注的地方。

具体来说，要得到 x1 对 x2 的点积注意力，我们可以按照以下步骤进行操作。

（1）创建两个形状分别为 (batch_size, seq_len1, feature_dim) 和 (batch_size, seq_len2, feature_dim) 的张量 x1 和 x2。

（2）将 x1 中的每个元素和 x2 中的每个元素进行点积，得到形状为 (batch_size, seq_len1, seq_len2) 的原始权重 raw_weights。

（3）用 softmax 函数对原始权重进行归一化，得到归一化后的注意力权重 attn_weights（注意力权重的值在 0 和 1 之间，且每一行的和为 1），形状仍为 (batch_size, seq_len1, seq_len2)。

（4）用注意力权重 attn_weights 对 x2 中的元素进行加权求和（与 x2 相乘），得到输出张量 y，形状为 (batch_size, seq_len1, feature_dim)。这就是 x1 对 x2 的点积注意力。

程序结构如下。

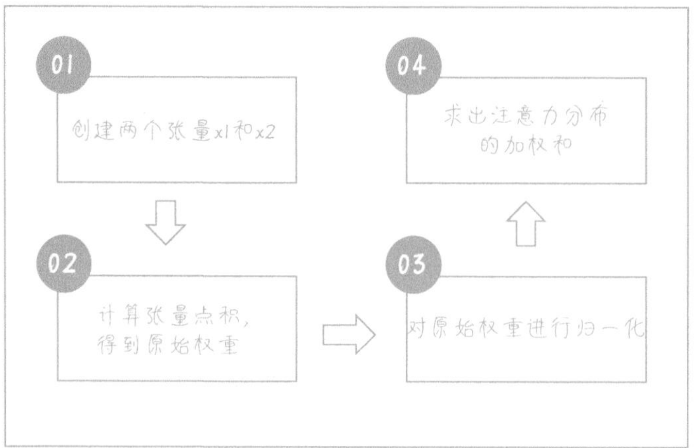

点积注意力程序结构

完整程序代码如下。

5 In

```
import torch # 导入 torch
import torch.nn.functional as F # 导入 nn.functional

# 1. 创建两个张量 x1 和 x2
x1 = torch.randn(2, 3, 4) # 形状 (batch_size, seq_len1, feature_dim)
x2 = torch.randn(2, 5, 4) # 形状 (batch_size, seq_len2, feature_dim)

# 2. 计算原始权重
raw_weights = torch.bmm(x1, x2.transpose(1, 2)) # 形状 (batch_size, seq_len1, seq_len2)

# 3. 用 softmax 函数对原始权重进行归一化
attn_weights = F.softmax(raw_weights, dim=2) # 形状 (batch_size, seq_len1, seq_len2)

# 4. 将注意力权重与 x2 相乘，计算加权和
attn_output = torch.bmm(attn_weights, x2)  # 形状 (batch_size, seq_len1, feature_dim)
```

这几行代码虽然简短，但是它的内涵特别丰富，体现了注意力机制的核心思想，所以我要慢慢地讲，一点一点地给你拆解。

第1步　创建两个张量 x1 和 x2

先创建两个形状分别为 (batch_size, seq_len1, feature_dim) 和 (batch_size, seq_len2, feature_dim) 的张量。

In

```
# 创建两个张量 x1 和 x2
x1 = torch.randn(2, 3, 4) # 形状 (batch_size, seq_len1, feature_dim)
x2 = torch.randn(2, 5, 4) # 形状 (batch_size, seq_len2, feature_dim)
print("x1:", x1)
print("x2:", x2)
```

Out

```
x1: tensor([[[ 0.0959, -0.0400,  0.7396, -1.3579],
         [ 0.9780,  1.6672,  0.6350,  0.1407],
         [ 1.4154,  0.3168, -0.5757, -1.0044]],

        [[-0.2816,  0.6128,  0.0883, -0.0892],
         [-0.0907, -0.3577,  0.2229, -1.3146],
         [-0.5021, -0.2462,  0.9709, -0.0679]]])
x2: tensor([[[ 0.5382,  1.3352,  0.7902, -0.9321],
         [-0.8871,  0.1063, -0.9686,  0.2838],
         [-1.6659,  2.0516, -1.6231, -0.0678],
         [-0.9627,  0.6609, -0.5794,  1.9176],
         [-2.3860,  0.9578, -0.7516,  1.0221]],

        [[ 0.2369, -0.9048,  0.5962,  1.0891],
         [-0.3971,  1.0913, -0.2264,  0.0941],
         [-0.1305,  0.7904,  1.6204,  0.2462],
         [-0.4776,  0.6102,  0.5057,  2.1041],
         [ 1.9578, -0.1152, -0.1534,  0.2531]]])
```

两个张量具有不同的序列长度（seq_len1 和 seq_len2）。而 batch_size 表示批次大小，在神经网络的训练过程中，数据通常是一批一批进行处理的，这不需要多解释。feature_dim 表示特征维度，通常也就代表着词嵌入的维度。

小冰：这两个张量的特征维度一定要一致吗？

咖哥：是的，特征维度需要一致。在这个例子中，x1 和 x2 的特征维度都是 4。这是因为计算注意力的原始权重时，我们需要在特征空间中对两个张量的每个元素进行点积。如果特征维度不一致，点积就无法进行。实操中如果出现注意力双方特征维度不一致的情况，就需要先进行线性变换，使其特征维度相同。

在实际应用中，x1 和 x2 可以分别对应解码器和编码器中的序列向量（编码器 - 解码器注意力中，解码器向量关注编码器向量）。同时，它们也可以代表任意两个序列，甚至是同一个序列（自注意力中，关注自身向量）。不过你可以先暂时不理会这些，以免信息过载。

第2步　计算张量点积，得到原始权重

首先，我们需要对 x2 进行转置，然后用 x1 与转置后的 x2 相乘。这一步的目的是计算原始权重，也就是计算 x1 中每个位置与 x2 中每个位置之间的相似度得分——这是点积注意力操作的第一个环节。

In

```
# 计算点积，得到原始权重，形状为 (batch_size, seq_len1, seq_len2)
raw_weights = torch.bmm(x1, x2.transpose(1, 2))
print(" 原始权重：", raw_weights)
```

Out

```
原始权重： tensor([[[ 1.2474, -0.6254,  1.4849,  2.9333, -0.1787],
         [-1.2531, -0.0700,  0.1595, -0.6058,  0.3247],
         [ 1.5650, -0.3034,  1.0224,  2.2497, -0.4448]],

        [[-1.1682,  2.5071, -2.7740, -2.0610,  3.4535],
         [ 0.6140,  0.2978,  1.7470, -0.6074, -1.3608],
         [ 0.3685, -1.0757,  4.9891, -0.4289, -2.4044]]])
```

在这个示例中，我们使用 torch.bmm 函数计算 x1 和 x2 之间的点积。torch.bmm 是 PyTorch 中的一个函数，全称为批量矩阵乘法（Batch Matrix Multiplication）。它用于对存储在三维张量中的一批矩阵执行矩阵乘法。torch.bmm 接收两个三维张量作为输入，形状分别为 (batch_size, M, N) 和 (batch_size, N, P)，并返回一个三维张量，形状为 (batch_size, M, P)。在计算过程中，它将逐个执行两个输入张量的矩阵乘法，并将结果存储在输出张量中。

咖哥发言

此处的 torch.bmm 可以替换为 torch.matmul。torch.matmul 函数可以用于多种类型的矩阵乘法，包括点积、向量与矩阵的乘法及矩阵与矩阵的乘法等。与 torch.bmm 不同的是，torch.matmul 并不要求输入矩阵必须为三维张量，对输入形状的要求更加灵活。具体来说，torch.matmul 会根据输入矩阵的维度自动判断执行哪种类型的矩阵乘法，同时也支持进行广播计算。

为了满足矩阵乘法对形状的要求，我们需要先对 x2 的后面两个维度进行转置操作，即将其形状从 (batch_size, seq_len2, feature_dim) 变为 (batch_size, feature_dim, seq_len2)。然后，我们将 x1（形状为 (batch_size, seq_len1, feature_ dim)) 与转置后的 x2 执行批量矩阵乘法，从而得到原始权重矩阵 (raw_weights)，形状为 (batch_size, seq_len1, seq_len2)。

下图是两个张量点积过程的示意图。

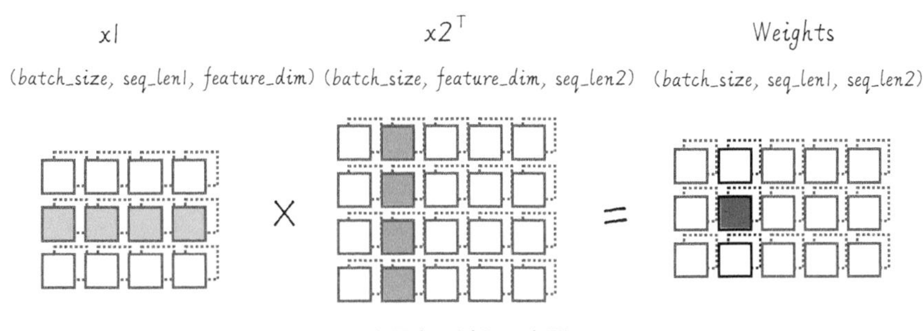

张量点积过程示意图

原始权重 (batch_size, seq_len1, seq_len2) 是 x1 和 x2 点积的结果，其中 batch_size 表示批次大小，seq_len1 和 seq_len2 分别表示 x1 和 x2 的序列长度。原始权重矩阵中的每个元素表示 x1 中某个位置与 x2 中某个位置的相似度得分。

比如，输出结果的第一行 [1.2474, -0.6254, 1.4849, 2.9333, -0.1787] 就代表着本批次第一个 x1 序列中第一个元素 (每个 x1 序列有 3 个元素，所以第一批次共 3 行) 与 x2 中第一批次 5 个元素的每一个元素的相似度得分 (不难看出，x1 中第一个元素与 x2 中第 4 个元素最相似，原始注意力分值为 2.9333)。相似度的计算是注意力机制最核心的思想。

咖哥发言

相似度度量两个对象之间的相似程度。在注意力机制中，我们根据输入数据的某种关系 (如点积、余弦相似度等) 计算注意力权重。以前我们曾经用余弦相似度计算过向量之间的相似度，这里的向量点积也是一种常用的相似度度量方法，它可以捕捉两个向量之间的关系，例如，当两个向量的方向相同时，它们的点积最大；当两个向量正交时，它们的点积为零。在上文的例子中，相似度表示 x1 和 x2 中的每个位置之间的关联程度。我们通过计算 x1 中每个位置向量与 x2 中每个位置向量的点积来得到相似度得分。

在某些文献或代码中，有时会将相似度得分称为原始权重。这是因为它们实际上是在计算注意力权重之前的中间结果。严格来说，相似度得分表示输入序列中不同元素之间的关联性或相似度，而权重则是在应用某些操作 (如缩放、掩码和归一化) 后得到的归一化值。为了避免混淆，可以将这两个术语彻底区分开。通常，将未处理的值称为得分，并在经过处理后将它们称为权重。这有助于更清晰地理解注意力机制的工作原理及其不同组件。

让我们用下面的图示来对向量点积和相似度得分进行相对直观的理解。在下图的例子中，有两个向量——电影的特征（$\boldsymbol{M}$）和用户的兴趣（$\boldsymbol{U}$）。

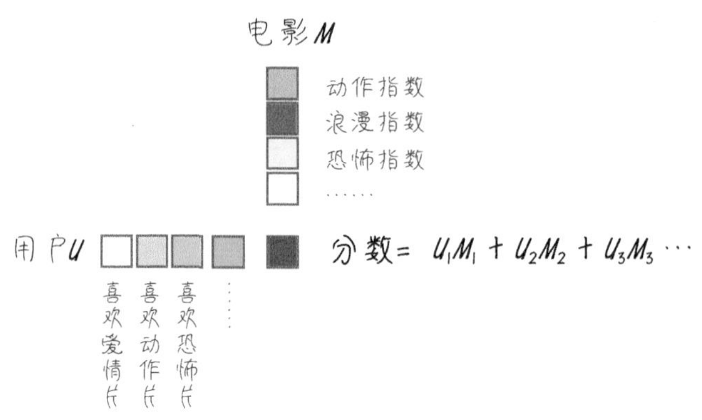

直观理解向量相似度得分

5

向量 $\boldsymbol{U}$ 中可能蕴含用户是否喜欢爱情片、喜欢动作片等信息；而向量 $\boldsymbol{M}$ 中则包含电影含有动作、浪漫等特征的程度。

通过计算 $\boldsymbol{U}$ 和 $\boldsymbol{M}$ 的点积或相似度得分，我们可以得到一个衡量 $\boldsymbol{U}$ 对 $\boldsymbol{M}$ 兴趣程度的分数。例如，如果向量 $\boldsymbol{U}$ 中喜欢爱情片、喜欢动作片的权重较高，而向量 $\boldsymbol{M}$ 中的动作和浪漫特征的权重也较高，那么计算得到的点积或相似度得分就会比较高，表示 $\boldsymbol{U}$ 对 $\boldsymbol{M}$ 的兴趣较大，系统有可能推荐这部电影给用户。

小冰：原来如此，谢谢咖哥。现在我明白这样计算的意义了。那接下来呢？

第3步　对原始权重进行归一化

咖哥：接下来，我们需要对原始权重进行归一化——这是点积注意力操作的第二个环节。所谓的归一化，其实理解起来很简单。得到每一个 x1 序列中的元素与其所对应的 5 个 x2 序列元素的相似度得分后，使用 softmax 函数进行缩放，让这 5 个数加起来等于 1。

In

```
import torch.nn.functional as F # 导入 torch.nn.functional
# 应用 softmax 函数，使权重的值在 0 和 1 之间，且每一行的和为 1
attn_weights = F.softmax(raw_weights, dim=-1) # 归一化
print(" 归一化后的注意力权重：", attn_weights)
```

Out

```
归一化后的注意力权重：
tensor([[[0.1241,   0.0191,   0.1573,   0.6697,   0.0298],
         [0.0661,   0.2158,   0.2715,   0.1263,   0.3203],
         [0.2595,   0.0401,   0.1509,   0.5147,   0.0348]],

        [[0.0070,   0.2765,   0.0014,   0.0029,   0.7122],
         [0.1898,   0.1384,   0.5895,   0.0560,   0.0263],
         [0.0097,   0.0023,   0.9831,   0.0044,   0.0006]]])
```

这里，我们使用 softmax 函数（见下图），沿着 seq_len2 方向（即 dim=2）对原始权重进行归一化，使得所有权重之和为 1。所谓沿着 seq_len2 方向，也就是把 x2 中每个位置对应的元素相似度的值归一化。这样，我们就能求得 x1 对 x2 中每一个位置的关注程度（当然也可以反其道而行之）。

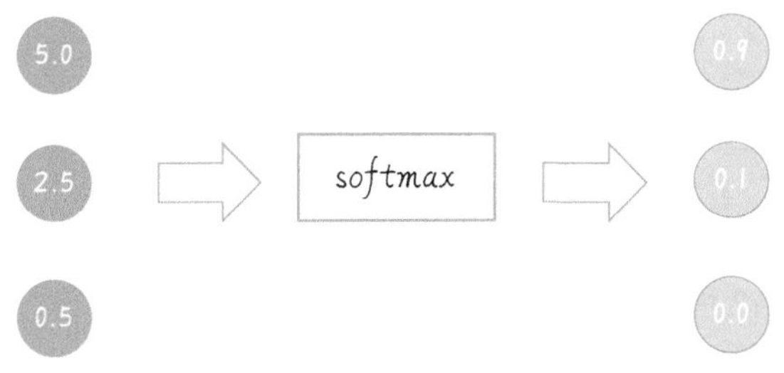

使用softmax函数的原理示意图

咖哥发言

softmax 函数是一种非线性激活函数，通常用于多分类问题。它将一组输入值转换为概率分布，使得所有输出值的和为 1。softmax 函数的计算公式如下：

softmax(x_i) = exp(x_i) / Σ(exp(x_j))

其中，x_i 表示输入向量中的第 *i* 个元素，x_j 表示输入向量中的任意元素，Σ 表示对所有元素求和。通过这个公式，我们可以看到，softmax 函数首先计算输入值的指数，然后对输入向量的每个元素求指数，最后将求出的每个元素的指数值除以所有元素指数值的和。

你看，归一化后，attn_weights 和 raw_weights 形状相同，但是值变了，第一行的 5 个数字加起来刚好是 1。第 4 个数字是 0.6697，这就表明：在本批次的第一行数据中，x2 序列中的第 4 个元素和 x1 序列的第 1 个元素特别相关，应该加以注意。

softmax 函数具有如下特性。

（1）输出值范围为 0 ~ 1，表示概率。

（2）所有输出值的和为 1，保证了概率分布的性质。

（3）输出值随输入值的增大而增大，即输入值越大，对应的概率越高。

在我们的注意力机制示例中，softmax 函数用于将原始权重矩阵 raw_weights 转换为注意力权重矩阵。原始权重矩阵表示了 x1 中每个位置与 x2 中每个位置之间的相似度得分。通过 softmax 对原始权重进行归一化，我们可以得到一个概率分布。

小冰：这样我们就得到注意力权重矩阵了吧？它表示 x1 中每个位置对 x2 中各个位置的关注程度。

咖哥：没错，不过到这里还没完，当我们得到注意力权重矩阵后，我们需要将其应用于 x2，以便获得 x1 中每个位置对应的加权和信息。

第4步　求出注意力分布的加权和

注意力权重与 x2 相乘，就得到注意力分布的加权和。换句话说，我们将 x2 中的每个位置向量乘以它们在 x1 中对应位置的注意力权重，然后将这些加权向量求和——这是点积注意力计算的最后一个环节。这一步的目的是根据注意力权重计算 x2 的加权和。这个加权和才是 x1 对 x2 的注意力输出。

In

```
# 将注意力权重与 x2 相乘，得到注意力分布的加权和，形状为 (batch_size, seq_len1, feature_dim)
attn_output = torch.bmm(attn_weights, x2)
print(" 注意力输出：", attn_output)
```

Out

```
注意力输出：
tensor([[[ 0.6648,  1.2568,  0.4476, -0.3009],
         [-0.0073,  0.5469,  0.2996,  0.0671],
         [ 0.7699,  0.9930,  0.3085, -0.3186]],

        [[-0.3363, -0.0750, -0.9175,  1.2951],
         [-0.5410, -0.8423,  0.4578, -1.0932],
         [-1.1110, -1.3986,  0.9678, -1.5613]]])
```

我们再次使用 torch.bmm 函数，将归一化后的权重与 x2 相乘，得到结果 attn_output。具体来说，就是将注意力权重矩阵 attn_weights 与 x2 进行批量矩阵乘法操作。这样，对于x1中的每个位置，都计算x2中所有位置与其对应的注意力权重的乘积，并对这些乘积求和。这样得到的结果张量具有形状 (batch_size, seq_len1, feature_dim)，其形状与 x1 相同。

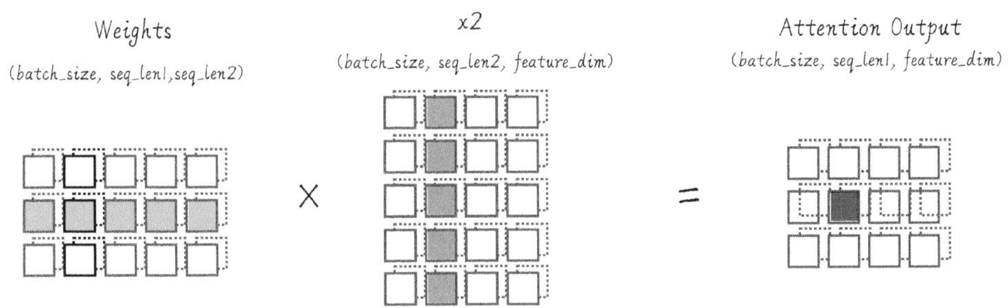

这次使用bmm的意义是求加权和，这与之前用bmm求两个向量相似度不同

小冰：我还是不大明白，到底什么是所谓的“加权信息”或者说“加权和”呢？

咖哥：嗯，为了更好地理解“加权信息”这个概念，我们需要分析它的两个部分：“加权”和“信息”。

（1）加权：权重（或权值）是一个标量，它表示某个元素在计算中的相对重要性。在注意力机制中，权重就是通过刚才计算相似度得分，再用 softmax 函数进行归一化得到的。权重越高，表示模型对某个位置的关注程度越高。换句话说，权重表示了 x1 中某个位置对 x2 中某个位置的关注程度。

（2）信息：在这个上下文中，信息指的是 x2 中的位置向量。有了权重，我们还要把这个权重应用到具体的值上面。这些向量就包含了 x2 这个序列的特征信息。而注意力机制的目的是根据 x1 中各个位置的关注程度来提取 x2 中的关键信息。

结合上面对“加权”和“信息”两个部分的分析，可知“加权信息”指的是根据注意力权重对 x2 中的位置向量进行加权求和后得到的新向量。这些新向量在 x1 中各个位置关注了 x2 中各个位置的加权信息。这样，我们可以捕捉到 x1 中每个位置与 x2 中各个位置的关系，并将这些关系融合到一个新的表示中。——这个表示是和张量 x1 形状完全相同的另一个表示，可以看作关注了 x2 之后的“新 x1”！

小冰：那这个 attn_output 和 attn_weights 到底有何不同？

咖哥：attn_weights 帮助我们了解 x1 中各个位置与 x2 中各个位置之间的关系，这里的关注程度来自原始权重矩阵（相似度得分）通过 softmax 函数归一化得到的概率分布，它的形状为 (batch_size,seq_len1,seq_len2)。而 attn_output 则是基于注意力权重对 x2 中的各个位置向量进行加权求和后得到的新向量。这个新向量的维度和 x1 相同，形状为 (batch_size,seq_len1,feature_dim)，第三维重新回归到了 x1 的特征空间，在这个新的特征空间中反映出了 x1 中每个位置关注 x2 中各个位置的加权信息。

这两者在注意力机制中扮演了不同的角色，共同帮助模型关注输入序列中的关键部分，并在序列到序列任务中提高模型的性能。

还用刚才的例子来说，如果输入序列 x1 是用户特征向量，x2 是一个电影特征向量，那么，当我们通过上面的计算，也就是用户特征向量关注电影特征向量之后，得到了另外一个向量 x1_attention，这个特征向量 x1_attention 里面就包含了电影特征向量的加权信息，用户特别喜欢的电影，信息含量就高。——通过这种方式，序列里面的每一个“词”或者“元素”（也就是 token）被编码之后的信息表示，就不再只简单地代表它本身，或者只学习了几个周围词信息，而是整合了整个序列的全部“上下文”。——这就是为什么说引入注意力机制之后，“词表示学习”或者说“词嵌入”的内涵被显著地延展了的关键原因。

小冰：谢谢咖哥，我终于明白了！现在我迫不及待地想把这个机制运用到我们的 NLP 项目中去！

咖哥：在具体应用之前，还有几步路要走。下一步，我给你说一下点积注意力的一个加强版本，“缩放点积注意力”。

5.2 缩放点积注意力

缩放点积注意力（Scaled Dot-Product Attention）和点积注意力（Dot-Product Attention）之间的主要区别在于：缩放点积注意力在计算注意力权重之前，会将点积结果也就是原始权重除以一个缩放因子，得到缩放后的原始权重。通常，这个缩放因子是输入特征维度的平方根。

为什么要使用缩放因子呢？在深度学习模型中，点积的值可能会变得非常大，尤其是当特征维度较大时。当点积值特别大时，softmax 函数可能会在一个非常陡峭的区域内运行，导致梯度变得非常小，也可能会导致训练过程中梯度消失。通过使用缩放因子，可以确保 softmax 函数在一个较为平缓的区域内工作，从而减轻梯度消失问题，提高模型的稳定性。

缩放点积注意力的计算流程如下：

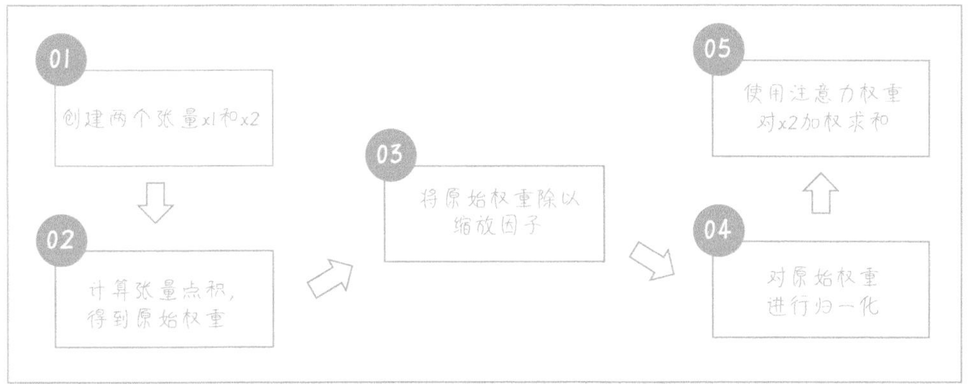

缩放点积注意力计算流程

小冰说：看起来，除了和缩放因子相关的步骤之外，缩放点积注意力和点积注意力的计算流程是相同的。

咖哥：对。缩放点积注意力可以看作点积注意力的一个改进版本，用于解决梯度消失问题。

In

```
import torch # 导入 torch
import torch.nn.functional as F # 导入 nn.functional

# 1. 创建两个张量 x1 和 x2
x1 = torch.randn(2, 3, 4) # 形状 (batch_size, seq_len1, feature_dim)
x2 = torch.randn(2, 5, 4) # 形状 (batch_size, seq_len2, feature_dim)

# 2. 计算张量点积，得到原始权重
raw_weights = torch.bmm(x1, x2.transpose(1, 2)) # 形状 (batch_size, seq_len1, seq_len2)

# 3. 将原始权重除以缩放因子
scaling_factor = x1.size(-1) ** 0.5
scaled_weights = raw_weights  / scaling_factor # 形状 (batch_size, seq_len1, seq_len2)

# 4. 对原始权重进行归一化
attn_weights = F.softmax(raw_weights, dim=2) # 形状 (batch_size, seq_len1, seq_len2)

# 5. 使用注意力权重对 x2 加权求和
attn_output = torch.bmm(attn_weights, x2)  # 形状 (batch_size, seq_len1, feature_dim)
```

缩放部分的代码很简单，x1.size(-1) 返回输入张量 x1 最后一个维度（也就是特征维）的大小。然后，取该值的平方根 ** 0.5，得到缩放因子。再将原始权重 raw_weights 除以缩放因子 scaling_factor，得到缩放后的权重 scaled_weights。

小冰脑中突然想到了另外一个问题，问道：咖哥，你不是说，注意力机制是对 Seq2Seq 模型的增强吗？但是，现在学到这里，我还是不能把这个注意力机制和 Seq2Seq 模型联系起来呢！

咖哥：我就等着你问呢。下面我们就详细说说，如何把注意力机制引入 Seq2Seq 模型。

5.3 编码器-解码器注意力

刚才，为了简化讲解的难度，也为了让你把全部注意力放在注意力机制本身上面。我们并没有说明，x1、x2 在实际应用中分别代表着什么。现在，就让我们为 x1、x2 这两个向量赋予意义。

在 Seq2Seq 架构中，点积注意力通常用于将编码器的隐藏状态与解码器的隐藏状态联系起来。在这种情况下，x1 和 x2 对应的内容分别如下。

- x1：这是解码器在各个时间步的隐藏状态，形状为 (batch_size, seq_len1, feature_dim)。其中，seq_len1 是解码器序列的长度，feature_dim 是隐藏状态的维度。
- x2：这是编码器在各个时间步的隐藏状态，形状为 (batch_size, seq_len2, feature_dim)。其中，seq_len2 是编码器序列的长度，feature_dim 是隐藏状态的维度。

小冰：咖哥，我没听错是吧，x1 是解码器的隐藏状态，x2 是编码器的隐藏状态？

咖哥：对，正是这样，此处是解码器需要对编码器进行注意，因此也有人把编码器 - 解码器注意力称为解码器 - 编码器注意力，觉得这样说更为严谨。

当我们应用点积注意力时，解码器的每个时间步都会根据编码器的隐藏状态计算一个注意力权重，然后将这些权重应用于编码器隐藏状态，以生成一个上下文向量（编码器 - 解码器注意力的输出）。这个上下文向量将包含关于编码器输入序列的有用信息，解码器可以利用这个信息生成更准确的输出序列，如下图所示。

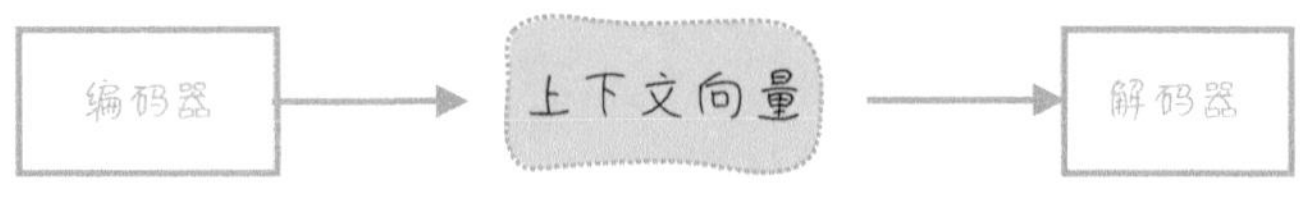

编码器输出上下文向量，传入解码器

现在，我们开始重构上一课中的 Seq2Seq 模型，加入编码器－解码器注意力机制。数据集和训练过程都不改变。

要在这个程序中加入编码器－解码器注意力机制，我们可以按照以下步骤进行修改。

（1）定义 Attention 类。用于计算注意力权重和注意力上下文向量。

（2）重构 Decoder 类。更新 Decoder 类的初始化部分和前向传播方法，使其包含注意力层并在解码过程中利用注意力权重。

（3）重构 Seq2Seq 类。更新 Seq2Seq 类的前向传播方法，以便将编码器的输出传递给解码器。

（4）可视化注意力权重。

具体修改后的内容及代码如下。

第1步　定义Attention类

第一个改动是新定义一个 Attention 类。

In

```
# 定义 Attention 类
import torch.nn as nn # 导入 torch.nn 库
class Attention(nn.Module):
    def __init__(self):
        super(Attention, self).__init__()

    def forward(self, decoder_context, encoder_context):
        # 计算 decoder_context 和 encoder_context 的点积，得到注意力分数
        scores = torch.matmul(decoder_context, encoder_context.transpose(-2, -1))
        # 归一化分数
        attn_weights = nn.functional.softmax(scores, dim=-1)
        # 将注意力权重乘以 encoder_context，得到加权的上下文向量
        context = torch.matmul(attn_weights, encoder_context)
        return context, attn_weights
```

Attention 类继承自 nn.Module。在 forward 方法中，它接收两个输入：decoder_context 和 encoder_context，然后计算注意力权重并返回注意力加权的上下文向量 context 和注意力权重 attn_weights。

第2步　重构Decoder类

在 Decoder 类的初始化部分增加注意力层，用前向传播方法在该层计算注意力上

下文向量，以便在解码过程中利用注意力权重。

In

```
# 定义解码器类
class DecoderWithAttention(nn.Module):
  def __init__(self, hidden_size, output_size):
    super(DecoderWithAttention, self).__init__()
    self.hidden_size = hidden_size # 设置隐藏层大小
    self.embedding = nn.Embedding(output_size, hidden_size) # 创建词嵌入层
    self.rnn = nn.RNN(hidden_size, hidden_size, batch_first=True) # 创建 RNN 层
    self.attention = Attention() # 创建注意力层
    self.out = nn.Linear(2 * hidden_size, output_size) # 修改线性输出层，考虑隐藏状态和上下文向量
  def forward(self, dec_input, hidden, enc_output):
    embedded = self.embedding(dec_input) # 将输入转换为嵌入向量
    rnn_output, hidden = self.rnn(embedded, hidden) # 将嵌入向量输入 RNN 层并获取输出
    context, attn_weights = self.attention(rnn_output, enc_output) # 计算注意力上下文向量
    dec_output = torch.cat((rnn_output, context), dim=-1) # 将上下文向量与解码器的输出拼接
    dec_output = self.out(dec_output) # 使用线性层生成最终输出
    return dec_output, hidden, attn_weights
# 创建解码器
decoder = DecoderWithAttention(n_hidden, voc_size_en)
print(' 解码器结构：', decoder) # 打印解码器的结构
```

5

Out

```
解码器结构： DecoderWithAttention(
 (embedding): Embedding(19, 128)
 (rnn): RNN(128, 128, batch_first=True)
 (attention): Attention()
 (out): Linear(in_features=256, out_features=19, bias=True))
```

在类的属性中添加了一个名为 self.attention 的属性，用于保存传入的注意力实例。

在 Decoder 类的前向传播方法中，添加了一个新的输入参数 enc_output，表示编码器的输出。首先，使用注意力实例计算上下文向量和注意力权重。然后，将上下文向量与嵌入向量拼接，并将其输入到 RNN。最后，将 RNN 的输出再输入到线性层，得到解码器的输出。

第3步　重构Seq2Seq类

更新 Seq2Seq 类的前向传播方法，将编码器的输出传递给解码器。

In

```
# 定义 Seq2Seq 类
class Seq2Seq(nn.Module):
    def __init__(self, encoder, decoder):
        super(Seq2Seq, self).__init__()
        # 初始化编码器和解码器
        self.encoder = encoder
        self.decoder = decoder
    def forward(self, encoder_input, hidden, decoder_input):
        # 将输入序列通过编码器并获取输出和隐藏状态
        encoder_output, encoder_hidden = self.encoder(encoder_input, hidden)
        # 将编码器的隐藏状态传递给解码器作为初始隐藏状态
        decoder_hidden = encoder_hidden
        # 将目标序列通过解码器并获取输出，此处更新解码器调用
        decoder_output, _, attn_weights = self.decoder(decoder_input, decoder_hidden, encoder_output)
        return decoder_output, attn_weights
# 创建 Seq2Seq 模型
model = Seq2Seq(encoder, decoder)
print('S2S 模型结构：', model) # 打印模型的结构
```

Out

```
S2S 模型结构： Seq2Seq(
  (encoder): Encoder(
    (embedding): Embedding(18, 128)
    (rnn): RNN(128, 128, batch_first=True)
  )
  (decoder): DecoderWithAttention(
    (embedding): Embedding(19, 128)
    (rnn): RNN(128, 128, batch_first=True)
    (attention): Attention()
    (out): Linear(in_features=256, out_features=19, bias=True)))
```

在 Seq2Seq 类的 forward 方法中，首先，调用编码器的前向传播方法获得编码器的输出和隐藏状态。然后，将编码器的隐藏状态作为解码器的初始隐藏状态，并将编码器的输出传递给解码器的前向传播方法。最后，返回解码器的输出和注意力权重。

这些更改的目的是在解码器中引入注意力机制，使解码器能够在生成输出序列的过程中更好地关注输入序列的不同部分。通过引入注意力机制，模型可以捕捉输入序列中的长距离依赖关系，从而提高序列到序列的翻译或转换任务的性能。

第4步　可视化注意力权重

现在，模型不仅返回了解码器输出，还同时返回了注意力权重，需要微调模型返回值的接收部分。

```
# 定义训练函数
def train_seq2seq(model, criterion, optimizer, epochs):
    … …
    output, _ = model(encoder_input, hidden, decoder_input) # 获取模型输出
    … …
```

在测试时，还可以将注意力权重进行展示，看看解码器的隐藏状态更注意编码器序列的哪个部分。

定义一个用于可视化注意力的函数。

```
import matplotlib.pyplot as plt # 导入 matplotlib
import seaborn as sns # 导入 seaborn
plt.rcParams["font.family"]=['SimHei'] # 用来设定字体样式
plt.rcParams['font.sans-serif']=['SimHei'] # 用来设定无衬线字体样式
plt.rcParams['axes.unicode_minus']=False # 用来正常显示负号
def visualize_attention(source_sentence, predicted_sentence, attn_weights):
    plt.figure(figsize=(10, 10)) # 画布
    ax = sns.heatmap(attn_weights, annot=True, cbar=False,
                xticklabels=source_sentence.split(),
                yticklabels=predicted_sentence, cmap="Greens") # 热力图
    plt.xlabel(" 源序列 ")
    plt.ylabel(" 目标序列 ")
    plt.show() # 显示图片
```

在测试模型的过程中，可视化注意力权重。

```
def test_seq2seq(model, source_sentence):
    … …
# 获取模型输出和注意力权重
predict, attn_weights = model(encoder_input, hidden, decoder_input)
      … …
    # 可视化注意力权重
    attn_weights = attn_weights.squeeze(0).cpu().detach().numpy()
    visualize_attention(source_sentence, [idx2word_en[n.item()] for n in predict.squeeze()], attn_weights)
```

Out

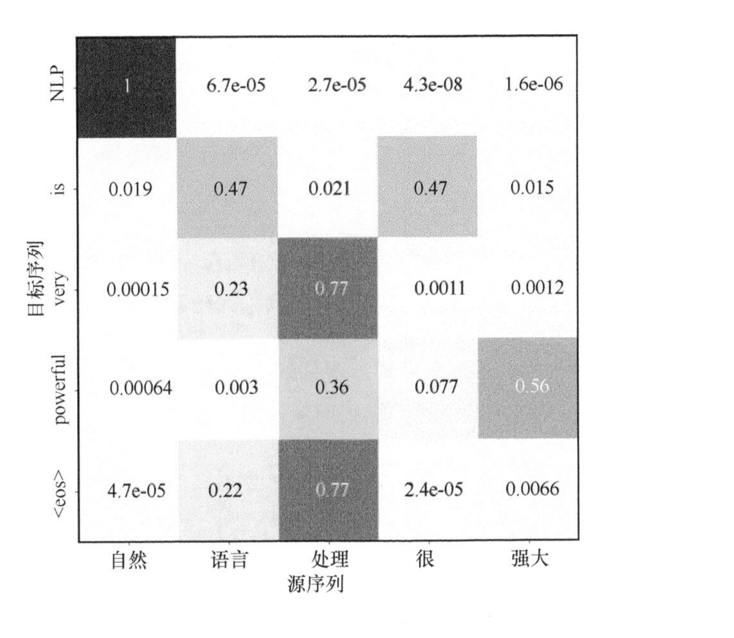

5

在这个注意力权重矩阵中，NLP 对“自然”产生了很强的关注，权重值为 1。当然了，我们的训练数据过少，模型可能没有足够的数据来学习有效的注意力权重。在实际应用中，我们当然需要更大规模的数据来训练 Seq2Seq 模型，以便模型捕捉到更丰富的语言模式，这样模型才能够学习到更为复杂的注意力权重分布模式。

小冰：谢谢你咖哥，这样循序渐进地讲解，让我对编码器－解码器架构中注意力机制的来龙去脉十分明了。不过，我还有一个非常大的疑惑，百思不得其解。

咖哥：不妨说出来听听。

小冰：之前，我自己也阅读了一些介绍 Transformer 架构的书，说老实话，我看不太明白。其中介绍注意力机制的部分，经常提到 $\boldsymbol{Q}$、$\boldsymbol{K}$、$\boldsymbol{V}$ 三个向量，我的感觉是这三个向量在注意力机制中的作用非常关键，不过，咖哥你却并未提到它们。

咖哥：的确，这三个向量是注意力机制的重要组成部分，我没有提及，是因为一次性灌输过多的概念会让人不知所措。现在你理解了注意力机制的本质就是向量之间的点积、加权和计算之后，我们现在可以讲解什么是 $\boldsymbol{Q}$、$\boldsymbol{K}$、$\boldsymbol{V}$ 了。

5.4 注意力机制中的 Q、K、V

在注意力机制中，查询（Query）、键（Key）和值（Value）是三个关键部分。

- 查询（Query）：是指当前需要处理的信息。模型根据查询向量在输入序列中查找相关信息。
- 键（Key）：是指来自输入序列的一组表示。它们用于根据查询向量计算注意力权重。注意力权重反映了不同位置的输入数据与查询的相关性。
- 值（Value）：是指来自输入序列的一组表示。它们用于根据注意力权重计算加权和，得到最终的注意力输出向量，其包含了与查询最相关的输入信息。

注意力机制通过计算查询向量与各个键向量之间的相似性，为每个值向量分配一个权重。然后，将加权的值相加，也就是将每个值向量乘以其对应的权重（即注意力分数），得到一个蕴含输入序列最相关信息的输出向量。这个输出向量的形状和查询向量相同，将用于下一步模型计算的输入。

5

小冰：咖哥，你这样说我仍然是似懂非懂。那么，就拿刚才我们说到的最简单的点积注意力代码段来说，哪里是 Q，哪里是 K，哪里又是 V 呢？

In

```
# 1. 创建两个张量 x1 和 x2
x1 = torch.randn(2, 3, 4) # 形状 (batch_size, seq_len1, feature_dim)
x2 = torch.randn(2, 5, 4) # 形状 (batch_size, seq_len2, feature_dim)
# 2. 计算原始权重
raw_weights = torch.bmm(x1, x2.transpose(1, 2)) # 形状 (batch_size, seq_len1, seq_len2)
# 3. 对原始权重进行 softmax 归一化
attn_weights = F.softmax(raw_weights, dim=2) # 形状 (batch_size, seq_len1, seq_len2)
# 4. 与 x2 相乘，计算加权和
attn_output = torch.bmm(attn_weights, x2)  # 形状 (batch_size, seq_len1, feature_dim)
```

咖哥：在这个示例中，我们仅使用了两个张量 x1 和 x2 来说明最基本的注意力机制。在这个简化的情况下，我们可以将 x1 视为查询（Query，Q）向量，将 x2 视为键（Key，K）和值（Value，V）向量。这是因为我们直接使用 x1 和 x2 的点积作为相似度得分，并将权重应用于 x2 本身来计算加权信息。所以，在这个简化示例中，Q 对应于 x1，K 和 V 都对应于 x2。

然而，在 Transformer 中，Q、K 和 V 通常是从相同的输入序列经过不同的线性变换得到的不同向量。

下面的代码创建三个独立的张量来分别代表 Q、K 和 V，并进行注意力的计算。

```
import torch
import torch.nn.functional as F
#1. 创建 Query、Key 和 Value 张量
q = torch.randn(2, 3, 4) # 形状 (batch_size, seq_len1, feature_dim)
k = torch.randn(2, 4, 4) # 形状 (batch_size, seq_len2, feature_dim)
v = torch.randn(2, 4, 4) # 形状 (batch_size, seq_len2, feature_dim)
# 2. 计算点积，得到原始权重，形状为 (batch_size, seq_len1, seq_len2)
raw_weights = torch.bmm(q, k.transpose(1, 2))
# 3. 将原始权重进行缩放（可选），形状仍为 (batch_size, seq_len1, seq_len2)
scaling_factor = q.size(-1) ** 0.5
scaled_weights = raw_weights / scaling_factor
# 4. 应用 softmax 函数，使结果的值在 0 和 1 之间，且每一行的和为 1
attn_weights = F.softmax(scaled_weights, dim=-1) # 形状仍为 (batch_size, seq_len1, seq_len2)
# 5. 与 Value 相乘，得到注意力分布的加权和 , 形状为 (batch_size, seq_len1, feature_dim)
attn_output = torch.bmm(attn_weights, v)
```

小冰：这里，***K*** 和 ***V*** 的维度是否需完全相同？

咖哥：在缩放点积注意力中，***K*** 和 ***V*** 向量的维度不一定需要完全相同。在这种注意力机制中，***K*** 和 ***V*** 的序列长度维度（在这里是第 2 维）应该相同，因为它们描述了同一个序列的不同部分。然而，它们的特征（或隐藏层）维度（在这里是第 3 维）可以不同。***V*** 向量的第二个维度则决定了最终输出张量的特征维度，这个维度可以根据具体任务和模型设计进行调整。

而 ***K*** 向量的序列长度维度（在这里是第 2 维）和 ***Q*** 向量的序列长度维度可以不同，因为它们可以来自不同的输入序列，但是，***K*** 向量的特征维度（在这里是第 3 维）需要与 ***Q*** 向量的特征维度相同，因为它们之间要计算点积。

在实践中，***K*** 和 ***V*** 的各个维度通常是相同的，因为它们通常来自同一个输入序列并经过不同的线性变换。

现在，重写缩放点积注意力的计算过程，如下所述。

（1）计算 *Q* 向量和 *K* 向量的点积。

（2）将点积结果除以缩放因子（*Q* 向量特征维度的平方根）。

（3）应用 softmax 函数得到注意力权重。

（4）使用注意力权重对 *V* 向量进行加权求和。

这个过程的图示如下页图所示。

小冰：那么在编码器－解码器的注意力实现过程中，又如何理解 ***Q***、***K*** 和 ***V*** 向量呢？

咖哥：具体到编码器－解码器注意力来说，可以这样理解 ***Q***、***K***、***V*** 向量。

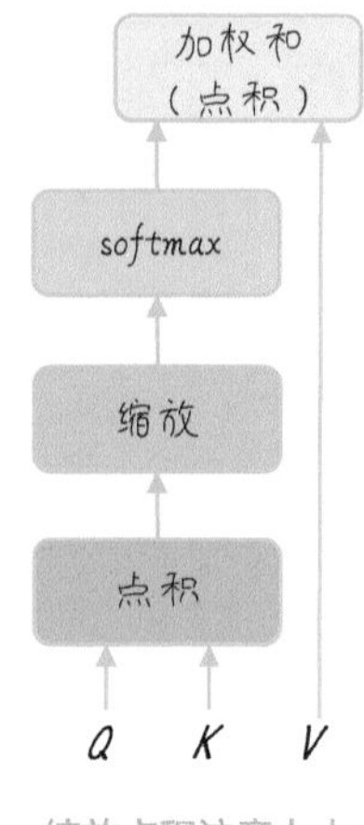

缩放点积注意力中的***Q***、***K***、***V***向量

- ***Q*** 向量代表了解码器在当前时间步的表示，用于和 ***K*** 向量进行匹配，以计算注意力权重。***Q*** 向量通常是解码器隐藏状态的线性变换。
- ***K*** 向量是编码器输出的一种表示，用于和 ***Q*** 向量进行匹配，以确定哪些编码器输出对于当前解码器时间步来说最相关。***K*** 向量通常是编码器隐藏状态的线性变换。
- ***V*** 向量是编码器输出的另一种表示，用于计算加权求和，生成注意力上下文向量。注意力权重会作用在 ***V*** 向量上，以便在解码过程中关注输入序列中的特定部分。***V*** 向量通常也是编码器隐藏状态的线性变换。

5

在刚才的编码器－解码器注意力示例中，直接使用了编码器隐藏状态和解码器隐藏状态来计算注意力。这里的 ***Q***、***K*** 和 ***V*** 向量并没有显式地表示出来（而且，此处 ***K*** 和 ***V*** 是同一个向量），但它们的概念仍然隐含在实现中：

- 编码器隐藏状态（encoder_hidden_states）充当了 ***K*** 和 ***V*** 向量的角色。
- 解码器隐藏状态（decoder_hidden_states）充当了 ***Q*** 向量的角色。

我们计算 ***Q*** 向量（解码器隐藏状态）与 ***K*** 向量（编码器隐藏状态）之间的点积来得到注意力权重，然后用这些权重对 ***V*** 向量（编码器隐藏状态）进行加权求和，得到上下文向量。

当然了，在一些更复杂的注意力机制（如 Transformer 中的多头自注意力机制）中，***Q***、***K***、***V*** 向量通常会更明确地表示出来，因为我们需要通过使用不同的线性层将相同的输入序列显式地映射到不同的 ***Q***、***K***、***V*** 向量空间。

小冰：原来如此。那么我总结一下我所理解的 ***Q***、***K*** 和 ***V*** 向量。***Q*** 向量表示查询，用于提取与输入序列相关的信息。***K*** 向量表示键，用于计算相似度得分。***V*** 向量表示值，用于计算加权信息。通过将注意力权重应用于 ***V*** 向量，我们可以获取输入序列中与 ***Q*** 向量相关的信息。它们（***Q***、***K*** 和 ***V***）其实都是输入序列，有时是编码器输入序列，有时是解码器输入序列，有时是神经网络中的隐藏状态（也来自输入序列）的线性表示，也都是序列的“嵌入向量”，对吧？

咖哥：正是如此。

小冰：不过，咖哥，你上面说在 Transformer 中，***Q***、***K*** 和 ***V*** 常常是对同一个输入序列进行不同线性变换而得，这是不是有名的“自注意力”？

5.5 自注意力

咖哥：是的。自注意力就是自己对自己的注意，它允许模型在同一序列中的不同位置之间建立依赖关系。用我们刚才讲过的最简单的注意力来理解，如果我们把 x2 替换为 x1 自身，那么我们其实就实现了 x1 每一个位置对自身其他序列的所有位置的加权和。

下面的代码就实现了一个最简单的自注意力机制。

In
```
import torch
import torch.nn.functional as F
# 一个形状为 (batch_size, seq_len, feature_dim) 的张量 x
x = torch.randn(2, 3, 4)
# 计算原始权重，形状为 (batch_size, seq_len, seq_len)
raw_weights = torch.bmm(x, x.transpose(1, 2))
# 用 softmax 函数对原始权重进行归一化，形状为 (batch_size, seq_len, seq_len)
attn_weights = F.softmax(raw_weights, dim=2)
# 计算加权和，形状为 (batch_size, seq_len, feature_dim)
attn_outputs = torch.bmm(attn_weights, x)
```

小冰：那么，如何实现带有 ***Q***、***K*** 和 ***V*** 的自注意力呢？

咖哥：在自注意力中，我们只需要对输入序列进行不同的线性变换，得到 ***Q***、***K*** 和 ***V*** 向量，然后应用缩放点积注意力即可。

下面是修改后的代码示例。

In
```
# 一个形状为 (batch_size, seq_len, feature_dim) 的张量 x
x = torch.randn(2, 3, 4) # 形状 (batch_size, seq_len, feature_dim)
# 定义线性层用于将 x 转换为 Q, K, V 向量
linear_q = torch.nn.Linear(4, 4)
linear_k = torch.nn.Linear(4, 4)
linear_v = torch.nn.Linear(4, 4)
# 通过线性层计算 Q, K, V
Q = linear_q(x) # 形状 (batch_size, seq_len, feature_dim)
K = linear_k(x) # 形状 (batch_size, seq_len, feature_dim)
V = linear_v(x) # 形状 (batch_size, seq_len, feature_dim)
# 计算 Q 和 K 的点积，作为相似度分数，也就是自注意力原始权重
```

```
raw_weights = torch.bmm(Q, K.transpose(1, 2)) # 形状 (batch_size, seq_len, seq_len)
# 将自注意力原始权重进行缩放
scale_factor = K.size(-1) ** 0.5  # 这里是 4 ** 0.5
scaled_weights = raw_weights / scale_factor # 形状 (batch_size, seq_len, seq_len)
# 用 softmax 函数对缩放后的权重进行归一化，得到注意力权重
attn_weights = F.softmax(scaled_weights, dim=2) # 形状 (batch_size, seq_len, seq_len)
# 将注意力权重应用于 V 向量，计算加权和，得到加权信息
attn_outputs = torch.bmm(attn_weights, V) # 形状 (batch_size, seq_len, feature_dim)
print(" 加权信息：", attn_outputs)
```

Out

```
加权信息：tensor([[[-0.1050, -0.0269,  0.2893,  0.3222],
         [-0.0476, -0.0560,  0.2607,  0.3253],
         [-0.0160, -0.0720,  0.2453,  0.3268]],

        [[-0.7248,  0.2341, -0.1126,  0.7494],
         [-0.9299,  0.3150, -0.1710,  0.8458],
         [-0.4370,  0.1295, -0.0738,  0.6225]]], grad_fn=<BmmBackward0>)
```

小冰：明白了，那么下面能否再说一说多头自注意力？

咖哥：当然没问题。下面，我们可以进一步修改代码，来实现多头自注意力机制。

5.6 多头自注意力

多头自注意力（Multi-head Attention）机制是注意力机制的一种扩展，它可以帮助模型从不同的表示子空间捕获输入数据的多种特征。具体而言，多头自注意力在计算注意力权重和输出时，会对 $\boldsymbol{Q}$、$\boldsymbol{K}$、$\boldsymbol{V}$ 向量分别进行多次线性变换，从而获得不同的头（Head），并进行并行计算，如下图所示。

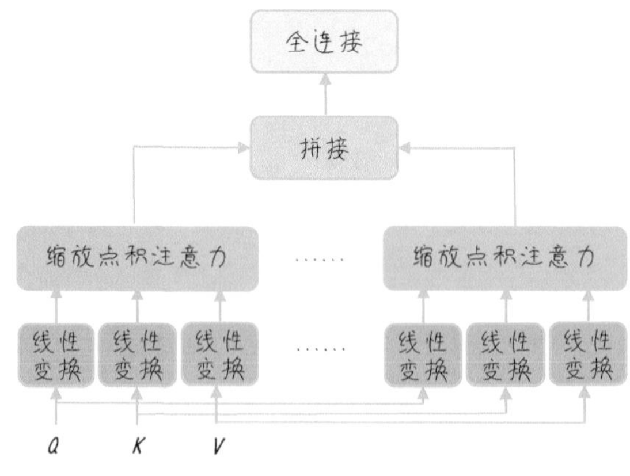

多头自注意力

以下是多头自注意力的计算过程。

（1）初始化：设定多头自注意力的头数。每个头将处理输入数据的一个子空间。

（2）线性变换：对 ***Q***、***K***、***V*** 向量进行数次线性变换，每次变换使用不同的权重矩阵。这样，我们可以获得多组不同的 ***Q***、***K***、***V*** 向量。

（3）缩放点积注意力：将每组 ***Q***、***K***、***V*** 向量输入缩放点积注意力中进行计算，每个头将生成一个加权输出。

（4）合并：将所有头的加权输出拼接起来，并进行一次线性变换，得到多头自注意力的最终输出。

多头自注意力机制的优势在于，通过同时学习多个子空间的特征，可以提高模型捕捉长距离依赖和不同语义层次的能力。

下面是一个简单的实现多头自注意力机制的代码示例。

In

```
import torch
import torch.nn.functional as F
# 一个形状为 (batch_size, seq_len, feature_dim) 的张量 x
x = torch.randn(2, 3, 4)  # 形状 (batch_size, seq_len, feature_dim)
# 定义头数和每个头的维度
num_heads = 2
head_dim = 2
# feature_dim 必须是 num_heads * head_dim 的整数倍
assert x.size(-1) == num_heads * head_dim
# 定义线性层用于将 x 转换为 Q, K, V 向量
linear_q = torch.nn.Linear(4, 4)
linear_k = torch.nn.Linear(4, 4)
linear_v = torch.nn.Linear(4, 4)
# 通过线性层计算 Q, K, V
Q = linear_q(x)  # 形状 (batch_size, seq_len, feature_dim)
K = linear_k(x)  # 形状 (batch_size, seq_len, feature_dim)
V = linear_v(x)  # 形状 (batch_size, seq_len, feature_dim)
# 将 Q, K, V 分割成 num_heads 个头
def split_heads(tensor, num_heads):
    batch_size, seq_len, feature_dim = tensor.size()
    head_dim = feature_dim // num_heads
    output = tensor.view(batch_size, seq_len, num_heads, head_dim).transpose(1, 2)
    return  output # 形状 (batch_size, num_heads, seq_len, header_dim)
Q = split_heads(Q, num_heads)  # 形状 (batch_size, num_heads, seq_len, head_dim)
K = split_heads(K, num_heads)  # 形状 (batch_size, num_heads, seq_len, head_dim)
V = split_heads(V, num_heads)  # 形状 (batch_size, num_heads, seq_len, head_dim)
# 计算 Q 和 K 的点积，作为相似度分数，也就是自注意力原始权重
```

```
raw_weights = torch.matmul(Q, K.transpose(-2, -1)) # 形状 (batch_size, num_heads, seq_len, seq_len)
# 对自注意力原始权重进行缩放
scale_factor = K.size(-1) ** 0.5
scaled_weights = raw_weights / scale_factor # 形状 (batch_size, num_heads, seq_len, seq_len)
# 用 softmax 函数对缩放后的权重进行归一化，得到注意力权重
attn_weights = F.softmax(scaled_weights, dim=-1) # 形状 (batch_size, num_heads, seq_len, seq_len)
# 将注意力权重应用于 V 向量，计算加权和，得到加权信息
attn_outputs = torch.matmul(attn_weights, V) # 形状 (batch_size, num_heads, seq_len, head_dim)
# 将所有头的结果拼接起来
def combine_heads(tensor):
    batch_size, num_heads, seq_len, head_dim = tensor.size()
    feature_dim = num_heads * head_dim
    output = tensor.transpose(1, 2).contiguous().view(batch_size, seq_len, feature_dim)
    return output # 形状 : (batch_size, seq_len, feature_dim)
attn_outputs = combine_heads(attn_outputs, num_heads) # 形状 (batch_size, seq_len, feature_dim)
# 对拼接后的结果进行线性变换
linear_out = torch.nn.Linear(4, 4)
attn_outputs = linear_out(attn_outputs) # 形状 (batch_size, seq_len, feature_dim)
print(" 加权信息：", attn_outputs)
```

Out

```
加权信息：tensor([[[ 0.7124, -0.2827,  0.5822,  0.3743],
         [ 0.7162, -0.2885,  0.5784,  0.3721],
         [ 0.7118, -0.2803,  0.5846,  0.3757]],

        [[ 0.3251, -0.1604,  0.3867,  0.3548],
         [ 0.4452, -0.2258,  0.4250,  0.4310],
         [ 0.3397, -0.1866,  0.3717,  0.3605]]], grad_fn=<ViewBackward0>)
```

这段代码实现了多头自注意力的计算过程。我们首先定义了头数 num_heads 和每个头的维度 head_dim。然后，将 ***Q***、***K***、***V*** 分割成多个头，每个头处理一个子空间，并分别进行自注意力计算。最后，我们将所有头的结果拼接起来，并对拼接后的结果进行线性变换。这样，我们就得到了多头自注意力的最终输出。

代码中需要讲一下的语句是 output = tensor.transpose(1, 2).contiguous().view(batch_size, seq_len, feature_dim)。

- tensor.transpose(1, 2)：这里将 tensor 的第二个和第三个维度交换。tensor.size() 返回的结果中，原来的维度顺序是 batch_size，num_heads，seq_len，head_dim。调用 transpose 后，维度顺序变为 batch_size，seq_len，num_heads，head_dim。这个操作是为了将所有注意力头的结果对应同一位置的值放在一起，便于后续的拼接。
- contiguous()：这个函数用于确保 tensor 在内存中是连续的。在做一些操作

（如 view、transpose 等）之后，tensor 在内存中可能不再是连续的，如果这时进行一些不支持 non-contiguous tensor 的操作，就会出错。所以，这里调用 contiguous() 来确保 tensor 在内存中是连续的。

- view(batch_size, seq_len, feature_dim)：这里将 tensor 的形状改变为 (batch_size, seq_len, feature_dim)，其中 feature_dim 是 num_heads 和 head_dim 的乘积。这个操作将每个注意力头对应同一位置的输出拼接（或合并）在一起，使其可以作为下一层的输入。这就完成了所有注意力头的输出拼接（或合并）。

这个函数的返回值是拼接（或合并）所有注意力头输出后的结果，形状为 (batch_size, seq_len, feature_dim)。

小冰：可否这样简单总结一下多头自注意力机制，即将输入向量投影到多个向量空间，在每个向量空间中执行点积注意力计算，然后连接各头的结果。

咖哥：你总结得言简意赅，看来你真的听懂了。在实际应用中，多头自注意力通常作为更复杂模型（如 Transformer）的一个组成部分。这些复杂的模型通常包含其他组件，例如前馈神经网络（Feed-Forward Neural Network）和层归一化（Layer Normalization），以提高模型的表达能力和稳定性。

多头自注意力的优势是它可以在不同的表示子空间中捕捉输入数据的多种特征，从而提高模型在处理长距离依赖和复杂结构时的性能。这使得多头自注意力在自然语言处理、计算机视觉等领域的任务中实现效果较好。

咖哥：注意力机制解释到此处，差不多该讲的都讲了。最后一个需要解释的内容是注意力掩码（Attention Mask）。

小冰：哎，对。经常听到“掩码多头自注意力”这种说法。BERT 模型里面有“掩码”，意思是把一部分训练数据挡住，让模型做完形填空。也不知道注意力掩码指的是什么。

5.7 注意力掩码

注意力中的掩码机制，不同于 BERT 训练过程中的那种对训练文本的“掩码”。注意力掩码的作用是避免模型在计算注意力分数时，将不相关的单词考虑进来。掩码操作可以防止模型学习到不必要的信息。

要直观地解释掩码，我们先回忆一下填充（Padding）的概念。在 NLP 任务中，我们经常需要将不同长度的文本输入模型。为了能够批量处理这些文本，我们需要将它们填充至相同的长度。

以这段有关损失函数的代码为例。

```
criterion = nn.CrossEntropyLoss(ignore_index=word2idx_en['<pad>']) # 损失函数
```

这段代码中的 ignore_index=word2idx_en['<pad>']，就是为了告诉模型，<pad> 是附加的冗余信息，模型在反向传播更新参数的时候没有必要关注它，因此也没有什么单词会被翻译成 <pad>。

填充掩码（Padding Mask）的作用和上面损失函数中的 ignore_index 参数有点类似，都是避免在计算注意力分数时，将填充位置的单词考虑进来（见右图）。因为填充位置的单词对于实际任务来说是无意义的，而且可能会引入噪声，影响模型的性能。

雕	龙	一	拍	PAD	PAD	PAD
顶	呱	呱	PAD	PAD	PAD	PAD
呀	!	PAD	PAD	PAD	PAD	PAD
顶	呱	呱	PAD	PAD	PAD	PAD
中	文	模	型	全	靠	它

序列的Padding

5

加入了掩码机制之后的注意力如下图所示，我们会把将注意力权重矩阵与一个注意力掩码矩阵相加，使得不需要的信息所对应的权重变得非常小（接近负无穷）。然后，通过应用 softmax 函数，将不需要的信息对应的权重变得接近于 0，从而实现忽略它们的目的。

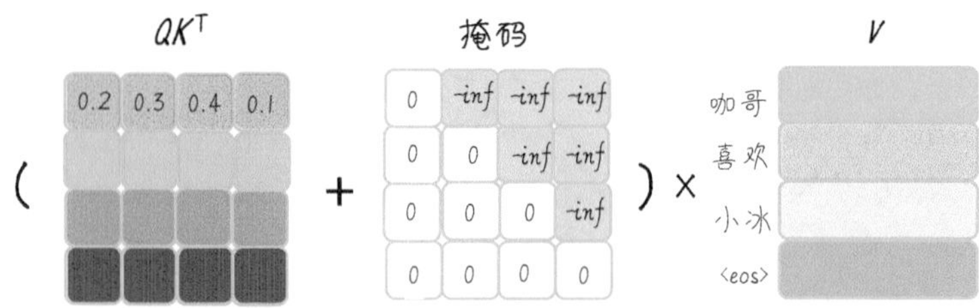

通过掩码，把不需要关注的信息权重设为近似“0”

咖哥：在我们课程的主角 Transformer 中，使用了自注意力机制、多头自注意力机制和掩码，不仅有前面介绍的填充掩码，还有一种解码器专用的后续注意力掩码（Subsequent Attention Mask），简称后续掩码，也叫前瞻掩码（Look-ahead Masking），这是为了在训练时为解码器遮蔽未来的信息。

小冰：哇，什么是未来的信息？

咖哥：就是当前位置后面的文本。这和生成式模型的特点有关。这些内容及各种注意力掩码的代码实现，我们将在下一课详细解释。

5.8 其他类型的注意力

除了上文讲解的缩放点积注意力、自注意力和多头自注意力，还有许多其他类型的注意力机制。以下是一些常见的注意力机制。

- 加性注意力（Additive Attention）：又称为 Bahdanau 注意力，这种机制在神经机器翻译任务中首次提出。加性注意力使用一个带有激活函数（如 tanh）的全连接层来计算查询和键之间的相似度得分。相较于缩放点积注意力，加性注意力的计算复杂度略高，但在某些场景下可能更适用。

- 全局注意力（Global Attention）：全局注意力机制在计算注意力权重时，会考虑所有输入序列的元素。这种机制常用于 Seq2Seq 模型，如 RNN 编码器－解码器模型。全局注意力机制可以捕捉输入序列的全局信息，但计算成本较高。

- 局部注意力（Local Attention）：相对于全局注意力，局部注意力仅在输入序列的一个窗口内计算注意力权重。这种机制专注于输入序列的局部结构，可以降低计算成本。局部注意力可以进一步细分为硬局部注意力（Hard Local Attention）和软局部注意力（Soft Local Attention），区别在于选择窗口的方式。

- 自适应注意力（Adaptive Attention）：一种动态调整注意力权重的机制，可根据输入序列自动决定更关注全局信息还是局部信息。因此，自适应注意力机制能够在不同的上下文中自适应地调整模型的行为，提高模型的泛化能力。

- 分层注意力（Hierarchical Attention）：一种在多个层次上计算注意力权重的机制。这种机制可以帮助模型捕捉不同层次的抽象特征。例如，在处理文本时，分层注意力可以先关注单词级别的信息，然后再关注句子级别的信息。

- 因果注意力（Causal Attention）：一种通过后续掩码来避免模型提前获取未来信息的注意力机制。在生成型任务（如文本生成、语音合成等）中，其目的是确保模型在生成当前位置的输出时，只能关注到当前位置及其之前的位置，而不能关注到之后的位置。这是因为在实际生成任务中，模型在生成某个位置的输出时，是不知道之后位置的信息的。这有助于提高模型的性能和鲁棒性。

这些注意力机制并不互斥，可以根据任务需求和具体场景进行选择和组合。在实践中，研究人员经常会尝试不同的注意力机制，以找到最适合问题的解决方案。

咖哥：好了，本课讲到这里就要结束了，注意力机制对你来说也已经不再神秘了。小冰同学，如果你已经完完全全弄懂了本课的全部内容，再加上前面 5 课的准备，我们就可以开启 GPT 实战的内核技术——Transformer 的讲解了。

小冰：好期待呀！

小结

注意力机制是一种常用于 Seq2Seq 模型中的技术，用来对输入序列中不同位置的信息进行加权处理，从而提高模型对输入序列中关键信息的关注度。

具体而言，注意力机制允许模型在解码时，根据当前时间步的解码器状态，计算出一个注意力的输出向量，它将输入序列中不同位置的信息加权相加，得到一个加权和向量，这个加权和向量会在解码器中与当前时间步的解码器状态进行融合，生成最终的输出。这种机制让模型更加灵活地、有选择地关注到输入序列中的重要部分，提高了模型的性能。

5

常见的注意力机制包括全局注意力、局部注意力和自注意力。全局注意力会对输入序列中所有位置的信息进行加权计算，而局部注意力和自注意力则会在一定范围内或自身序列中计算注意力向量，以更加高效地处理长序列。

注意力机制可以帮助模型更好地处理长输入序列和复杂的上下文相关性，因此在许多 NLP 任务（比如机器翻译、文本摘要等）中都发挥着重要作用。通过引入注意力机制，我们可以提高基于 Seq2Seq 架构的语言模型的性能和效果，更为重要的是，注意力机制还将为即将到来的 Transformer 时代开启了新的篇章。

思考

1. 向量点积注意力中两次使用 bmm 函数，为何一次解释为点积，另一次解释为加权和?

2. 解释 bmm 函数和 matmul 函数有何异同。

3. 完成编码器 – 解码器注意力的实现代码。

4. 解释什么是查询（Query）、键（Key）和值（Value）。

5. 使用 $\boldsymbol{Q}$、$\boldsymbol{K}$、$\boldsymbol{V}$ 向量来重构编码器 – 解码器注意力。

第 6 课

层峦叠翠上青天：搭建 GPT 核心组件 Transformer

咖哥：嘿，小冰，今天我们要讲的可是 AI 领域的超级巨星——Transformer！自从它走进了 NLP 的世界，就彻底改变了这个领域的生态！无论是前几年的 BERT 和初代 GPT，还是今天的 ChatGPT 和 GPT-4，全都离不开 Transformer 这个技术内核。

不仅如此，Transformer 的影响力还逐渐扩展到了其他人工智能领域，比如计算机视觉、推荐系统、强化学习等多个领域。那么现在，你准备好了吗？

小冰：当然了，咖哥！这么多天过去，“雕龙一拍”都出到 3.0 版了，我还没学到它使用的架构 Transformer，当然是迫不及待了！

咖哥：的确，Transformer，不知道是何人为这个架构起了一个如此威武霸气的名字。不过，事实是，从它问世的那一天起，它就彻底拯救了整个 NLP 领域。如果说当年的 BERT 让研究 NLP 的学者终于在研究计算机视觉（CV）的学者面前抬起了头，那么后来凌空出世的 ChatGPT 则让整个 NLP 领域再度为 AI 疯狂，把 AI 带到了前所未有的高度，AIGC 不再是梦想，AGI 也初现曙光。在 Transformer 加持下，NLP 学者变得更加强大。

咖哥变身Transformer

6.1 Transformer架构剖析

Transformer 的起源可以追溯到 2017 年，谷歌大脑（Google Brain）团队的 Vaswani 等人在论文“Attention is All You Need”①（《你只需要注意力》）中提出了这种结构。这篇论文旨在解决 Seq2Seq 模型在处理长距离依赖时遇到的困难。

① VASWANI A SHAZEER N, PARMAR N, et al. Attention is all you need [J]. Advances in Neural Information Processing Systems, 2017(30): 5998-6008.

在此之前，RNN 和 LSTM 是自然语言处理领域的主流技术。然而，这些网络结构存在计算效率低、难以捕捉长距离依赖、信息传递时的梯度消失和梯度爆炸等问题。这些问题在序列类型的神经网络系统中长期存在着，让学者们很头疼。因此，NLP 的应用也不能像 CV 应用一样直接落地。为了解决这些问题，瓦斯瓦尼等人提出了一个全新的架构——Transformer。

Transformer 的核心是自注意力机制，它能够为输入序列中的每个元素分配不同的权重，从而更好地捕捉序列内部的依赖关系。与此同时，Transformer 摒弃了 RNN 和 LSTM 中的循环结构，采用了全新的编码器 - 解码器架构。这种设计使得模型可以并行处理输入数据，进一步加速训练过程，提高计算效率。

自 Transformer 问世以来，它在自然语言处理领域取得了巨大成功，提升了各种任务的性能。随后，基于 Transformer 的 BERT、GPT 等预训练模型也相继出现，进一步拓展了其在各种 NLP 任务中的应用。如今，Transformer 已经成为 NLP 领域的代表性技术，并在计算机视觉、语音识别等其他人工智能领域也取得了显著的成果。

先给你看看这个 Transformer 的架构吧！

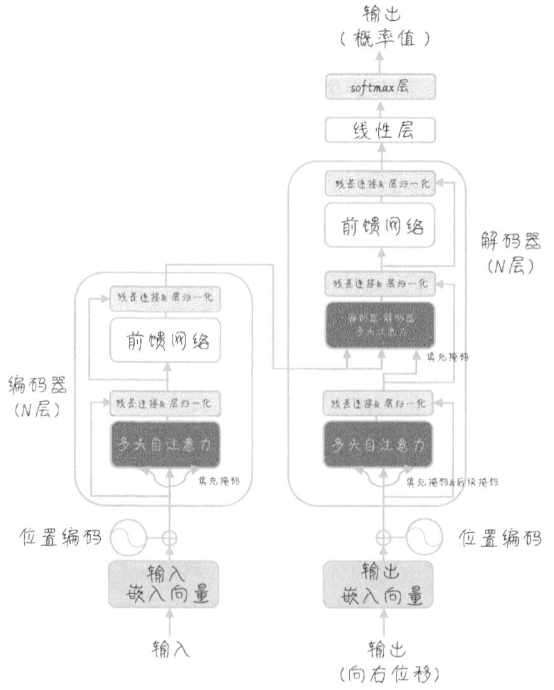

Transformer架构

小冰：哇，这可就真把我给看蒙了。

咖哥：别急，我一点一点地给你拆解 Transformer 架构，好在你有了之前的学习基础，应该能够轻松理解下面的内容。

6.1.1 编码器-解码器架构

原始的 Transformer 分为两部分：编码器和解码器。编码器负责将输入序列转换为一种表示，解码器则根据这种表示生成输出序列。

咖哥：这一点，你理解起来不会有任何问题吧。

小冰：当然了，不然我前几课的内容不是白学了。在 Transformer 之前，Seq2Seq 这种编码器 - 解码器架构的模型大都是使用 RNN 等循环神经网络来实现对序列的学习的，现在，Transformer 的框架仍然是 Seq2Seq，但是内部应该有很多实现细节发生了变化吧。

咖哥：正是如此！论文“Attention is All You Need”中抛出的第一个重量级创新观念就是，今后不再需要任何循环神经网络结构来处理 Seq2Seq 类型的问题了。这在那个 LSTM 应用非常广泛的时代，真是一颗重磅炸弹。

小冰：那 Transformer 中用什么取代了 RNN？

咖哥：Attention is All You Need！

小冰：哇！

6.1.2 各种注意力的应用

在 Transformer 的编码器和解码器内部，大量地使用了自注意力、多头自注意力和编码器 - 解码器注意力。

Transformer中的自注意力

自注意力是 Transformer 的核心组件，它允许模型为输入序列中的每个元素分配不同的权重，从而捕捉序列内部的依赖关系。在编码器和解码器的每一层中，都包含了一个自注意力子层（如下页图所示）。

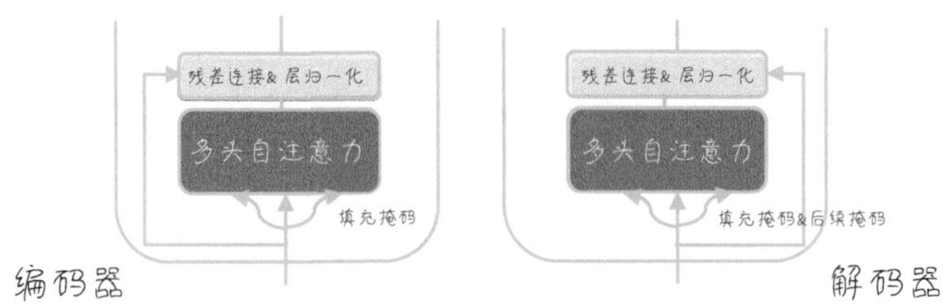

自注意力子层

小冰：我还记得自注意力的计算过程。

（1）将输入序列的每个元素分别投影到三个不同的向量空间，得到 Q、K 和 V 向量。

（2）计算 Q 和 K 的点积，然后除以一个缩放因子（通常是 K 向量的维度的平方根），得到注意力分数。

（3）用 softmax 函数对注意力分数进行归一化，得到注意力权重。

（4）将注意力权重与对应的 V 向量相乘，并求和，得到自注意力的输出。

咖哥：对了，将自注意力引入 Seq2Seq 架构，是 Transformer 最大的亮点。这个机制让 Transformer 中的编码器和解码器组件可以同时处理输入序列中的所有元素，让它们互相作用，而不仅仅是一个接一个地处理。这样 Transformer 能够在不同层次和不同位置捕捉输入序列中的依赖关系。

6

小冰：不过，我有一个问题，为什么在解码器的“多头自注意力”旁，标明“填充掩码 & 后续掩码”，而在编码器部分则只有“填充掩码”？

咖哥：好问题！解码器的自注意力层只允许关注已经生成的输出序列中的位置，这样可以避免“看到未来”的情况。——对于生成式模型来说，这种“单向”的信息解码规则非常重要。

提出 Transformer 的谷歌学者们认为，在自注意力机制的帮助下，我们完全可以摒弃传统的 RNN 或 LSTM 等方法，不再需要一个接一个地处理序列元素。这使 Transformer 能够更好地利用现代计算设备的并行计算能力，从而大幅提升了训练和推理速度，也使得模型具有强大的表达能力。这就是为什么 Transformer 在处理长距离依赖时比传统的 RNN 和 LSTM 等方法更加高效！

在 Transformer 中，自注意力是通过多头自注意力来实现的。

Transformer中的多头自注意力

多头自注意力是 Transformer 中一个非常重要的概念，是对自注意力机制的一种扩展，旨在让模型能够同时关注输入序列中的多个不同的表示子空间，从而捕捉更丰富的信息。

多头自注意力的灵感来自多任务学习。你可以把它想象成一个小团队，每个成员都在关注输入序列的不同方面。通过将注意力分为多个头，可以将自注意力机制复制多次（通常设定为 8 次或更多）。每个头使用不同的权重参数进行自注意力计算。由此，模型可以学会从不同的角度关注输入序列，从而捕捉更丰富的信息。多头自注意力的输出会被拼接起来，然后通过一个线性层进行整合，得到多头自注意力的最终输出（如下图所示）。

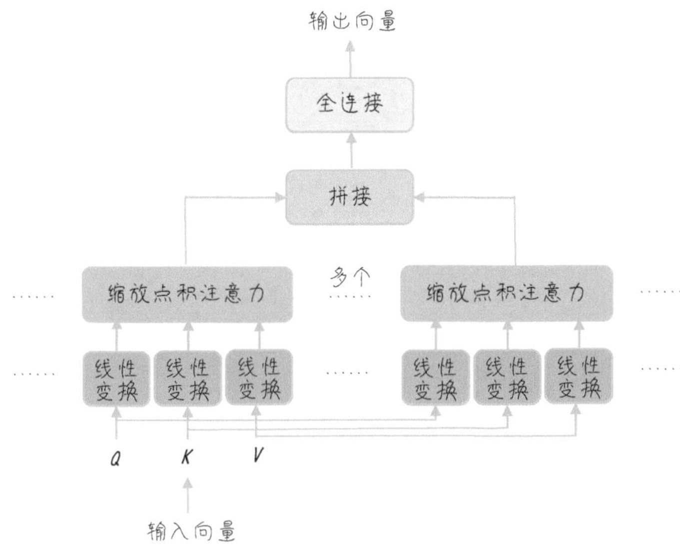

多头自注意力的输出会被拼接起来

多头自注意力的计算过程如下：

（1）对于每个头，将输入序列的每个元素分别投影到三个不同的向量空间，得到 $\boldsymbol{Q}$、$\boldsymbol{K}$ 和 $\boldsymbol{V}$ 向量。

（2）使用 $\boldsymbol{Q}$、$\boldsymbol{K}$ 和 $\boldsymbol{V}$ 向量计算自注意力输出。

（3）将所有头的输出沿着最后一个维度拼接起来。

（4）通过一个线性层，将拼接后的结果映射到最终的输出空间。

多头自注意力既可以用于编码器和解码器的自注意力子层，也可以用于解码器的编码器－解码器注意力子层。通过这种设计，Transformer 能够更好地捕捉输入序列中的局部和全局依赖关系，从而进一步提升模型的表达能力。

下面这张图片为 Transformer 中的多头自注意力进行了立体可视化，很好地体现了它的实现过程。

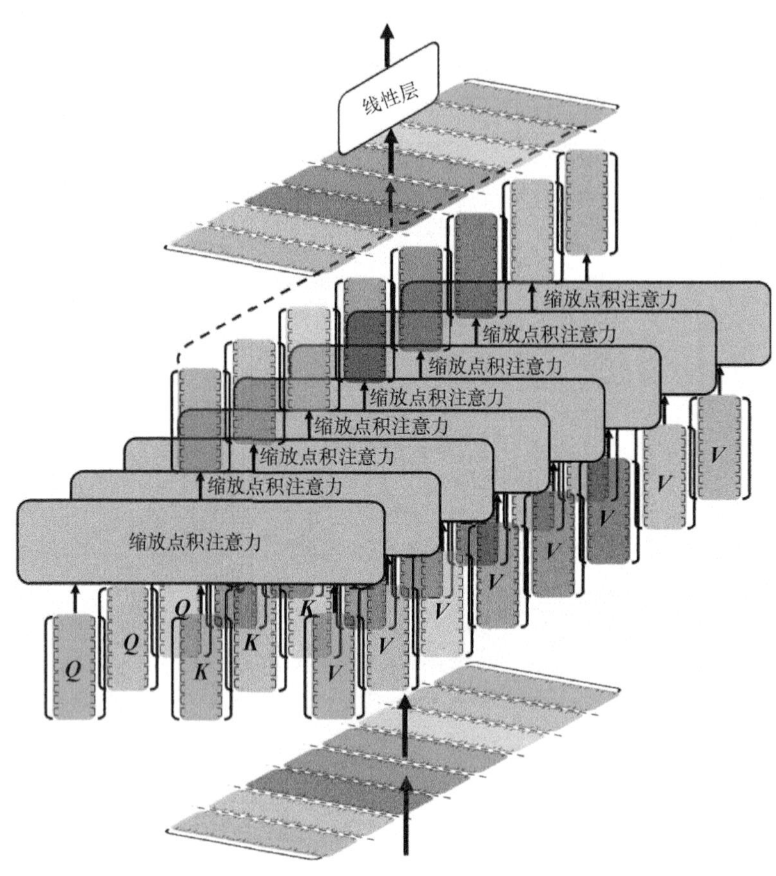

多头自注意力的立体展示

小冰：很棒！

Transformer中的编码器-解码器注意力

咖哥：小冰，现在请你回忆一下，上一课中我们应用在 Seq2Seq 的是哪种注意力？

小冰：编码器－解码器注意力。

咖哥：对了！Transformer 中还有一个额外的“编码器－解码器注意力”层（如下图所示）。这个编码器－解码器注意力主要用于解码器中，使得解码器能够关注到编码器输出的相关信息，从而更好地生成目标序列。它的计算过程与自注意力类似，但是这里的 $\boldsymbol{Q}$ 向量来自解码器的上一层输出，而 $\boldsymbol{K}$ 和 $\boldsymbol{V}$ 向量则来自编码器的输出。

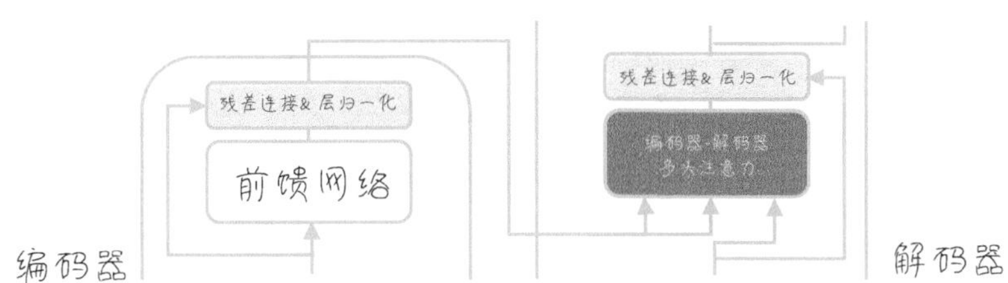

此处的注意力是编码器-解码器注意力

Transformer中的注意力掩码和因果注意力

在注意力机制中，我们希望告诉模型，哪些信息是当前位置最需要关注的；同时也希望告诉模型，某些特定信息是不需要被关注的，这就是注意力掩码的作用。

Transformer 中的注意力掩码主要用于以下两种情况。

- 填充注意力掩码（Padding Attention Mask）：当处理变长序列时，通常需要对较短的序列进行填充，使所有序列具有相同的长度，以便进行批量处理。填充的部分对实际任务没有实际意义，因此我们需要使用填充注意力掩码来避免模型将这些填充位置考虑进来。填充注意力掩码用于将填充部分的注意力权重设为极小值，在应用 softmax 时，这些位置的权重将接近于零，从而避免填充部分对模型输出产生影响。——在 Transformer 的编码器中，我们只需要使用填充注意力掩码。

- 后续注意力掩码（Subsequent Attention Mask），又称前瞻注意力掩码（Look-ahead Attention Mask）：在自回归任务中，例如文本生成，模型需要逐步生成输出序列。在这种情况下，为了避免模型在生成当前位置的输出时，提前获取未来位置的信息，需要使用前瞻注意力掩码。前瞻注意力掩码将当前位置之后的所有位置的注意力权重设为极小值，这样在计算当前位置的输出时，模型只能访问到当前位置之前的信息，从而确保输出的自回归性质。——在 Transformer 的解码器中，不仅需要使用填充注意力掩码，还需要使用后续注意力掩码。

在 Transformer 中，注意力掩码作用于自注意力机制，它会在计算注意力分数之后，对这些分数进行逐元素的掩码操作。通过使用填充注意力掩码和后续注意力掩码，可以有效地约束模型关注的区域，使其仅关注真实输入数据及当前位置之前的信息。这对于改善模型性能及处理变长序列和自回归任务非常重要。使用了后续注意力掩码的注意力也叫作因果注意力。在生成式任务中，因果注意力的主要目的是确保模型在生成当前位置的输出时，只能关注到当前位置及其之前的位置，而不能关注到之后的位置。这是因为在实际生成任务中，模型在生成某个位置的输出时是不知道之后位置的信息的。

以上，就是 Transformer 中注意力机制的细节，其实这部分内容也是对上节课内容的一次系统复习。

为什么注意力机制能够大幅提升语言模型性能呢？主要有以下几个原因。

（1）注意力机制让 Transformer 能够在不同层次和不同位置捕捉输入序列中的依赖关系。

（2）注意力机制使得模型具有强大的表达能力，能够有效处理各种序列到序列任务。

（3）由于注意力机制的计算可以高度并行化，Transformer 的训练速度也得到了显著提升。

Transformer 的这几个优势，终于克服了传统 NLP 模型（如 TextCNN[①]、RNN 和 LSTM）处理长文本序列问题时的局限，它的出现可谓 NLP 领域的雪耻时刻[②]。

讲完了注意力机制在 Transformer 中的应用，下面我们再对 Transformer 中编码器和解码器的内部结构一一进行拆解。

6.1.3 编码器的输入和位置编码

首先，我们会把需要处理的文本序列转换为一个输入词嵌入向量（Word Embedding），它负责将输入的词转换成词向量。然后，我们会为这些词向量添加位置编码（Positional Encoding），从而为模型提供位置信息，如右图所示。

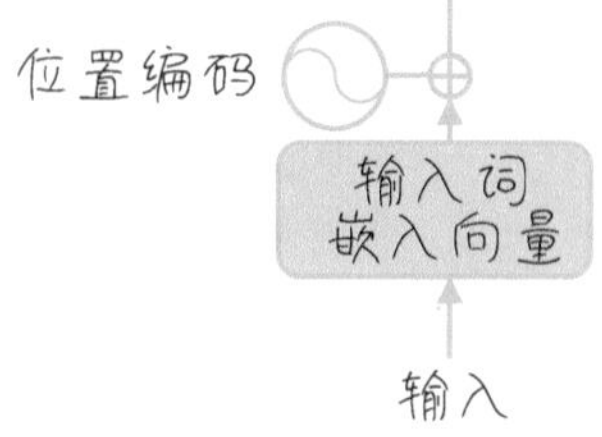

Transformer需要为词向量添加位置编码

① TextCNN（Text Convolutional Neural Network）是一种用于文本分类和文本表示学习的深度学习模型。它基于视觉领域常用的卷积神经网络的思想，但就文本领域进行了相应的修改和适应。

② 相对于CV领域的诸多高光时刻而言。

小冰：输入向量我理解，在第 2 课中，你曾经详细地讲过什么是词向量，以及为什么要通过学习把词从高维的 One-Hot 编码转换成低维向量。而这个位置编码，我还是第一次听说。

咖哥：对。位置编码是一个新知识点，也是 Transformer 架构中的重要元素。由于 Transformer 模型不使用循环神经网络，因此无法从序列中学习到位置信息。为了解决这个问题，需要为输入序列添加位置编码，将每个词的位置信息加入词向量中。

图中的类似于太极图的那个符号其实是“正弦”符号。正弦位置编码使用不同频率的正弦和余弦函数对每个位置进行编码。编码后，每个位置都会得到一个固定的位置编码，与词向量拼接或相加后，可以作为模型的输入。正弦位置编码具有平滑性和保留相对位置信息等优点，因此在原始的 Transformer 论文中被采用。当然，也有其他位置编码方法，如可学习的位置编码，它将位置信息作为模型参数进行学习。

小冰：嗯，大概懂了。希望后面能够看到代码实现，以加深理解。

6.1.4 编码器的内部结构

下面我们来详细了解一下编码器的结构。编码器由多个相同结构的层堆叠而成，每个层包含两个主要部分：多头自注意力和前馈神经网络。让我们一步一步地剖析这两个部分。

首先，刚才说了，当输入序列经过词嵌入处理后，会得到一组词向量。为了将位置信息融入这些词向量中，我们还需要为它们添加位置编码。这一步的目的是让模型能够区分输入序列中不同位置的词。

接下来，词向量和位置编码将结合起来进入编码器的第一层。在这一层中，会先进行多头自注意力计算。多头自注意力允许模型从不同的角度关注输入序列，捕捉更丰富的信息。每个头都有自己的注意力权重，这些权重将被用来对输入序列的不同部分进行加权求和。

多头自注意力的输出会与原始输入相加，也就是残差连接（Residual Connection），然后经过层归一化（Layer Normalization）处理，如右图所示。层归一化有助于稳定模型的训练过程，提高模型的收敛速度。“残差连接 & 层归一化”这个模块，在 Transformer 相关英文论文中被简称为“Add & Norm”层。

多头自注意力后面跟着残差连接和层归一化

咖哥发言

残差连接是一种在神经网络中广泛使用的技术，用于加快网络的训练和提高模型的性能。在神经网络中，每个层通常由一个非线性变换函数和一个线性变换函数组成。非线性变换函数通常由激活函数，例如 ReLU、Sigmoid、Tanh 等实现，而线性变换函数则通常由矩阵乘法实现。在传统的神经网络中，这些变换函数直接作用于输入数据，然后传递到下一层。而在使用残差连接的神经网络中，每个层都添加了一个跨层连接，可以将输入数据直接连接到输出数据，也可以将输入数据直接传递到后续层次，从而提高信息的传递效率和网络的训练速度。同时，残差连接还可以解决梯度消失和梯度爆炸的问题，从而提高网络的性能和稳定性。

层归一化是一种正则化技巧，用于缓解神经网络中的内部协变量偏移问题（Internal Covariate Shift），即层之间输入分布的变化。层归一化通过对每一层的输入进行归一化，有助于加快训练速度、提高模型的泛化能力，并允许使用更大的学习率（Learning Rate）。在 Transformer 模型中，层归一化通常应用于残差连接之后，用于对输出进行归一化。

之后，我们将进入前馈神经网络（Feed-Forward Neural Network, FFNN）部分。FFNN 是一个包含两个线性层和一个激活函数（如 ReLU）的简单网络。这个网络将对上一步得到的输出进行非线性变换。

最后，前馈神经网络的输出会与多头自注意力的结果再次相加，并进行层归一化，如右图所示。这样，我们就完成了编码器中一个层的处理过程。

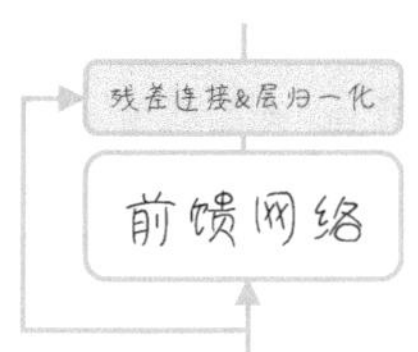

多头自注意力的输出进入前馈网络

这个过程会在编码器的所有层中重复进行[①]，最后一层的输出将被传递给解码器。解码器通过这种方式，可以对输入序列的信息进行深度提取和表示，为解码器生成目标序列提供了有力的支持。

6.1.5 编码器的输出和编码器-解码器的连接

小冰：刚才你讲的内容我完全明白了，咖哥。那么现在编码器生成了一个特征向量，提取了输入序列的信息，后面是怎么把这个信息传递给解码器的呢？

咖哥：编码器的输出向量会被传递给解码器的编码器－解码器注意力计算单元。

① Transformer中这种层层相叠的结构，正是本课标题“层峦叠翠上青天”的灵感来源。

这种设计使得解码器能够在生成目标序列时，充分利用输入序列的信息，从而提高生成结果的准确性。同时，通过自注意力和编码器－解码器注意力机制的结合，解码器可以捕捉目标序列内部和输入序列与目标序列之间的依赖关系，进一步增强模型的表达能力。

不过，别着急，小冰，目前还没到使用编码器输出的时候。下面我来讲解码器的输入（解码器首先要接收自身的输入信息），以及编码器的输出被传送到了解码器的什么位置。

6.1.6 解码器的输入和位置编码

现在让我们来谈谈解码器的输入部分。解码器的主要任务是基于编码器输出的上下文向量生成目标序列。不过，解码器并不仅接收编码器的输出序列，而是需要首先接收自己的输入序列，这个输入通常是目标序列的一个部分，英文中通常叫作“输出”（Output），如右图所示。

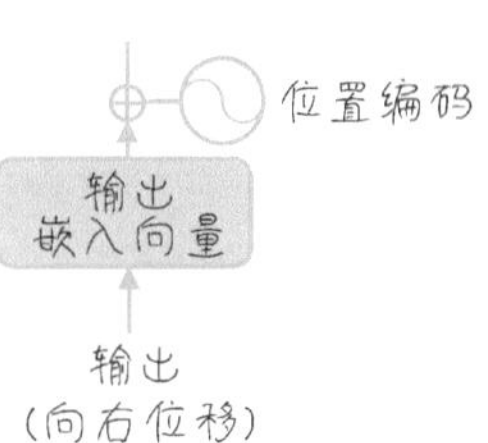

解码器的输入序列在这里被命名为“输出”序列

具体来说：

- 在训练阶段中，我们通常会使用目标序列的真值作为解码器的输入，这种方法称为“教师强制”训练。在第 4 课中，当我们进行 Seq2Seq 模型的搭建时，已经使用过教师强制，把目标序列输送给解码器以帮助训练了。为了便于理解，当时，我把这个传递给解码器的序列命名为“decoder_input”，而在有些 Seq2Seq 模型教学程序中，它会被直接命名为“Output”，而解码器的预测值当然也会被称为“Output”，也就是“Prediction”。这就有点令人费解了吧，解码器的输入序列和输出序列都叫“输出”（Output）！
- 在推理阶段中，解码器的输入则是模型自己已经生成的目标序列（所以这个序列叫“Output”也没错，它既是解码器现在的输入，也是解码器之前的输出）。—— 这个训练阶段和推理阶段的区别非常重要，不过，要等到代码实战的时候，你才会了解得更清晰。

咖哥：针对这个所谓的“输出”（其实是解码器的输入），我啰哩啰唆地讲了这么一大堆，也不知道你明白了我的意思没有？

小冰：嗯。我明白的，这里你主要是为了让我知道，为什么此处输入解码器的向量也被命名为“输出”。虽然有点绕，但是，我们毕竟已经在 Seq2Seq 模型中见过一次解码器的输入了。不过，我还有一个新的问题，输出序列后面所标注的“向右位移”该如何理解？

咖哥：在传统的以 RNN 为网络结构的 Seq2Seq 模型中，解码器通常会在生成输出序列时进行向右位移（Shifted-Right），原因是解码器在生成目标序列时，需要根据源序列和之前生成的目标序列来预测当前时刻的输出，也就是生成一个 token，就把当前时刻的输出作为已知 token 送入网络预测下一个 token。在具体实现中，通常是在第一个位置上填充一个特殊的起始符号（例如 <sos> 或 <start>），作为当前时刻的输入，如果有教师强制，则解码器输入后续的位置就会自然地向右位移一位；如果没有教师强制，那么每个时刻生成的输出也会向右位移一位，与真值相比，左边多了一个起始符。

例如，在机器翻译任务中，解码器在生成目标语言的序列时，需要根据源语言序列和之前生成的目标语言序列，预测当前时刻的输出。这时，解码器会将前一个时刻生成的目标语言序列向右位移一位，并在第一个位置上填充起始符号，作为当前时刻的输入。—— 其实，在第 4 课中我们构建中英翻译数据集的时候，使用过这个策略了，下面这个数据中，“<sos> KaGe likes XiaoBing”，就是 decoder_input，也就是所谓的“Output”，只是当时我并没有把它命名为“向右位移”；而“KaGe likes XiaoBing <eos>”，则是“Target”，也就是目标语言序列。

6

```
[' 咖哥 喜欢 小冰 ', '<sos> KaGe likes XiaoBing', 'KaGe likes XiaoBing <eos>']
```

在文本生成任务中，我们也可以使用类似的训练策略。假设我们要训练一个模型，该模型根据给定的文本片段生成下一个单词。在这个任务中，解码器需要根据已经生成的单词序列预测当前时刻的输出。假设我们有一个输入文本：

" 今天天气真好，我们去 "

我们可以这样准备训练数据。

源序列（输入）："<sos> 今天天气真好，我们去 "

目标序列（输出）：" 今天天气真好，我们去 <eos>"

在这个例子中，我们在源序列的开头添加了一个特殊的起始符号（<sos>），用于表示序列的开始。我们还在目标序列的结尾添加了一个特殊的结束符号（<eos>），表示序列的结束。

所谓向右位移一位，其实就是 " 今 " 在输入序列中是第一个 token，现在加了 <sos> 再输入解码器就变成了输入序列的第二个 token。

对于以注意力机制为内核的 Transformer 来说，序列中的每个位置都会并行处理，不再像 RNN 那样一个 token 一个 token 地逐步生成新词，为何仍然要进行右移一位的操作呢？因为这个策略仍然有助于训练解码器在给定的文本片段基础上生成下一个词，同时不受未来信息的干扰。也就是说，在因果注意力机制的后续掩码中，将遮挡住后面的位置，以确保在 " 今 " 这个位置只看到起始符 "<sos>" ；而在 " 天 " 这个位置，则只看到 "<sos>" 和 " 今 "，以此类推。这样，解码器可以学习根据上下文预测下一个词。

咖哥：希望上面的解释让你完全理解了解码器的输入序列的构建方式。

小冰：嗯。在 Transformer 中，虽然每个位置的词都是并行处理的，但是通过序列的“右移一位”操作及后续的掩码操作，确保了在预测某个位置的词时，模型只能使用该位置前面的词作为上下文信息，不能使用未来的信息。这就使得 Transformer 能够像 RNN 那样，从左到右逐词生成序列，但同时又避免了 RNN 的顺序计算的限制，提高了计算效率。

下面接着谈解码器的输入序列处理流程，这部分和编码器一样。首先，输入序列会经过词嵌入处理，得到一组词向量。与编码器类似，我们还需要对这些词向量进行位置编码，以便模型能够区分输入序列中不同位置的词。接下来，解码器的输入序列的词向量和位置编码的结合将进入解码器的第一层的第一个单元，计算解码器向量的多头自注意力。

小冰：嗯？在这个时候，编码器所输出的上下文向量并没有被考虑在内？

咖哥：是的。此时编码器的输出向量并没有被处理，编码器的输出信息是在解码器每层的第二个单元内才被计算的。下面我们先看看解码器的内部结构。

6.1.7 解码器的内部结构

和编码器一样，解码器也由多个相同结构的层堆叠而成，每个层包含多头自注意力机制、编码器 - 解码器注意力机制、前馈神经网络三个主要单元（如下页图所示）。

首先，解码器会进行多头自注意力计算。这个过程类似于编码器中的多头自注意力计算，但解码器的自注意力机制在处理时要遵循一个重要的原则：只能关注已经生成的输出序列中的位置，避免在生成新词时“看到未来”。

小冰：明白了，咖哥！直到现在，还没有看到编码器的序列的部分，那接下来是怎么将编码器的输出引入解码器的呢？

咖哥：很好，小冰！在解码器的多头自注意力之后，我们在第二个处理单元进行编码器－解码器注意力计算。这个过程中解码器需要同时关注来自编码器的源序列信息和解码器自身输入的自注意力信息，以生成目标序列。此时，编码器的输出将作为这个注意力机制的 Key 向量和 Value 向量，而解码器自身的自注意力输出将作为 Query 向量。

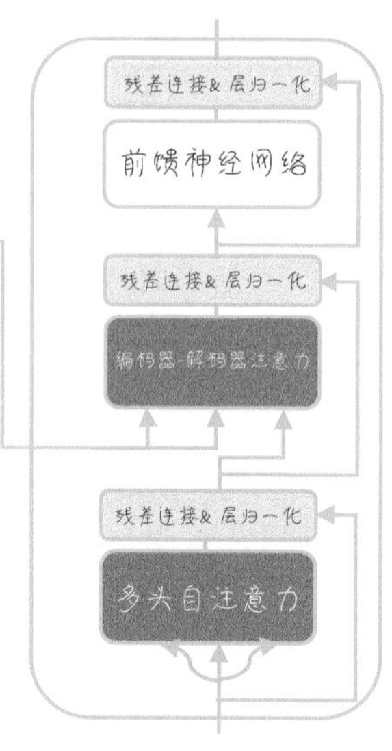

解码器的内部结构

接下来的步骤与编码器类似，我们将进行残差连接和层归一化、前馈神经网络计算，以及再次进行残差连接和层归一化。这个过程在解码器的所有层中重复进行，最后一层的输出将用于预测目标序列。

这就是解码器如何接收属于自己的输入（右移后的目标序列）并结合编码器输出（上下文向量）来生成目标序列预测值的过程。

6.1.8 解码器的输出和Transformer的输出头

解码器完成所有层的处理后，将得到一个表示目标序列的向量。这个解码器输出的隐藏特征向量就是 Transformer 在序列中学习到的全部特征表示。Transformer 拿到了这个特征向量，就可以在 Transformer 的输出头和下游的具体 NLP 任务对齐，最终完成我们希望解决的具体任务。

为了将这个特征向量转换为我们实际关心的输出，需要经过一个线性层和一个 softmax 层（如右图所示）。

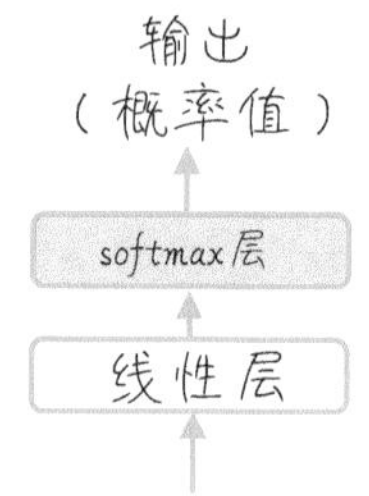

首先，线性层负责将解码器输出的向量映射到词汇表大小的空间。这意味着，对于每个位置，线性层的输出将包含一个与词汇表中每个词对应的分数。这个分数可以理解为当前位置生成该词的概率。

紧接着，我们将对这些分数应用 softmax 函数，从而将它们转换为概率分布，确保所有概率之和为 1，这样我们就可以更方便地比较这些分数，并选择最有可能是结果的词。

至此，Transformer 已经输出了目标序列的概率分布。具体的下游任务将根据这个概率分布来解决问题。例如，在机器翻译任务中，通常会选择概率最高的词作为预测的翻译结果；而在文本摘要或问答任务中，可能会根据这个概率分布来生成摘要或回答。

咖哥发言

Transformer 在不同的下游任务中可以通过调整输出头及相应的损失函数来适应任务需求。以下是说明如何针对不同任务调整 Transformer 的一些例子。

- 机器翻译：在机器翻译任务中，Transformer 的输出头是一个词汇表大小的概率分布。可以使用贪婪解码（Greedy Decode）、集束搜索（Beam Search）等解码方法来生成翻译结果。损失函数通常为交叉熵损失，用于衡量模型预测与实际目标序列之间的差距。

- 文本摘要：文本摘要任务与机器翻译类似，都需要生成一个目标序列，因此，输出头也是一个词汇表大小的概率分布。但在解码阶段，可以采用不同的策略来生成摘要，如集束搜索或者采样。损失函数通常也是交叉熵损失。

- 文本分类：文本分类任务需要根据输入序列预测类别标签。可以将 Transformer 的输出头替换为一个全连接层，将词汇表大小的输出概率分布转换为类别标签的概率分布。损失函数可以选择交叉熵损失或其他适用于分类问题的损失函数。

- 问答任务：问答任务通常需要预测答案在输入序列中的起始和结束位置。可以将 Transformer 的输出头替换为两个全连接层，分别预测答案的起始位置的概率分布和结束位置的概率分布。损失函数可以设置为两个交叉熵损失，分别衡量起始位置和结束位置预测结果的准确性。

- 命名实体识别：命名实体识别任务需要为输入序列中的每个词分配一个标签。可以将 Transformer 的输出头替换为一个全连接层，输出每个位置的标签概率分布。损失函数可以选择逐位置交叉熵损失。

这些示例展示了如何针对不同任务调整 Transformer 模型的输出头和损失函数。通过这些调整，可以将基本的 Transformer 应用于各种自然语言处理任务。

小冰：好的，咖哥，全部明白！Transformer 的输出头与具体下游任务密切相

6

关。根据任务的需求，我们可以灵活地调整输出头和损失函数，从而使 Transformer 能够更好地解决各种问题。

咖哥：下面我们开始一次实战，在搭建一个 Transformer 的同时解决一个 NLP 任务。

6.2 Transformer代码实现

让我们回到 Transformer 架构图，逐个组件地去实现它（如下图所示）。这个逐步拆解的过程是从中心到两边、从左到右进行的。也就是从中心组件到外围延展，从编码器到解码器延展，然后把它们组合成 Transformer 类。

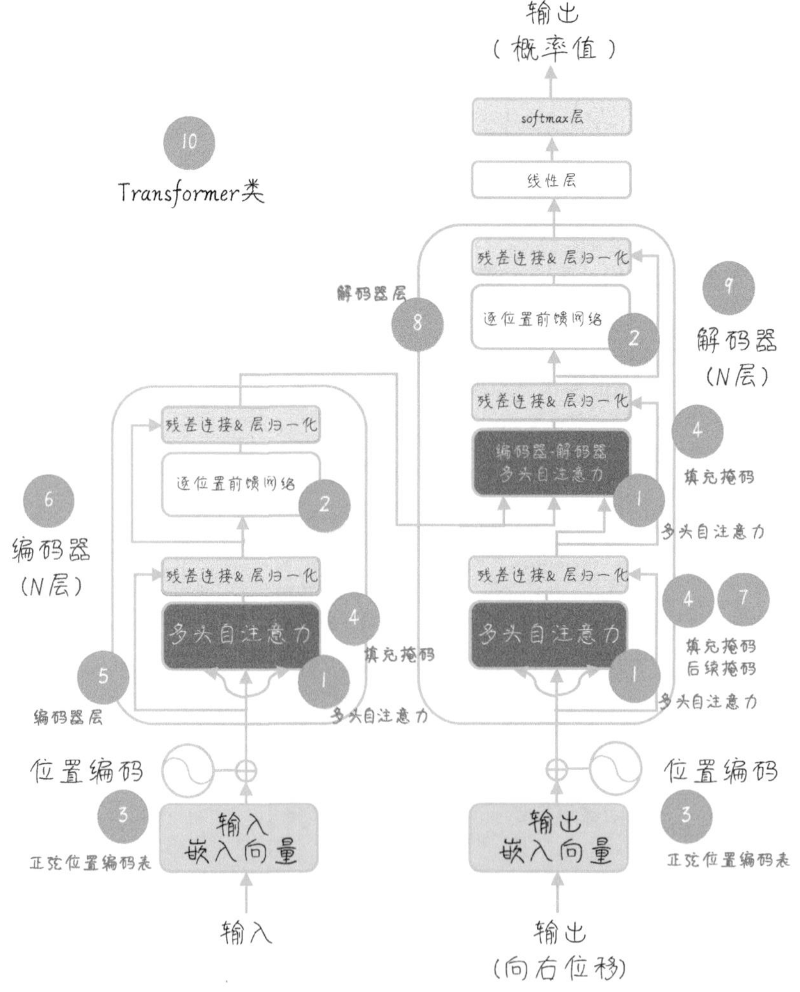

逐个组件实现Transformer架构

以下是代码的关键组件。

（1）多头自注意力：通过 ScaledDotProductAttention 类实现缩放点积注意力机制，然后通过 MultiHeadAttention 类实现多头自注意力机制。

（2）逐位置前馈网络：通过 PoswiseFeedForwardNet 类实现逐位置前馈网络。

（3）正弦位置编码表：通过 get_sin_code_table 函数生成正弦位置编码表。

（4）填充掩码：通过 get_attn_pad_mask 函数为填充令牌 <pad> 生成注意力掩码，避免注意力机制关注无用的信息。

（5）编码器层：通过 EncoderLayer 类定义编码器的单层。

（6）编码器：通过 Encoder 类定义 Transformer 完整的编码器部分。

（7）后续掩码：通过 get_attn_subsequent_mask 函数为后续令牌（当前位置后面的信息）生成注意力掩码，避免解码器中的注意力机制"偷窥"未来的目标数据。

（8）解码器层：通过 DecoderLayer 类定义解码器的单层。

（9）解码器：通过 Decoder 类定义 Transformer 完整的解码器部分。

（10）Transformer 类：此类将编码器和解码器整合为完整的 Transformer 模型。

现在，我们开始构建这些关键组件。

组件1　多头自注意力（包含残差连接和层归一化）

首先来实现 Transformer 的核心组件，多头自注意力（如下图所示）。

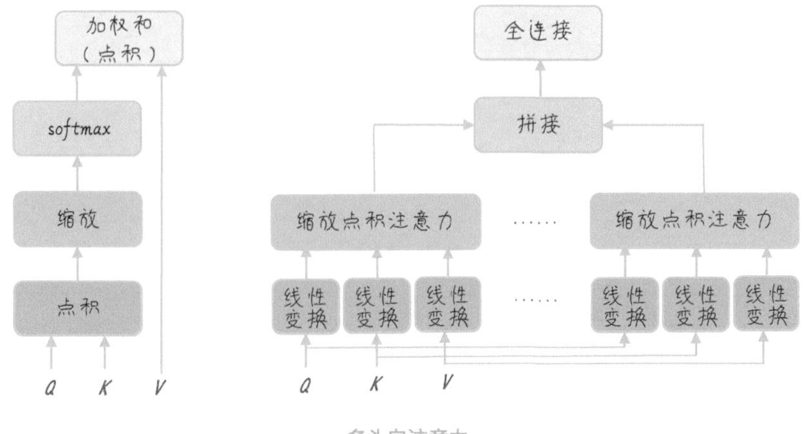

多头自注意力

这里我们有两个子组件：ScaledDotProductAttention（缩放点积注意力）类和MultiHeadAttention（多头自注意力）类。它们在 Transformer 架构中负责实现自注意力机制。其中，ScaledDotProductAttention 类是构成 MultiHeadAttention 类的组件元素，也就是说，在多头自注意力中的每一个头，都使用缩放点积注意力来实现。

In

```
import numpy as np # 导入 numpy 库
import torch # 导入 torch 库
import torch.nn as nn # 导入 torch.nn 库
d_k = 64 # K(=Q) 维度
d_v = 64 # V 维度
# 定义缩放点积注意力类
class ScaledDotProductAttention(nn.Module):
    def __init__(self):
        super(ScaledDotProductAttention, self).__init__()
    def forward(self, Q, K, V, attn_mask):
        #------------------------- 维度信息 --------------------------------
        # Q K V [batch_size, n_heads, len_q/k/v, dim_q=k/v] (dim_q=dim_k)
        # attn_mask [batch_size, n_heads, len_q, len_k]
        #-------------------------------------------------------------------
        # 计算注意力分数（原始权重）[batch_size，n_heads，len_q，len_k]
        scores = torch.matmul(Q, K.transpose(-1, -2)) / np.sqrt(d_k)
        #------------------------- 维度信息 --------------------------------
        # scores [batch_size, n_heads, len_q, len_k]
        #-------------------------------------------------------------------
        # 使用注意力掩码，将 attn_mask 中值为 1 的位置的权重替换为极小值
        #------------------------- 维度信息 --------------------------------
        # attn_mask [batch_size, n_heads, len_q, len_k], 形状和 scores 相同
        #-------------------------------------------------------------------
        scores.masked_fill_(attn_mask, -1e9)
        # 用 softmax 函数对注意力分数进行归一化
        weights = nn.Softmax(dim=-1)(scores)
        #------------------------- 维度信息 --------------------------------
        # weights [batch_size, n_heads, len_q, len_k], 形状和 scores 相同
        #-------------------------------------------------------------------
        # 计算上下文向量（也就是注意力的输出）, 是上下文信息的紧凑表示
        context = torch.matmul(weights, V)
        #------------------------- 维度信息 --------------------------------
        # context [batch_size, n_heads, len_q, dim_v]
        #-------------------------------------------------------------------
        return context, weights # 返回上下文向量和注意力分数
```

这段代码中先定义 $\boldsymbol{Q}$、$\boldsymbol{K}$ 和 $\boldsymbol{V}$ 的维度，为了实现点积，$\boldsymbol{K}$ 和 $\boldsymbol{Q}$ 的维度必须相等。

此处的 ScaledDotProductAttention 类负责计算缩放点积注意力，将输入张量作为输入，并为每个位置计算一个权重向量。我们首先使用三个不同的线性变换 $\boldsymbol{Q}$、$\boldsymbol{K}$ 和

V 将输入张量投影到不同的向量空间，并将这些投影向量分成多个头。然后，通过缩放点积注意力，计算每个位置与其他位置的相关性得分（也就是我们之前讲的从原始权重 raw_weights 缩放后的权重 scaled_weights）。之后，使用 softmax 函数对这些得分进行归一化以产生最终权重向量 weights。它计算 Q、K 和 V 之间的关系，并根据注意力掩码 attn_mask 调整注意力分数。最后，根据注意力权重计算出上下文向量，这也就是我们上节课中多次提到的 attn_output。

这个过程如下图所示。

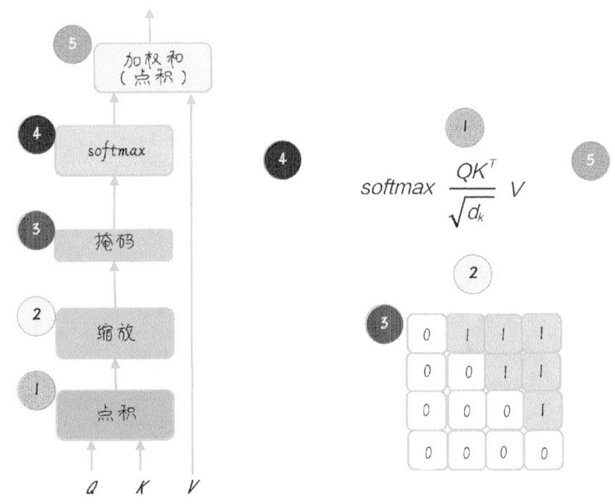

加入掩码机制的缩放点积注意力

这段代码咱们已经非常熟悉了。唯一要解释的新东西就是对注意力掩码的处理。在 ScaledDotProductAttention 类的 forward 方法中，会接收掩码张量 attn_mask 这个参数，这个张量是在编码器 / 解码器的输入部分创建的，用于表示哪些位置的注意力分数应该被忽略。它与 scores 张量具有相同的维度，使得两者可以逐元素地进行操作。

代码中的 scores.masked_fill_(attn_mask, -1e9) 是一个就地（in-place）操作，它将 scores 张量中对应 attn_mask 值为 1 的位置替换为一个极小值（-1e9）。这么做的目的是在接下来应用 softmax 函数时，使这些位置的权重接近于零。这样，在计算上下文向量时，被掩码的位置对应的值对结果的贡献就会非常小，几乎可以忽略。

在实际应用中，注意力掩码可以用于遮蔽填充部分，或者在解码过程中避免看到未来的信息。这些掩码可以帮助模型聚焦于真实的输入数据，并确保在自回归任务中，解码器不会提前访问未来的信息。

下面定义多头自注意力另一个子组件，多头自注意力类（这里同时包含残差连接和层归一化操作）。

In

```
# 定义多头自注意力类
d_embedding = 512  # Embedding 的维度
n_heads = 8  # Multi-Head Attention 中头的个数
batch_size = 3 # 每一批的数据大小
class MultiHeadAttention(nn.Module):
    def __init__(self):
        super(MultiHeadAttention, self).__init__()
        self.W_Q = nn.Linear(d_embedding, d_k * n_heads) # Q 的线性变换层
        self.W_K = nn.Linear(d_embedding, d_k * n_heads) # K 的线性变换层
        self.W_V = nn.Linear(d_embedding, d_v * n_heads) # V 的线性变换层
        self.linear = nn.Linear(n_heads * d_v, d_embedding)
        self.layer_norm = nn.LayerNorm(d_embedding)
    def forward(self, Q, K, V, attn_mask):
        #------------------------- 维度信息 --------------------------------
        # Q K V [batch_size, len_q/k/v, embedding_dim]
        #-----------------------------------------------------------------------------
        residual, batch_size = Q, Q.size(0) # 保留残差连接
        # 将输入进行线性变换和重塑，以便后续处理
        q_s = self.W_Q(Q).view(batch_size, -1, n_heads, d_k).transpose(1,2)
        k_s = self.W_K(K).view(batch_size, -1, n_heads, d_k).transpose(1,2)
        v_s = self.W_V(V).view(batch_size, -1, n_heads, d_v).transpose(1,2)
        #------------------------- 维度信息 --------------------------------
        # q_s k_s v_s: [batch_size, n_heads, len_q/k/v, d_q=k/v]
        #-----------------------------------------------------------------------------
        # 将注意力掩码复制到多头 attn_mask: [batch_size, n_heads, len_q, len_k]
        attn_mask = attn_mask.unsqueeze(1).repeat(1, n_heads, 1, 1)
        #------------------------- 维度信息 --------------------------------
        # attn_mask [batch_size, n_heads, len_q, len_k]
        #-----------------------------------------------------------------------------
        # 使用缩放点积注意力计算上下文和注意力权重
        context, weights = ScaledDotProductAttention()(q_s, k_s, v_s, attn_mask)
        #------------------------- 维度信息 --------------------------------
        # context [batch_size, n_heads, len_q, dim_v]
        # weights [batch_size, n_heads, len_q, len_k]
        #-----------------------------------------------------------------------------
        # 通过调整维度将多个头的上下文向量连接在一起
        context = context.transpose(1, 2).contiguous().view(batch_size, -1, n_heads * d_v)
        #------------------------- 维度信息 --------------------------------
        # context [batch_size, len_q, n_heads * dim_v]
        #-----------------------------------------------------------------------------
        # 用一个线性层把连接后的多头自注意力结果转换，原始地嵌入维度
        output = self.linear(context)
        #------------------------- 维度信息 --------------------------------
        # output [batch_size, len_q, embedding_dim]
        #-----------------------------------------------------------------------------
        # 与输入 (Q) 进行残差连接，并进行层归一化后输出
        output = self.layer_norm(output + residual)
```

6

```
#------------------------ 维度信息 --------------------------------
# output [batch_size, len_q, embedding_dim]
#-----------------------------------------------------------------
return output, weights # 返回层归一化的输出和注意力权重
```

这段代码首先用全局变量设置了嵌入向量的维度大小 d_embedding 和注意力头 n_heads 的数量。同时定义批次大小 batch_size。

MultiHeadAttention 类实现了多头自注意力机制。首先，它将输入序列 ***Q***、***K*** 和 ***V*** 分别映射到多个头上，并对每个头应用缩放点积注意力。然后，它将这些头的结果拼接起来，并通过一个线性层得到最终的输出。层归一化（LayerNorm）被用来稳定训练过程。

在 Transformer 架构中的 Encoder 和 Decoder 部分的自注意力子层，将会实例化 MultiHeadAttention 类。

小冰：还有些细节我需要问一问，你代码注释中提到“将输入进行线性变换和重塑”，是不是就是为了形成多个头？

咖哥：是的，我来详细解释一下。

- 线性变换：在多头自注意力中，输入的 Query、Key 和 Value 分别通过三个不同的线性层 nn.Linear 进行线性变换。这些线性层的作用是将输入的每个词向量（d_model 维）映射到多个不同的表示子空间，以便模型从不同的角度捕获输入之间的关系。线性层的输出维度分别为 d_k * n_heads、d_k * n_heads 和 d_v * n_heads，其中 n_heads 表示注意力头的数量，d_k 表示每个头中的 Key 和 Query(d_q = d_k) 向量的维度，d_v 表示每个头中的 Value 向量的维度。
- 重塑和置换：线性变换后，我们需要将输出张量重新整形，以便将不同的注意力头分开。这里的 view 和 transpose 操作用于实现这一目标。首先，通过 view 函数，我们将每个输入的 (d_k/d_v * n_heads) 维度变为 [n_heads , d_k]（对于 Query 和 Key）或 [n_heads, d_v]（对于 Value）。然后，使用 transpose 函数将 seq_len 维和 n_heads 维互换，最终得到形状为 [batch_size, n_heads, seq_len, d_k]（对于 Query 和 Key）或 [batch_size, n_heads, seq_len, d_v]（对于 Value）的张量。这样，我们就可以将每个头的 Query、Key 和 Value 分开处理，实现多头自注意力。

经过这些处理，我们可以在不同表示子空间中并行计算注意力。这有助于模型更好地捕捉输入之间的不同方面的信息和关系，从而提高模型的性能，这个过程如下页图所示。

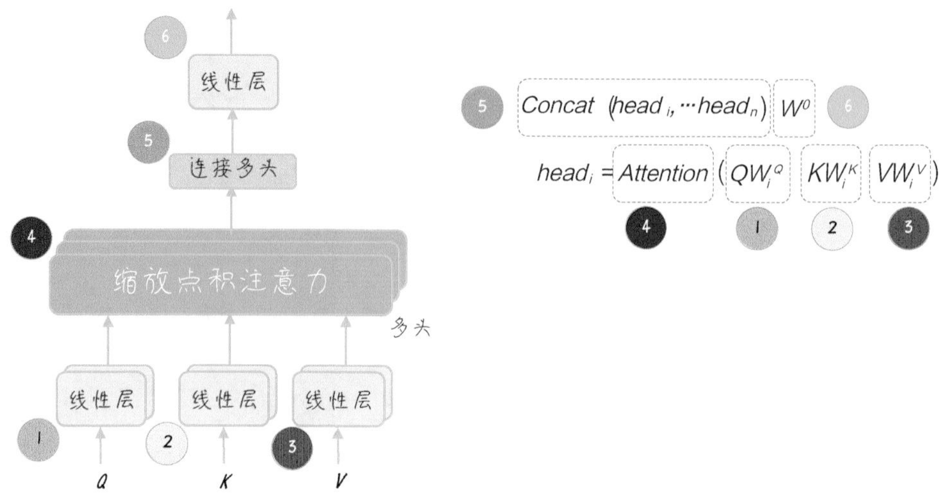

多头自注意力的连接

下面就图中的公式所对应的代码步骤做一个说明。

（1）QW_i^Q KW_i^K VW_i^V 对应代码中的：

```
q_s = self.W_Q(Q).view(batch_size, -1, n_heads, d_k).transpose(1,2)
k_s = self.W_K(K).view(batch_size, -1, n_heads, d_k).transpose(1,2)
v_s = self.W_V(V).view(batch_size, -1, n_heads, d_v).transpose(1,2)
```

6

其中，Q、K、V 分别乘以权重矩阵 W_Q、W_K、W_V，并通过 view 和 transpose 方法改变形状以便后续处理。

（2）$Attention()$ 对应代码中的：

```
context, weights = ScaledDotProductAttention()(q_s, k_s, v_s, attn_mask)
```

缩放点积注意力是注意力机制的核心部分。

（3）$\text{Concat}(\text{head}_i, \ldots \text{head}_n)$ 对应代码中的：

```
context = context.transpose(1, 2).contiguous().view(batch_size, -1, n_heads * d_v)
```

其中，context 的维度变换实现了不同头输出的连接。

（4）W^o 对应代码中的：

```
output = self.linear(context)
```

其中，self.linear 是一个线性层，其参数是权重矩阵，也就是公式中的 W^0。

同时，在多头自注意力中，我们也需要将注意力掩码应用到每个注意力头上。为此，我们需要将原始的注意力掩码沿着注意力头的维度进行重复，以确保每个头都有一个相同的掩码来遮蔽注意力分数。

在代码中我们首先用 unsqueeze(1) 函数在批量维度（batch dimension）和头维度（head dimension）之间插入一个新维度。这样，attn_mask 张量的形状大小变为 batch_size × 1 × len_q × len_k。接下来，使用 repeat 函数沿着新插入的头维度重复掩码。我们在头维度上重复 n_heads 次，这样，每个注意力头都有一个相同的掩码。重复后，attn_mask 张量的形状大小变为 batch_size × n_heads × len_q × len_k。

现在，我们已经为每个注意力头准备好了注意力掩码，可以将它应用到每个头的注意力分数上。这样，无论是填充掩码还是后续掩码，我们都可以确保每个头都遵循相同的规则来计算注意力。

小冰：谢谢咖哥，这 Transformer 中的多头自注意力的构造我基本上全懂了，下一个组件是什么？

组件2　逐位置前馈网络（包含残差连接和层归一化）

下一个关键组件是逐位置前馈网络（Position-wise Feed-Forward Network）。在 Transformer 编码器和解码器的每一层注意力层之后，都衔接有一个 PoswiseFeedForwardNet 类，起到进一步提取特征和表示的作用。

小冰：前馈神经网络（Feed-Forward Network）我们都了解，是一个包含全连接层的神经网络。这种网络在计算过程中是按照从输入到输出的方向进行前馈传播的。但是这个“Position-wise”如何理解？

咖哥：在这里，“Poswise”或“Position-wise”是指这个前馈神经网络独立地作用在输入序列的每个位置（即 token）上，也就是对自注意力机制处理后的结果上的各个位置进行独立处理，而不是把自注意力结果展平之后，以一个大的一维张量的形式整体输入前馈网络。这意味着对于序列中的每个位置，我们都在该位置应用相同的神经网络，做相同的处理，并且不会受到其他位置的影响。因此，逐位置操作保持了输入序列的原始顺序——你看，无论是多头自注意力组件，还是前馈神经网络组件，都严格地保证“队形”，不打乱、不整合、不循环，而这种对序列位置信息的完整保持和并行处理，正是 Transformer 的核心思路。

下面是逐位置前馈网络的实现代码。

In

```
# 定义逐位置前馈网络类
class PoswiseFeedForwardNet(nn.Module):
  def __init__(self, d_ff=2048):
    super(PoswiseFeedForwardNet, self).__init__()
    # 定义一维卷积层 1，用于将输入映射到更高维度
    self.conv1 = nn.Conv1d(in_channels=d_embedding, out_channels=d_ff, kernel_size=1)
    # 定义一维卷积层 2，用于将输入映射回原始维度
    self.conv2 = nn.Conv1d(in_channels=d_ff, out_channels=d_embedding, kernel_size=1)
    # 定义层归一化
    self.layer_norm = nn.LayerNorm(d_embedding)
  def forward(self, inputs):
    #------------------------- 维度信息 --------------------------------
    # inputs [batch_size, len_q, embedding_dim]
    #----------------------------------------------------------------
    residual = inputs  # 保留残差连接
    # 在卷积层 1 后使用 ReLU 函数
    output = nn.ReLU()(self.conv1(inputs.transpose(1, 2)))
    #------------------------- 维度信息 --------------------------------
    # output [batch_size, d_ff, len_q]
    #----------------------------------------------------------------
    # 使用卷积层 2 进行降维
    output = self.conv2(output).transpose(1, 2)
    #------------------------- 维度信息 --------------------------------
    # output [batch_size, len_q, embedding_dim]
    #----------------------------------------------------------------
    # 与输入进行残差连接，并进行层归一化
    output = self.layer_norm(output + residual)
    #------------------------- 维度信息 --------------------------------
    # output [batch_size, len_q, embedding_dim]
    #----------------------------------------------------------------
    return output # 返回加入残差连接后层归一化的结果
```

PoswiseFeedForwardNet 类实现了逐位置前馈网络，用于处理 Transformer 中自注意力机制的输出。其中包含两个一维卷积层，它们一个负责将输入映射到更高维度，一个再把它映射回原始维度。在两个卷积层之间，使用了 ReLU 函数。

小冰：这里的 nn.Conv1d，也就是 PyTorch 的一维卷积层？为什么这个层可以实现逐位置前馈机制呢？

咖哥：在这里，用一维卷积层代替了论文中的全连接层（线性层）来实现前馈神经网络。其原因是全连接层不共享权重，而一维卷积层在各个位置上共享权重，所以能够减少网络参数的数量。一维卷积层的工作原理是将卷积核（也称为过滤器或特征

映射）沿输入序列的一个维度滑动（如下图所示），并在每个位置进行点积操作。在这种情况下，我们使用大小为 1 的卷积核。这样，卷积操作实际上只会在输入序列的一个位置进行计算，因此它能够独立地处理输入序列中的每个位置。

如右图所示，在 PoswiseFeedForwardNet 类中，首先通过使用 conv1 的多个卷积核将输入序列映射到更高的维度（程序中是 2048 维，这是一个可调节的超参数），并应用 ReLU 函数。接着，conv2 将映射后的序列降维到原始维度。这个过程在输入序列的每个位置上都是独立完成的，因为一维卷积层会在每个位置进行逐点操作。所以，逐位置前馈神经网络能够在每个位置上分别应用相同的运算，从而捕捉输入序列中各个位置的信息。

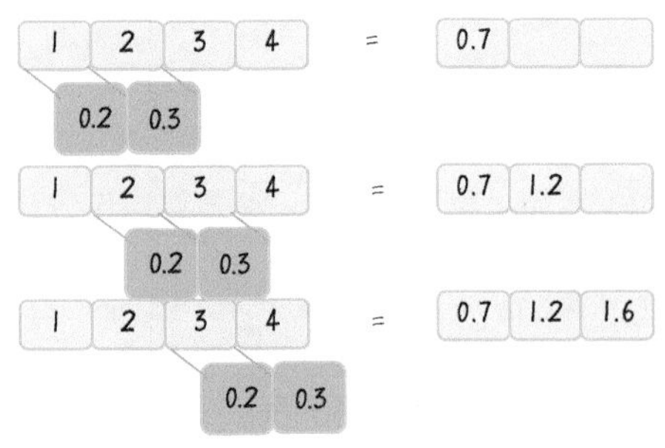

卷积核沿输入序列的一个维度滑动

小冰：在 Transformer 模型中，逐位置前馈神经网络的作用是什么呢？

咖哥：有下面几个作用。

（1）增强模型的表达能力。FFN 为模型提供了更强大的表达能力，使其能够捕捉输入序列中更复杂的模式。通过逐位置前馈神经网络和自注意力机制的组合，Transformer 可以学习到不同位置之间的长距离依赖关系。

（2）信息融合。FFN 可以将自注意力机制输出的信息进行融合。每个位置上的信息在经过 FFN 后，都会得到一个新表示。这个新表示可以看作原始信息在经过一定程度的非线性变换之后的结果。

（3）层间传递。在 Transformer 中，逐位置前馈神经网络将在每个编码器和解码器层中使用。这样可以确保每一层的输出都经过了 FFN 的处理，从而在多层次上捕捉到序列中的特征。

多头自注意力层和逐位置前馈神经网络层是编码器层结构中的两个主要组件，不过，在开始构建编码器层之前，还要再定义两个辅助性的组件。第一个是位置编码表，第二个是生成填充注意力掩码的函数。

组件3　正弦位置编码表

我们已经讲过，Transformer 模型的并行结构导致它不是按位置顺序来处理序列的，但是在处理序列尤其是注意力计算的过程中，仍需要位置信息来帮助捕捉序列中的

顺序关系。为了解决这个问题，需要向输入序列中添加位置编码。

Tansformer 的原始论文中使用的是正弦位置编码。它的计算公式如下：

$$PE(\mathrm{pos}, 2i) = \sin\left(\frac{\mathrm{pos}}{10000^{2i/d}}\right)$$

$$PE(\mathrm{pos}, 2i+1) = \cos\left(\frac{\mathrm{pos}}{10000^{2i/d}}\right)$$

这种位置编码方式具有周期性和连续性的特点，可以让模型学会捕捉位置之间的相对关系和全局关系。这个公式可以用于计算位置嵌入向量中每个维度的角度值。

- pos：单词 / 标记在句子中的位置，从 0 到 seq_len−1。
- d：单词 / 标记嵌入向量的维度 embedding_dim。
- i：嵌入向量中的每个维度，从 0 到 $\frac{d}{2}-1$。

公式中 d 是固定的，但 pos 和 i 是变化的。如果 d=1024，则 $i \in [0, 512]$，因为 $2i$ 和 $2i+1$ 分别代表嵌入向量的偶数和奇数位置。

下面定义正弦位置编码表的函数 get_sin_enc_table，用于在 Transformer 中引入位置信息。

6

In

```
# 生成正弦位置编码表的函数，用于在 Transformer 中引入位置信息
def get_sin_enc_table(n_position, embedding_dim):
    #------------------------- 维度信息 --------------------------------
    # n_position: 输入序列的最大长度
    # embedding_dim: 词嵌入向量的维度
    #-----------------------------------------------------------------
    # 根据位置和维度信息，初始化正弦位置编码表
    sinusoid_table = np.zeros((n_position, embedding_dim))
    # 遍历所有位置和维度，计算角度值
    for pos_i in range(n_position):
        for hid_j in range(embedding_dim):
            angle = pos_i / np.power(10000, 2 * (hid_j // 2) / embedding_dim)
            sinusoid_table[pos_i, hid_j] = angle
    # 计算正弦和余弦值
    sinusoid_table[:, 0::2] = np.sin(sinusoid_table[:, 0::2]) # dim 2i 偶数维
    sinusoid_table[:, 1::2] = np.cos(sinusoid_table[:, 1::2]) # dim 2i+1 奇数维
    #------------------------- 维度信息 --------------------------------
    # sinusoid_table 的维度是 [n_position, embedding_dim]
    #-----------------------------------------------------------------
    return torch.FloatTensor(sinusoid_table) # 返回正弦位置编码表
```

定义一个函数，用于生成正弦位置编码表。该函数接收两个参数：n_position（表示输入序列的最大长度）和 embedding_dim（表示嵌入向量的维度）。通过这个函数，我们可以为给定的序列长度和词嵌入维度生成一个正弦位置编码表，用于在 Transformer 中引入位置信息。

在代码中，我们实现这个公式的细节如下。

（1）pos_i：表示输入序列中的位置索引。它是一个整数，范围从 0 到序列的最大长度 -1。

（2）hid_j：表示嵌入向量的维度索引。它是一个整数，范围从 0 到嵌入维度大小 -1。

（3）np.power(10000, 2 * (hid_j // 2) / embedding_dim)：这部分计算一个缩放因子，用于控制不同维度角度值的变化范围。其中，10000 是一个基数，2 * (hid_j // 2) 用于保持整数，使偶数和奇数维度保持一致地缩放。这个缩放因子会在不同的维度之间产生指数级的变化。

（4）angle = pos_i / np.power(10000, 2 * (hid_j // 2) / embedding_dim)：整个公式将位置索引 pos_i 除以缩放因子，得到不同维度的角度值。这样，每个维度的角度值会随着位置索引的增加而变化，且不同维度之间的变化速率会有所不同。

这个公式的目的是在不同位置和维度之间产生独特的角度值，以便在生成位置嵌入向量时捕获序列中不同位置的信息。将这些角度值输入正弦和余弦函数，可以得到位置嵌入向量，并将这些向量引入 Transformer 模型。

小冰：咖哥，这里我有些疑问。每一个维度的各个位置一样不行吗？为什么非得费这么大力气用什么“正弦”，1、2、3、4 不行吗？

咖哥：事实上，使用 1、2、3、4 等自然数序列作为位置编码确实可以为序列中的不同位置提供区分性。然而，这种方法可能在某些方面不如正弦和余弦函数生成的位置嵌入向量有效。

当我们使用自然数序列作为位置编码时，这些编码是线性的。这意味着相邻位置之间的差异在整个序列中保持恒定。然而，在许多任务中，不同位置之间的关系可能更复杂，可能需要一种能够捕捉到这种复杂关系的编码方法。

正弦和余弦函数生成的位置嵌入向量具有周期性和正交性，因此可以产生在各个尺度上都有区分性的位置嵌入。这使得模型可以更容易地学习到序列中不同位置之间的关系，特别是在捕捉长距离依赖关系时可能表现得更好。

所以，虽然使用自然数序列（1、2、3、4 等）作为位置编码可以做一定的区分，但正弦和余弦函数生成的位置嵌入向量在捕捉序列中更复杂的位置关系方面更具优势。

在 Transformer 模型中，使用正弦和余弦函数生成的位置嵌入向量已被证明是一种有效的方法，这是一种固定的位置编码方法，可以在不同的 NLP 任务中实现良好的性能。然而，也有其他位置编码方法，如经过学习动态生成的位置嵌入（Learned Position Embeddings），其中位置嵌入向量在训练过程中进行优化。选择何种位置编码方法取决于具体的任务和数据集。

在后续编码器（及解码器）组件中，我们将调用这个函数生成位置嵌入向量，为编码器和解码器输入序列中的每个位置添加一个位置编码，如下图所示。

将位置编码和输入向量整合

下面继续介绍用于生成填充注意力掩码的函数。

组件4　填充掩码

在 NLP 任务中，输入序列的长度通常是不固定的。为了能够同时处理多个序列，我们需要将这些序列填充到相同的长度，将不等长的序列补充到等长，这样才能将它们整合成同一个批次进行训练。通常使用一个特殊的标记（如 <pad>，编码后 <pad> 这个 token 的值通常是 0）来表示填充部分。

然而，这些填充符号并没有实际的含义，所以我们希望模型在计算注意力时忽略它们。因此，在编码器的输入部分，我们使用了填充位的注意力掩码机制（如下页图所示）。这个掩码机制的作用是在注意力计算的时候把无用的信息屏蔽，防止模型在计算注意力权重时关注到填充位。

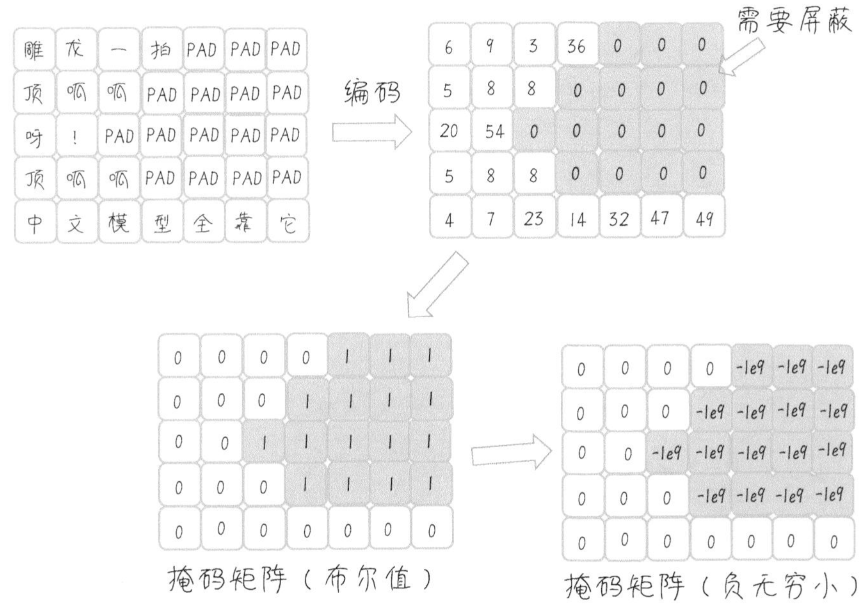

对填充部分进行掩码

如何屏蔽？我们为填充的文本序列创建一个与其形状相同的二维矩阵，称为填充掩码矩阵。填充掩码矩阵的目的是在注意力计算中屏蔽填充位置的影响。屏蔽流程如下。

（1）根据输入文本序列创建一个与其形状相同的二维矩阵。对于原始文本中的每个单词，矩阵中对应位置填充 0；对于填充的 <pad> 符号，矩阵中对应位置填充 1。

（2）需要将填充掩码矩阵应用到注意力分数矩阵上。注意力分数矩阵是通过查询、键和值矩阵计算出的。为了将填充部分的权重降至接近负无穷，我们可以先将填充掩码矩阵中的 1 替换为一个非常大的负数（例如 -1e9），再将处理后的填充掩码矩阵与注意力分数矩阵进行元素相加。这样，有意义的 token 加了 0，值保持不变，而填充部分加了无穷小值，在注意力分数矩阵中的权重就会变得非常小。

（3）对注意力分数矩阵应用 softmax 函数进行归一化。由于填充部分的权重接近负无穷，softmax 函数会使其归一化后的权重接近于 0。这样，模型在计算注意力时就能够忽略填充部分的信息，专注于序列中实际包含的有效内容。

下面定义填充注意力掩码函数。

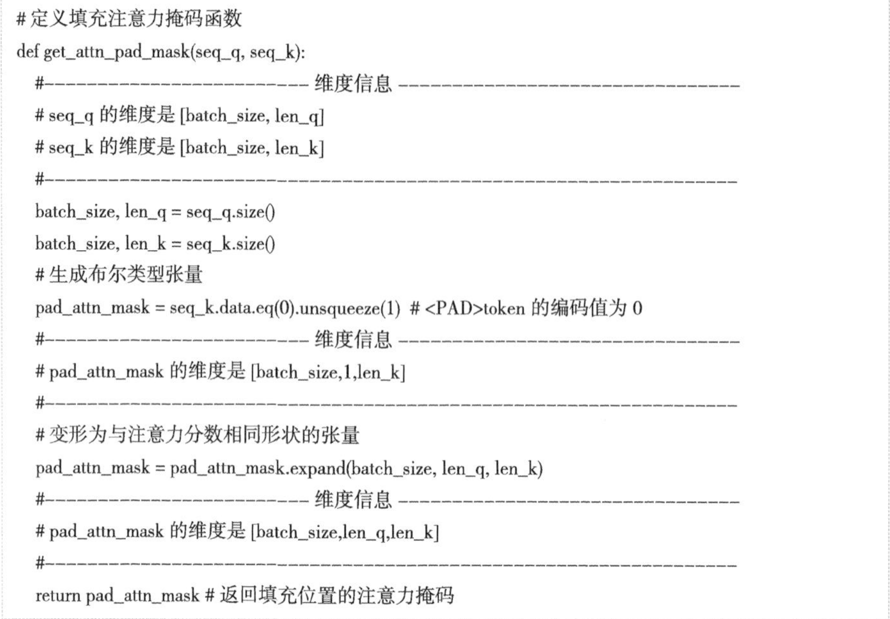

```
# 定义填充注意力掩码函数
def get_attn_pad_mask(seq_q, seq_k):
    #------------------------- 维度信息 --------------------------------
    # seq_q 的维度是 [batch_size, len_q]
    # seq_k 的维度是 [batch_size, len_k]
    #-----------------------------------------------------------------
    batch_size, len_q = seq_q.size()
    batch_size, len_k = seq_k.size()
    # 生成布尔类型张量
    pad_attn_mask = seq_k.data.eq(0).unsqueeze(1)  # <PAD>token 的编码值为 0
    #------------------------- 维度信息 --------------------------------
    # pad_attn_mask 的维度是 [batch_size,1,len_k]
    #-----------------------------------------------------------------
    # 变形为与注意力分数相同形状的张量
    pad_attn_mask = pad_attn_mask.expand(batch_size, len_q, len_k)
    #------------------------- 维度信息 --------------------------------
    # pad_attn_mask 的维度是 [batch_size,len_q,len_k]
    #-----------------------------------------------------------------
    return pad_attn_mask # 返回填充位置的注意力掩码
```

函数 get_attn_pad_mask(seq_q, seq_k) 中 seq_q 表示 Query 序列，seq_k 表示 Key 序列。seq_q 和 seq_k 的维度信息中，batch_size 表示批量大小，len_q 和 len_k 分别表示 Query 和 Key 序列的长度。

之后，使用 seq_k.data.eq(0) 创建一个布尔矩阵，其中值为 True 的位置对应着 seq_k 中的填充（<pad>）标记。假设我们使用 0 作为填充标记的词汇表索引值，那么这个操作将检测 seq_k 中的 0 值。然后，使用 unsqueeze(1) 为布尔矩阵增加一个维度，将其变为 batch_size × 1 × len_k 的形状。再通过 expand(batch_size, len_q, len_k) 将布尔矩阵扩展为 batch_size × len_q × len_k 的形状。这个扩展操作仅复制已有的数据，不会引入新的信息。

在多头自注意力计算中计算注意力权重时，会将这个函数生成的填充注意力掩码与原始权重相加，使得填充部分的权重变得非常小（接近负无穷），从而在使用 softmax 函数归一化后接近于 0，实现忽略填充部分的效果。

组件5　编码器层

有了多头自注意力和逐位置前馈网络这两个主要组件，以及正弦位置编码表和填充掩码这两个辅助函数后，现在我们终于可以搭建编码器层这个核心组件了。

```
# 定义编码器层类
class EncoderLayer(nn.Module):
    def __init__(self):
        super(EncoderLayer, self).__init__()
        self.enc_self_attn = MultiHeadAttention() # 多头自注意力层
        self.pos_ffn = PoswiseFeedForwardNet() # 逐位置前馈网络层

    def forward(self, enc_inputs, enc_self_attn_mask):
        #------------------------- 维度信息 --------------------------------
        # enc_inputs 的维度是 [batch_size, seq_len, embedding_dim]
        # enc_self_attn_mask 的维度是 [batch_size, seq_len, seq_len]
        #-----------------------------------------------------------------
        # 将相同的 Q，K，V 输入多头自注意力层 , 返回的 attn_weights 增加了头数
        enc_outputs, attn_weights = self.enc_self_attn(enc_inputs, enc_inputs,
                                                enc_inputs, enc_self_attn_mask)
        #------------------------- 维度信息 --------------------------------
        # enc_outputs 的维度是 [batch_size, seq_len, embedding_dim]
        # attn_weights 的维度是 [batch_size, n_heads, seq_len, seq_len]
        #-----------------------------------------------------------------
        # 将多头自注意力 outputs 输入逐位置前馈网络层
        enc_outputs = self.pos_ffn(enc_outputs) # 维度与 enc_inputs 相同
        #------------------------- 维度信息 --------------------------------
        # enc_outputs 的维度是 [batch_size, seq_len, embedding_dim]
        #-----------------------------------------------------------------
        return enc_outputs, attn_weights # 返回编码器输出和每层编码器的注意力权重
```

编码器层 EncoderLayer 类的 __init__ 方法中，定义内容如下。

（1）定义了多头自注意力层 MultiHeadAttention 实例 enc_self_attn，用于实现序列内部的自注意力计算。

（2）定义了逐位置前馈网络层 PoswiseFeedForwardNet 实例 pos_ffn，用于对自注意力层处理后的序列进行进一步特征提取。

EncoderLayer 类的 forward 方法接收两个参数：enc_inputs 表示输入的序列，enc_self_attn_mask 表示自注意力计算时使用的掩码（如填充掩码）。

forward 方法内部流程如下。

（1）将 enc_inputs 作为 ***Q***、***K***、***V*** 输入到多头自注意力层 enc_self_attn 中，并将 enc_self_attn_mask 作为掩码。得到输出 enc_outputs，注意力权重矩阵 attn_weights。

（2）将 enc_outputs 输入逐位置前馈网络层 pos_ffn，并更新 enc_outputs。

（3）最后返回 enc_outputs 和 attn_weights。enc_outputs 表示编码器层的输出，attn_weights 表示自注意力权重矩阵，可以用于分析和可视化。

在多头自注意力层 MultiHeadAttention 的输出中，enc_outputs 的维度是 [batch_size, seq_len, embedding_dim]。原因是在多头自注意力层 MultiHeadAttention 内部，首先将输入的 enc_inputs 映射为 $\boldsymbol{Q}$、$\boldsymbol{K}$、$\boldsymbol{V}$，这些映射后的张量的维度为 [batch_size, n_heads, seq_len, d_k]。然后，通过对这些张量进行自注意力计算，得到的注意力输出的维度也为 [batch_size, n_heads, seq_len, d_k]。最后，我们需要将这些头合并回原来的维度，这通过将最后两个维度进行拼接实现，也就是 n_heads * d_k 等于 embedding_dim，所以最终的 enc_outputs 的维度就是 [batch_size, seq_len, embedding_dim]。

而对于 attn_weights，在多头自注意力层 MultiHeadAttention 内部，首先将输入的 enc_inputs 映射为 $\boldsymbol{Q}$、$\boldsymbol{K}$、$\boldsymbol{V}$，这些映射后的张量的维度为 [batch_size, n_heads, seq_len, d_k]。然后，通过计算 $\boldsymbol{Q}$ 和 $\boldsymbol{K}$ 的点积得到注意力分数，通过 softmax 进行归一化，得到的注意力权重的维度是 [batch_size, n_heads, seq_len, seq_len]。这个维度的含义是，对于每个批次中的每个头，每个输入序列中的每个元素，都有一个长度为 seq_len 的权重向量，对应该元素与输入序列中的其他元素之间的关系强度。注意，在 MultiHeadAttention 计算结束后，我们并不会像处理 enc_outputs 一样合并头的结果，所以 attn_weights 的维度会保持为 [batch_size, n_heads, seq_len, seq_len]。

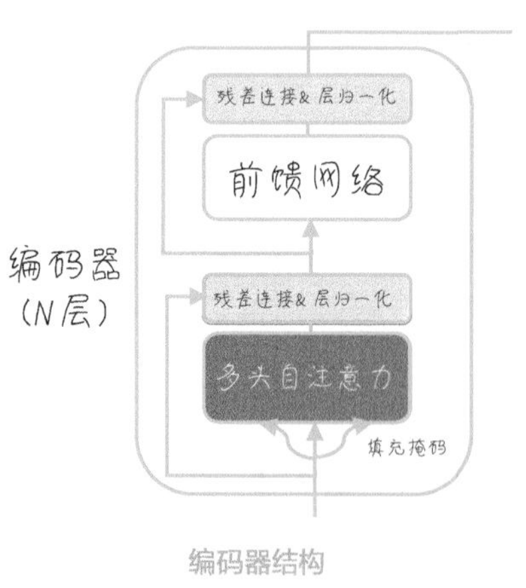

编码器结构

如左图所示，这个编码器层类实现了 Transformer 编码器中的一层计算，包括多头自注意力和逐位置前馈网络两个子层。在实际的 Transformer 编码器中，通常会堆叠多个这样的层来构建一个深度模型，以捕捉更丰富的序列特征。

组件6　编码器

编码器是多个编码器层的堆叠，这就是我们这一课名称的奥秘所在：层峦叠翠上青天——层层相叠，功力倍增。

下面是编码器的代码实现。

In

```
# 定义编码器类
n_layers = 6  # 设置 Encoder 的层数
class Encoder(nn.Module):
  def __init__(self, corpus):
    super(Encoder, self).__init__()
    self.src_emb = nn.Embedding(len(corpus.src_vocab), d_embedding) # 词嵌入层
    self.pos_emb = nn.Embedding.from_pretrained( \
      get_sin_enc_table(corpus.src_len+1, d_embedding), freeze=True) # 位置嵌入层
    self.layers = nn.ModuleList(EncoderLayer() for _ in range(n_layers))# 编码器层数

  def forward(self, enc_inputs):
    #------------------------- 维度信息 --------------------------------
    # enc_inputs 的维度是 [batch_size, source_len]
    #-----------------------------------------------------------------
    # 创建一个从 1 到 source_len 的位置索引序列
    pos_indices = torch.arange(1, enc_inputs.size(1) + 1).unsqueeze(0).to(enc_inputs)
    #------------------------- 维度信息 --------------------------------
    # pos_indices 的维度是 [1, source_len]
    #-----------------------------------------------------------------
    # 对输入进行词嵌入和位置嵌入相加 [batch_size, source_len, embedding_dim]
    enc_outputs = self.src_emb(enc_inputs) + self.pos_emb(pos_indices)
    #------------------------- 维度信息 --------------------------------
    # enc_outputs 的维度是 [batch_size, seq_len, embedding_dim]
    #-----------------------------------------------------------------
    # 生成自注意力掩码
    enc_self_attn_mask = get_attn_pad_mask(enc_inputs, enc_inputs)
    #------------------------- 维度信息 --------------------------------
    # enc_self_attn_mask 的维度是 [batch_size, len_q, len_k]
    #-----------------------------------------------------------------
    enc_self_attn_weights = [] # 初始化 enc_self_attn_weights
    # 通过编码器层 [batch_size, seq_len, embedding_dim]
    for layer in self.layers:
      enc_outputs, enc_self_attn_weight = layer(enc_outputs, enc_self_attn_mask)
      enc_self_attn_weights.append(enc_self_attn_weight)
    #------------------------- 维度信息 --------------------------------
    # enc_outputs 的维度是 [batch_size, seq_len, embedding_dim] 维度与 enc_inputs 相同
    # enc_self_attn_weights 是一个列表，每个元素的维度是 [batch_size, n_heads, seq_len, seq_len]
    #-----------------------------------------------------------------
    return enc_outputs, enc_self_attn_weights # 返回编码器输出和编码器注意力权重
```

编码器 Encoder 类的 __init__ 方法中初始化的内容如下。

（1）词嵌入层 nn.Embedding 实例 src_emb。该层将输入序列中的单词转换为词嵌入向量。len(corpus.src_vocab) 表示词汇表的大小，d_embedding 表示词嵌

入向量的维度。输入的编码应该通过 nn.Embedding 进行词向量的表示学习，用以捕捉上下文关系。这个我们已经比较了解了，因此这个组件无须过多说明。

（2）位置嵌入层实例 pos_emb。使用 nn.Embedding.from_pretrained() 方法从预先计算的正弦位置编码表（由 get_sinusoid_encoding_table() 函数生成）创建位置嵌入层，并通过 freeze=True 参数保持其权重不变。

（3）编码器层数 self.layers。使用 nn.ModuleList() 创建一个模块列表，包含 n_layers 个 EncoderLayer 实例。这些层将顺序堆叠在编码器中。

Encoder 类的 forward 方法中接收一个参数 enc_inputs，表示输入的序列，其形状为 [batch_size, source_len]。

forward 方法内部流程如下。

（1）将 enc_inputs 输入词嵌入层 src_emb 和位置嵌入层 pos_emb 中，然后将得到的词嵌入向量和位置嵌入向量相加，得到 enc_outputs。

（2）调用 get_attn_pad_mask() 函数，为输入序列生成自注意力掩码（如填充掩码），命名为 enc_self_attn_mask。在多头自注意力计算中，这个掩码可以让模型忽略填充部分。

（3）定义一个空列表 enc_self_attn_weights，用于收集每个编码器层的自注意力权重矩阵。

（4）遍历编码器层数 self.layers 中的每个 EncoderLayer 实例。将 enc_outputs 和 enc_self_attn_mask 输入编码器层，更新 enc_outputs 并将得到的自注意力权重矩阵 enc_self_attn_weight 添加到列表 enc_self_attn_weights 中。

（5）最后返回 enc_outputs 和 enc_self_attn_weights。enc_outputs 表示编码器的输出，enc_self_attn_weights 表示每个编码器层的自注意力权重矩阵，可以用于分析和可视化。

这个编码器类实现了 Transformer 模型中的编码器部分，包括词嵌入、位置嵌入和多个编码器层。通过这个编码器，可以处理输入序列，并从中提取深层次的特征表示。这些特征表示可以直接应用于后续的任务，如序列到序列的生成任务（如机器翻译）或者分类任务（如情感分析）等。

BERT 模型就只包含 Transformer 模型中的编码器部分，因此它很适合为各种 NLP 下游任务提供有用的特征表示。

在 Transformer 中，编码器的输出通常会作为上下文向量被传递给 Transformer 模型的另一个关键组件——解码器。解码器与编码器类似，也由多个堆叠的解码器层组成，每个解码器层也包含多头自注意力、编码器－解码器注意力及逐位置前馈神经网络等子层。通过编码器和解码器的联合作用，Transformer 模型可以实现高效且强大的自然语言处理能力。

编码器的定义至此结束，下面我们进入解码器组件。不过，在开始构建解码器层之前，也有一个小组件需要说明，它就是生成后续注意力掩码的函数。

组件7　后续掩码

你肯定还记得为什么需要将后续注意力掩码引入解码器，而编码器中不需要。这和解码器训练过程中通常会使用到的教师强制有关。教师强制在训练过程中将真实的输出作为下一个时间步的输入。为了确保模型在预测当前位置时不会关注到未来的信息，我们就需要在解码器中应用后续注意力掩码。因为，在序列生成任务（如机器翻译或文本摘要等）中，模型需要逐个生成目标序列的元素，而不能提前获取未来的信息。

你看，在自然语言处理中，尤其是 Seq2Seq 任务中，我们需要为解码器提供正确的输入，对于已经生成的部分，我们要让解码器看到序列是否正确，然后用正确的信息（Ground Truth）来预测下一个词。但是与此同时，为了确保模型不会提前获取未来的信息，我们又需要在注意力计算中遮住当前位置后面的信息（Subsequent Positions）。这真是既矛盾，又没有办法的事情。

所以，对序列中的第一个位置，我们需要遮住后面所有的词；而对后面的词，需要遮住的词会逐渐减少（如下页图所示）。比如把“咖哥 喜欢 小冰”这句话输入解码器，当对“咖哥”计算注意力时，解码器不可以看到“喜欢”“小冰”这两个词。当对“喜欢”计算注意力时，解码器可以看到“咖哥”，不能看到“小冰”，因为它正是需要根据“咖哥”和“喜欢”这个上下文，来猜测咖哥喜欢谁。当对最后一个词 " 小冰 " 计算注意力的时候，前两个词就不是秘密了。

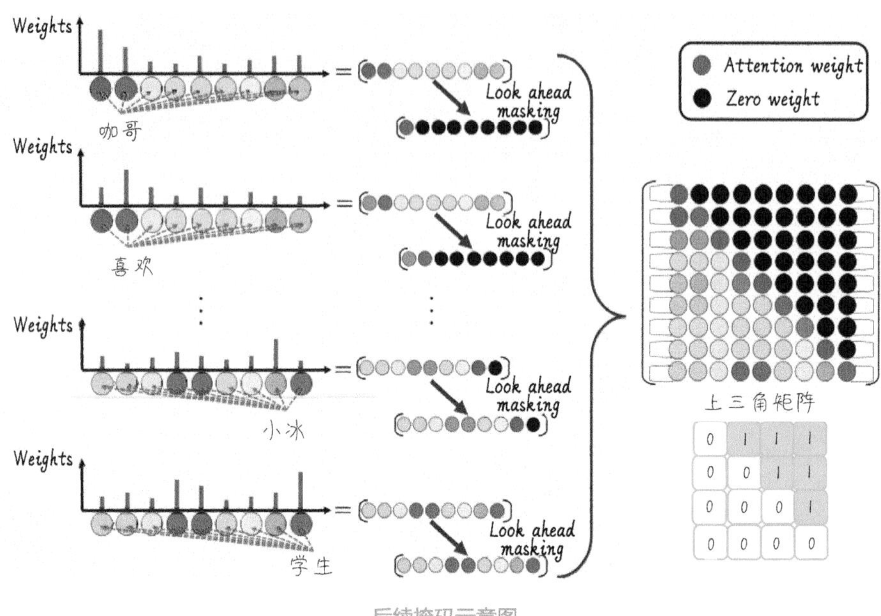

后续掩码示意图

为了实现上面的目标，需要构建一个上三角矩阵，也就是一个注意力掩码矩阵。其中对角线及以下的元素为 0，对角线以上的元素为 1。在计算多头自注意力时，我们将该矩阵与后续注意力掩码相加，使得未来信息对应的权重变得非常小（接近负无穷）。然后，通过应用 softmax 函数，未来信息对应的权重将接近于 0，从而实现忽略未来信息的目的。

下面定义一个后续注意力掩码函数 get_attn_subsequent_mask，它只有一个参数，用于接收解码器的输入序列形状信息，以生成掩码矩阵。

In

```
# 生成后续注意力掩码的函数，用于在多头自注意力计算中忽略未来信息
def get_attn_subsequent_mask(seq):
    #------------------------- 维度信息 --------------------------------
    # seq 的维度是 [batch_size, seq_len(Q)=seq_len(K)]
    #-------------------------------------------------------------------
    # 获取输入序列的形状
    attn_shape = [seq.size(0), seq.size(1), seq.size(1)]
    #------------------------- 维度信息 --------------------------------
    # attn_shape 是一个一维张量 [batch_size, seq_len(Q), seq_len(K)]
    #-------------------------------------------------------------------
```

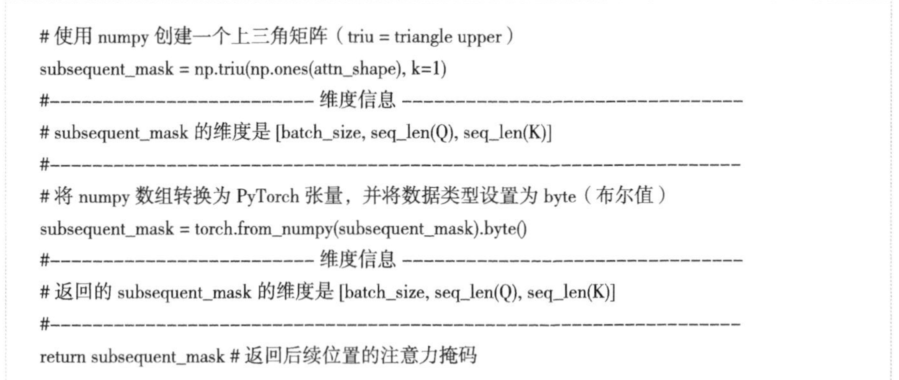

```
# 使用 numpy 创建一个上三角矩阵（triu = triangle upper）
subsequent_mask = np.triu(np.ones(attn_shape), k=1)
#------------------------ 维度信息 --------------------------------
# subsequent_mask 的维度是 [batch_size, seq_len(Q), seq_len(K)]
#-----------------------------------------------------------------
# 将 numpy 数组转换为 PyTorch 张量，并将数据类型设置为 byte（布尔值）
subsequent_mask = torch.from_numpy(subsequent_mask).byte()
#------------------------ 维度信息 --------------------------------
# 返回的 subsequent_mask 的维度是 [batch_size, seq_len(Q), seq_len(K)]
#-----------------------------------------------------------------
return subsequent_mask # 返回后续位置的注意力掩码
```

代码中的 attn_shape 是一个包含三个元素的列表，分别代表 seq 的批量大小、序列长度和序列长度。这个形状与多头自注意力中的注意力权重矩阵相匹配。

然后，使用 np.triu() 函数创建一个与注意力权重矩阵相同的上三角矩阵，也就是一个注意力掩码矩阵。将矩阵中的对角线及其下方元素设置为 0，对角线上方元素设置为 1。对于矩阵中的每个元素 (i, j)，如果 $i <= j$，则填充 0；如果 $i > j$，则填充 1。这样会使矩阵的下三角（包括对角线）填充为 0，表示当前位置可以关注到之前的位置（包括自身），上三角填充为 1，所以当前位置不能关注到之后的位置。

这样，注意力矩阵的每一行表示一个时间步，每个元素表示该时间步对其他时间步的注意力权重。对于序列中的每个位置，这个矩阵的每一行都表示该位置能关注到的其他位置。0 表示当前位置可以关注到该位置，而 1 表示不能关注到该位置。

最后，将上三角矩阵转换为 PyTorch 张量，并将数据类型转换为 byte，得到 subsequent_mask 张量，它表示后续注意力掩码。

这样，我们就创建了一个后续注意力掩码矩阵，其形状与注意力权重矩阵相同。掩码矩阵中，填充位对应的元素为 1，非填充位对应的元素为 0。这个后续注意力掩码矩阵，将只应用于解码器层的输入序列，也就是我们前文中多次解释的向右位移后的输出序列。

组件8　解码器层

准备好了后续掩码注意力函数，现在我们搭建解码器层组件。

In

```
# 定义解码器层类
class DecoderLayer(nn.Module):
    def __init__(self):
        super(DecoderLayer, self).__init__()
        self.dec_self_attn = MultiHeadAttention() # 多头自注意力层
        self.dec_enc_attn = MultiHeadAttention() # 多头自注意力层，连接编码器和解码器
        self.pos_ffn = PoswiseFeedForwardNet() # 逐位置前馈网络层

    def forward(self, dec_inputs, enc_outputs, dec_self_attn_mask, dec_enc_attn_mask):
        #------------------------- 维度信息 --------------------------------
        # dec_inputs 的维度是 [batch_size, target_len, embedding_dim]
        # enc_outputs 的维度是 [batch_size, source_len, embedding_dim]
        # dec_self_attn_mask 的维度是 [batch_size, target_len, target_len]
        # dec_enc_attn_mask 的维度是 [batch_size, target_len, source_len]
        #-----------------------------------------------------------------
        # 将相同的 Q，K，V 输入多头自注意力层
        dec_outputs, dec_self_attn = self.dec_self_attn(dec_inputs, dec_inputs,
                                                        dec_inputs, dec_self_attn_mask)
        #------------------------- 维度信息 --------------------------------
        # dec_outputs 的维度是 [batch_size, target_len, embedding_dim]
        # dec_self_attn 的维度是 [batch_size, n_heads, target_len, target_len]
        #-----------------------------------------------------------------
        # 将解码器输出和编码器输出输入多头自注意力层
        dec_outputs, dec_enc_attn = self.dec_enc_attn(dec_outputs, enc_outputs,
                                                      enc_outputs, dec_enc_attn_mask)
        #------------------------- 维度信息 --------------------------------
        # dec_outputs 的维度是 [batch_size, target_len, embedding_dim]
        # dec_enc_attn 的维度是 [batch_size, n_heads, target_len, source_len]
        #-----------------------------------------------------------------
        # 输入逐位置前馈网络层
        dec_outputs = self.pos_ffn(dec_outputs)
        #------------------------- 维度信息 --------------------------------
        # dec_outputs 的维度是 [batch_size, target_len, embedding_dim]
        # dec_self_attn 的维度是 [batch_size, n_heads, target_len, target_len]
        # dec_enc_attn 的维度是 [batch_size, n_heads, target_len, source_len]
        #-----------------------------------------------------------------
        # 返回解码器层输出，每层的自注意力和解码器 - 编码器注意力权重
        return dec_outputs, dec_self_attn, dec_enc_attn
```

在 DecoderLayer 类的 __init__ 方法中：

（1）定义了多头自注意力层实例 dec_self_attn。这个层用于处理解码器的输入序列。

（2）定义了另一个多头自注意力层实例 dec_enc_attn。这个层用于建立解码器和

编码器之间的联系，将编码器的输出信息融合到解码器的输出中。

（3）定义了逐位置前馈网络层实例 pos_ffn。这个层用于处理多头自注意力层的输出，进一步提取特征。

forward 方法接收 4 个参数：dec_inputs 表示解码器的输入，enc_outputs 表示编码器的输出，dec_self_attn_mask 表示解码器自注意力掩码，dec_enc_attn_mask 表示编码器 - 解码器注意力掩码。在 forward 方法内部：

（1）将 dec_inputs 作为 ***Q***、***K***、***V*** 输入多头自注意力层 dec_self_attn 中，并传入 dec_self_attn_mask。得到输出 dec_outputs 和自注意力权重矩阵 dec_self_attn。

（2）将 dec_outputs 作为 ***Q***，enc_outputs 作为 ***K***、***V*** 输入多头自注意力层 dec_enc_attn 中，并传入 dec_enc_attn_mask。得到更新后的输出 dec_outputs 和编码器 - 解码器注意力权重矩阵 dec_enc_attn。

（3）将 dec_outputs 输入逐位置前馈网络层 pos_ffn 中，得到最终的 dec_outputs。

（4）返回 dec_outputs、dec_self_attn 和 dec_enc_attn。dec_outputs 表示解码器层的输出，dec_self_attn 表示解码器自注意力权重矩阵，dec_enc_attn 表示编码器 - 解码器注意力权重矩阵。

这个解码器层类实现了 Transformer 模型中的解码器层部分，包括多头自注意力、编码器 - 解码器多头自注意力和逐位置前馈网络等子层。通过堆叠多个解码器层，模型可以生成目标序列，并利用编码器的输出信息进行更准确的预测。

小冰：咖哥，我注意到 Transformer 的解码器有两层注意力机制，包括一个自注意力机制和一个编码器 - 解码器注意力机制，它们都是多头的吗？它们是否都有填充掩码？它们是否都有后续掩码？

咖哥：Transformer 中的解码器确实具有两层注意力机制。对于你的问题，我的回答如下。

（1）是多头的吗？

是的，自注意力和编码器 - 解码器注意力机制都采用多头自注意力策略。多头自注意力能让模型在多个子空间中同时学习不同的表示，从而提高表现。

（2）是否都是填充掩码？

是的，填充掩码用于忽略输入序列中的填充部分，防止注意力机制关注这些无意义的区域。在自注意力和编码器 - 解码器注意力中都用到填充掩码。

（3）是否都是后续掩码？

不是，后续掩码用于防止解码器关注输入序列中未来的信息，从而确保每个解码器层只能关注当前位置和之前的位置。在解码器的自注意力机制中，会使用后续掩码。然而，在编码器 - 解码器注意力中，通常不使用后续掩码，因为这个注意力机制是为了让解码器关注整个编码器的输出序列，而不需要限制注意力范围。

咖哥：我给你列张表，有了这张表，就能更加清晰地理解 Transformer 中的注意力机制了（见表 6.1）。

表 6.1　基于 Transformer 的编码器和解码器中的注意力机制

注意力机制	自注意力	多头自注意力	填充掩码	后续掩码
编码器自注意力	是	是	是	否
解码器自注意力	是	是	是	是
编码器 - 解码器注意力	否	是	是	否

好了，现在，我们用解码器层类来构建解码器类。

组件9　解码器

先回忆一下解码器的结构。

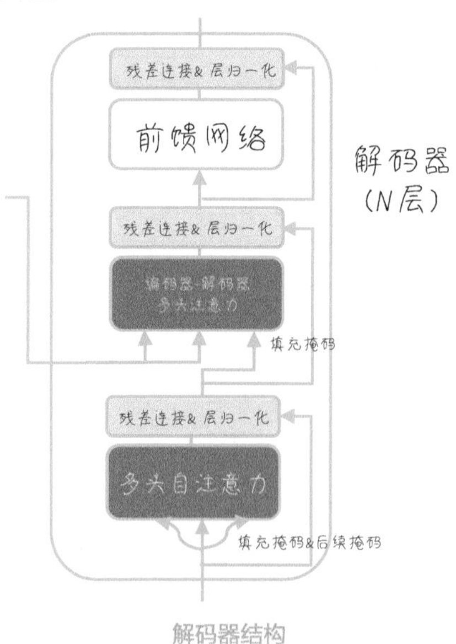

解码器结构

解码器类的实现代码如下。

In

```
# 定义解码器类
n_layers = 6  # 设置 Decoder 的层数
class Decoder(nn.Module):
    def __init__(self, corpus):
        super(Decoder, self).__init__()
        self.tgt_emb = nn.Embedding(len(corpus.tgt_vocab), d_embedding) # 词嵌入层
        self.pos_emb = nn.Embedding.from_pretrained( \
          get_sin_enc_table(corpus.tgt_len+1, d_embedding), freeze=True) # 位置嵌入层
        self.layers = nn.ModuleList([DecoderLayer() for _ in range(n_layers)]) # 叠加多层

    def forward(self, dec_inputs, enc_inputs, enc_outputs):
        #------------------------- 维度信息 --------------------------------
        # dec_inputs 的维度是 [batch_size, target_len]
        # enc_inputs 的维度是 [batch_size, source_len]
        # enc_outputs 的维度是 [batch_size, source_len, embedding_dim]
        #-----------------------------------------------------------------
        # 创建一个从 1 到 source_len 的位置索引序列
        pos_indices = torch.arange(1, dec_inputs.size(1) + 1).unsqueeze(0).to(dec_inputs)
        #------------------------- 维度信息 --------------------------------
        # pos_indices 的维度是 [1, target_len]
        #-----------------------------------------------------------------
        # 对输入进行词嵌入和位置嵌入相加
        dec_outputs = self.tgt_emb(dec_inputs) + self.pos_emb(pos_indices)
        #------------------------- 维度信息 --------------------------------
        # dec_outputs 的维度是 [batch_size, target_len, embedding_dim]
        #-----------------------------------------------------------------
        # 生成解码器自注意力掩码和解码器 - 编码器注意力掩码
        dec_self_attn_pad_mask = get_attn_pad_mask(dec_inputs, dec_inputs) # 填充掩码
        dec_self_attn_subsequent_mask = get_attn_subsequent_mask(dec_inputs) # 后续掩码
        dec_self_attn_mask = torch.gt((dec_self_attn_pad_mask \
                                       + dec_self_attn_subsequent_mask), 0)
        dec_enc_attn_mask = get_attn_pad_mask(dec_inputs, enc_inputs) # 解码器 - 编码器掩码
        #------------------------- 维度信息 --------------------------------
        # dec_self_attn_pad_mask 的维度是 [batch_size, target_len, target_len]
        # dec_self_attn_subsequent_mask 的维度是 [batch_size, target_len, target_len]
        # dec_self_attn_mask 的维度是 [batch_size, target_len, target_len]
        # dec_enc_attn_mask 的维度是 [batch_size, target_len, source_len]
        #-----------------------------------------------------------------
        dec_self_attns, dec_enc_attns = [], [] # 初始化 dec_self_attns, dec_enc_attns
        # 通过解码器层 [batch_size, seq_len, embedding_dim]
        for layer in self.layers:
            dec_outputs, dec_self_attn, dec_enc_attn = layer(dec_outputs, enc_outputs,
                                                   dec_self_attn_mask, dec_enc_attn_mask)
```

```
        dec_self_attns.append(dec_self_attn)
        dec_enc_attns.append(dec_enc_attn)
    #------------------------- 维度信息 --------------------------------
    # dec_outputs 的维度是 [batch_size, target_len, embedding_dim]
    # dec_self_attns 是一个列表，每个元素的维度是 [batch_size, n_heads, target_len, target_len]
    # dec_enc_attns 是一个列表，每个元素的维度是 [batch_size, n_heads, target_len, source_len]
    #----------------------------------------------------------------------
    # 返回解码器输出，解码器自注意力和解码器 - 编码器注意力权重
    return dec_outputs, dec_self_attns, dec_enc_attns
```

Decoder 类负责生成目标序列，在 __init__ 方法中初始化的内容如下。

- 词嵌入层实例 tgt_emb。这个层将目标序列中的单词转换为对应的向量表示。
- 位置嵌入层实例 pos_emb。这个层通过预先计算的正弦位置编码表来引入位置信息。
- 一个 nn.ModuleList 实例，用于存储多个解码器层。这里使用列表解析式创建了 n_layers 个解码器层。

Decoder 类的 forward 方法中接收 3 个参数：dec_inputs 表示解码器的输入，enc_inputs 表示编码器的输入，enc_outputs 表示编码器的输出。

6

forward 方法内部流程如下。

- 对解码器输入进行词嵌入和位置嵌入相加，得到 dec_outputs。
- 生成解码器自注意力掩码 dec_self_attn_mask 和解码器 - 编码器注意力掩码 dec_enc_attn_mask。
  解码器自注意力掩码 dec_self_attn_mask 是后续注意力掩码 dec_self_attn_subsequent_mask 与填充注意力掩码 dec_self_attn_pad_mask 的结合，通过将两个掩码矩阵相加并使用 torch.gt 函数生成一个布尔类型矩阵。gt 表示"greater than"（大于），用于逐元素地比较两个张量，并返回一个与输入形状相同的布尔张量，看对应位置的输入元素是否大于给定的阈值 0。这个布尔矩阵将用于遮挡填充位和未来信息。
  解码器 - 编码器注意力掩码 dec_enc_attn_mask 则只包括填充注意力掩码 dec_self_attn_pad_mask，仅仅需要遮挡编码器传递进来的上下文向量中的填充位。
- 初始化两个空列表 dec_self_attns 和 dec_enc_attns，用于存储每个解码器

层的自注意力权重矩阵和编码器 - 解码器注意力权重矩阵。

- 使用一个 for 循环遍历所有的解码器层，将 dec_outputs、enc_outputs、dec_self_attn_mask 和 dec_enc_attn_mask 输入解码器层中。得到更新后的 dec_outputs，以及当前解码器层的自注意力权重矩阵 dec_self_attn 和编码器 - 解码器注意力权重矩阵 dec_enc_attn。将这两个权重矩阵分别添加到列表 dec_self_attns 和 dec_enc_attns 中。

- 返回 dec_outputs、dec_self_attns 和 dec_enc_attns。dec_outputs 表示解码器的输出，dec_self_attns 表示解码器各层的自注意力权重矩阵，dec_enc_attns 表示解码器各层的编码器 - 解码器注意力权重矩阵。

这个解码器类实现了 Transformer 模型中的解码器部分，包括词嵌入、位置嵌入和多个解码器层。通过堆叠多个解码器层，可以捕获目标序列中的复杂语义和结构信息。解码器的输出将被用来预测目标序列的下一个词。

现在，用于构建 Transformer 类的全部组件已经完成。我们可以用这些组件开始搭建一个 Transformer。

组件10 Transformer类

在 Transformer 模型的训练和推理过程中，解码器与编码器一起工作。编码器负责处理源序列并提取其语义信息，解码器则根据编码器的输出和自身的输入（目标序列）生成新的目标序列。在这个过程中，解码器会利用自注意力机制关注目标序列的不同部分，同时通过编码器 - 解码器注意力机制关注编码器输出的不同部分。当解码器处理完所有的解码器层后，最终输出的 dec_outputs 将被送入一个线性层和 softmax 层（softmax 层已经整合在损失函数中，不需要具体实现，所以下面的代码我们只定义线性层），生成最终的预测结果。这个预测结果是一个概率分布，表示每个词在目标序列下一个位置的概率。

下面构建 Transformer 模型的类。

In

```
# 定义 Transformer 模型
class Transformer(nn.Module):
    def __init__(self, corpus):
        super(Transformer, self).__init__()
        self.encoder = Encoder(corpus) # 初始化编码器实例
        self.decoder = Decoder(corpus) # 初始化解码器实例
        # 定义线性投影层，将解码器输出转换为目标词汇表大小的概率分布
        self.projection = nn.Linear(d_embedding, len(corpus.tgt_vocab), bias=False)
```

```
def forward(self, enc_inputs, dec_inputs):
    #------------------------- 维度信息 --------------------------------
    # enc_inputs 的维度是 [batch_size, source_seq_len]
    # dec_inputs 的维度是 [batch_size, target_seq_len]
    #-----------------------------------------------------------------------
    # 将输入传递给编码器，并获取编码器输出和自注意力权重
    enc_outputs, enc_self_attns = self.encoder(enc_inputs)
    #------------------------- 维度信息 --------------------------------
    # enc_outputs 的维度是 [batch_size, source_len, embedding_dim]
    # enc_self_attns 是一个列表，每个元素的维度是 [batch_size, n_heads, src_seq_len, src_seq_len]
    #-----------------------------------------------------------------------
    # 将编码器输出、解码器输入和编码器输入传递给解码器
    # 获取解码器输出、解码器自注意力权重和编码器 - 解码器注意力权重
    dec_outputs, dec_self_attns, dec_enc_attns = self.decoder(dec_inputs, enc_inputs, enc_outputs)
    #------------------------- 维度信息 --------------------------------
    # dec_outputs 的维度是 [batch_size, target_len, embedding_dim]
    # dec_self_attns 是一个列表，每个元素的维度是 [batch_size, n_heads, tgt_seq_len, tgt_seq_len]
    # dec_enc_attns 是一个列表，每个元素的维度是 [batch_size, n_heads, tgt_seq_len, src_seq_len]
    #-----------------------------------------------------------------------
    # 将解码器输出传递给投影层，生成目标词汇表大小的概率分布
    dec_logits = self.projection(dec_outputs)
    #------------------------- 维度信息 --------------------------------
    # dec_logits 的维度是 [batch_size, tgt_seq_len, tgt_vocab_size]
    #-----------------------------------------------------------------------
    # 返回预测值，编码器自注意力权重，解码器自注意力权重，解码器 - 编码器注意力权重
    return dec_logits, enc_self_attns, dec_self_attns, dec_enc_attns
```

因为有了前面的组件，这段代码的结构就清晰而简单了。首先初始化编码器、解码器和投影层。在 forward 方法中，将源序列输入传递给编码器，获取编码器输出和自注意力权重。然后将编码器输出、解码器输入和编码器输入传递给解码器，获取解码器输出、解码器自注意力权重和编码器 - 解码器注意力权重。最后，将解码器输出传递给投影层，生成目标词汇表大小的概率分布。这个概率分布将被用于计算损失和评估模型的性能。

下面我们马上使用这个 Transformer 模型来完成具体的任务。

6.3 完成翻译任务

这里，我们仍然使用 Seq2Seq 的小型翻译任务数据集。不过，我们这次把数据集整合到一个 TranslationCorpus 类，这个类会读入语料，自动整理语料库的字典，并提供批量数据。

6.3.1 数据准备

首先，准备几个中英翻译的例句。

In

```
sentences = [
    ['咖哥 喜欢 小冰 ', 'KaGe likes XiaoBing'],
    ['我 爱 学习 人工智能 ', 'I love studying AI'],
    ['深度学习 改变 世界 ', ' DL changed the world'],
    ['自然语言处理 很 强大 ', 'NLP is powerful'],
    ['神经网络 非常 复杂 ', 'Neural-networks are complex'] ]
```

然后，创建 TranslationCorpus 类，用于读入中英翻译语料，并生成字典和模型可以读取的数据批次。

In

```
from collections import Counter # 导入 Counter 类
# 定义 TranslationCorpus 类
class TranslationCorpus:
    def __init__(self, sentences):
        self.sentences = sentences
        # 计算源语言和目标语言的最大句子长度，并分别加 1 和 2 以容纳填充符和特殊符号
        self.src_len = max(len(sentence[0].split()) for sentence in sentences) + 1
        self.tgt_len = max(len(sentence[1].split()) for sentence in sentences) + 2
        # 创建源语言和目标语言的词汇表
        self.src_vocab, self.tgt_vocab = self.create_vocabularies()
        # 创建索引到单词的映射
        self.src_idx2word = {v: k for k, v in self.src_vocab.items()}
        self.tgt_idx2word = {v: k for k, v in self.tgt_vocab.items()}
    # 定义创建词汇表的函数
    def create_vocabularies(self):
        # 统计源语言和目标语言的单词频率
        src_counter = Counter(word for sentence in self.sentences for word in sentence[0].split())
        tgt_counter = Counter(word for sentence in self.sentences for word in sentence[1].split())
        # 创建源语言和目标语言的词汇表，并为每个单词分配一个唯一的索引
        src_vocab = {'<pad>': 0, **{word: i+1 for i, word in enumerate(src_counter)}}
        tgt_vocab = {'<pad>': 0, '<sos>': 1, '<eos>': 2,
                     **{word: i+3 for i, word in enumerate(tgt_counter)}}
        return src_vocab, tgt_vocab
    # 定义创建批次数据的函数
    def make_batch(self, batch_size, test_batch=False):
        input_batch, output_batch, target_batch = [], [], []
        # 随机选择句子索引
        sentence_indices = torch.randperm(len(self.sentences))[:batch_size]
        for index in sentence_indices:
            src_sentence, tgt_sentence = self.sentences[index]
```

```
        # 将源语言和目标语言的句子转换为索引序列
        src_seq = [self.src_vocab[word] for word in src_sentence.split()]
        tgt_seq = [self.tgt_vocab['<sos>']] + [self.tgt_vocab[word] \
                  for word in tgt_sentence.split()] + [self.tgt_vocab['<eos>']]
        # 对源语言和目标语言的序列进行填充
        src_seq += [self.src_vocab['<pad>']] * (self.src_len - len(src_seq))
        tgt_seq += [self.tgt_vocab['<pad>']] * (self.tgt_len - len(tgt_seq))
        # 将处理好的序列添加到批次中
        input_batch.append(src_seq)
        output_batch.append([self.tgt_vocab['<sos>']] + ([self.tgt_vocab['<pad>']] * \
                    (self.tgt_len - 2)) if test_batch else tgt_seq[:-1])
        target_batch.append(tgt_seq[1:])
    # 将批次转换为 LongTensor 类型
    input_batch = torch.LongTensor(input_batch)
    output_batch = torch.LongTensor(output_batch)
    target_batch = torch.LongTensor(target_batch)
    return input_batch, output_batch, target_batch
```

TranslationCorpus 中的 __init__ 方法，接收一组句子对（源语言句子和目标语言句子）。它计算源语言和目标语言的最大句子长度，并为其分别添加 1 和 2 以容纳填充符 <pad> 和特殊符号（<sos> 和 <eos>）。然后，它创建源语言和目标语言的词汇表，并为每个单词创建索引到单词的映射。

create_vocabularies 方法用于创建源语言和目标语言的词汇表。它首先统计源语言和目标语言的单词频率，然后为每个单词分配一个唯一的索引。源语言词汇表包含填充符 <pad>，目标语言词汇表包含填充符 <pad>、句子开始符号 <sos> 和句子结束符号 <eos>。

make_batch(self, batch_size, test_batch=False)：该方法用于创建一个大小为 batch_size 的批次。批次包含输入批次、输出批次和目标批次。对于每个句子对，它将源语言和目标语言的句子转换为索引序列，并进行填充以匹配最大句子长度。输入批次包含源语言的序列，输出批次包含目标语言的序列（在测试阶段，输出批次仅包含句子开始符号 <sos>），目标批次包含目标语言的序列（去除句子开始符号 <sos>）。最后，将这些批次转换为 LongTensor 类型。

基于中译英翻译例子创建语料库的实例。

In

```
# 创建语料库类实例
corpus = TranslationCorpus(sentences)
```

6.3.2 训练Transformer模型

下面，我们实例化一个刚才定义的 Transformer 模型，通过向它批量输送中译英数据来进行训练。

In

```
import torch # 导入 torch
import torch.optim as optim # 导入优化器
model = Transformer(corpus) # 创建模型实例
criterion = nn.CrossEntropyLoss() # 损失函数
optimizer = optim.Adam(model.parameters(), lr=0.0001) # 优化器
epochs = 5 # 训练轮次
for epoch in range(epochs): # 训练 100 轮
  optimizer.zero_grad() # 梯度清零
  enc_inputs, dec_inputs, target_batch = corpus.make_batch(batch_size) # 创建训练数据
  outputs, _, _, _ = model(enc_inputs, dec_inputs) # 获取模型输出
  loss = criterion(outputs.view(-1, len(corpus.tgt_vocab)), target_batch.view(-1)) # 计算损失
  if (epoch + 1) % 1 == 0: # 打印损失
    print(f"Epoch: {epoch + 1:04d} cost = {loss:.6f}")
  loss.backward()# 反向传播
  optimizer.step()# 更新参数
```

Out

```
Epoch: 0020 cost = 0.019715
Epoch: 0040 cost = 0.003158
Epoch: 0060 cost = 0.001584
Epoch: 0080 cost = 0.001170
Epoch: 0100 cost = 0.000925
```

这段代码的训练过程与之前许多示例相似，无须重复解释。训练 100 轮之后，损失会减小到一个较小的值。

6.3.3 测试Transformer模型

下面对 Transformer 模型进行测试，试着完成翻译任务。

In

```
# 创建一个大小为 1 的批次，目标语言序列 dec_inputs 在测试阶段，仅包含句子开始符号 <sos>
enc_inputs, dec_inputs, target_batch = corpus.make_batch(batch_size=1,test_batch=True)
```

```
predict, enc_self_attns, dec_self_attns, dec_enc_attns = model(enc_inputs, dec_inputs) # 用模型进行翻译
predict = predict.view(-1, len(corpus.tgt_vocab)) # 将预测结果维度重塑
predict = predict.data.max(1, keepdim=True)[1] # 找到每个位置概率最大的单词的索引
# 解码预测的输出，将所预测的目标句子中的索引转换为单词
translated_sentence = [corpus.tgt_idx2word[idx.item()] for idx in predict.squeeze()]
# 将输入的源语言句子中的索引转换为单词
input_sentence = ' '.join([corpus.src_idx2word[idx.item()] for idx in enc_inputs[0]])
print(input_sentence, '->', translated_sentence) # 打印原始句子和翻译后的句子
```

Out

```
[' 咖哥 喜欢 小冰 ', 'KaGe likes XiaoBing'] -> ['KaGe', 'KaGe', 'KaGe', 'KaGe', 'KaGe']
```

这段代码从 corpus 对象中创建一个大小为 1 的批次，用于测试。输入批次 enc_inputs 包含源语言序列，输出批次 dec_inputs 包含目标语言序列（在测试阶段，仅包含句子开始符号 <sos>，后面跟着填充令牌 <pad>，这样就不会在测试时传给解码器真值信息），目标批次 target_batch 包含目标语言的序列（去除句子开始符号 <sos>，最后添加句子结束符号 <eos>）。把 enc_inputs 和 dec_inputs 传入模型进行预测，然后将预测结果重塑为一个形状为 (-1, len(corpus.tgt_vocab)) 的张量，使用 max 函数沿着维度 1（词汇表维度）找到每个位置概率最大的单词的索引。最后将预测的索引转换为单词并打印出翻译后的句子。

6

这个 Transformer 能训练，能用。不过，其输出结果并不理想，模型只成功翻译了一个单词“KaGe”，之后就不断重复这个词。

小冰：咖哥，我们费了那么大半天的力气，终于把 Transformer 模型搭建出来了。这样一训练，效果居然还不如简单地用 RNN 构建的 Seq2Seq 模型好！这不是气人吗！

咖哥：小冰，你没有听说过奥卡姆剃刀（Occam's Razor）原理吗？奥卡姆剃刀原理是一个科学和哲学上的思考方法，它的核心观点是在解释现象时，应尽量选择假设最少、最简单的解释。对于这样简单的数据集，在设计和选择模型时，应该优先考虑简单的模型，像 Transformer 这样比较复杂的模型并不一定效果更好。回头我给你一个更为复杂的数据集和更复杂的 NLP 任务，你就知道 Transformer 的优势了。

不过，这次测试效果不理想的真正原因和模型的简单或者复杂无关，主要是因为此处我们并没有利用解码器的自回归机制进行逐位置（即逐词、逐令牌、逐元素或逐时间步）的生成式输出。

在 Transformer 的训练过程中，我们通过最大化预测正确词的概率来优化模型；而在推理过程中，我们可以将解码器的输出作为下一个时间步的输入，在每一个时间步都选择概率最大的词作为下一个词（如贪心搜索等），或者使用更复杂的搜索策略（如集束搜索等）。

因为这一课中的新内容过多，让我们看看，GPT 模型是如何通过自回归机制来逐个元素解码，并输出理想的翻译结果的。

小结

在 Transformer 架构出现之前，处理 NLP 任务的“霸榜”技术是 RNN。虽然在某些方面具有优势，但它的局限性也不容忽视。在训练过程中，RNN（包括 LSTM 和 GRU）可能会遇到梯度消失和梯度爆炸的问题，这会导致网络在学习长距离依赖关系时变得困难。

幸运的是，瓦斯瓦尼等人在 2017 年引入的 Transformer 利用了自注意力机制，可以在不同长度的输入序列之间进行并行计算，而无须像 RNN 那样进行逐步计算。这使得 Transformer 在许多 NLP 任务中取得了显著的成果。

自此，Transformer 已经在各种 NLP 任务上刷新了“SOTA”记录，例如机器翻译、情感分析、问答系统等。Transformer 的成功主要归功于其利用了自注意力机制，这使得模型能够捕捉到输入序列中不同位置之间的依赖关系，提升了模型表达能力，同时保持了计算效率。

此外，基于 Transformer 的预训练模型（如 BERT、GPT 等）通过大规模的无监督预训练和有监督微调，进一步提高了模型在各种 NLP 任务中的性能。例如，ChatGPT 是基于 GPT-4 架构的，这意味着它建立在 Transformer 架构的基础上，并在大量文本数据上进行预训练，以更好地理解和生成自然语言。

总之，虽然 RNN 在某些 NLP 任务中具有优势，但 Transformer 架构凭借其强大的性能和计算效率，在当前的 NLP 领域已成为主流。

全新的思路和技术让 Transformer 架构成为 NLP 领域中的一颗新星，在许多任务上刷新了性能纪录。基于 Transformer 架构的模型不断涌现，如 BERT、RoBERTa、ALBERT 等，这些模型在各个 NLP 任务上都取得了非常优秀的成绩，远超过了传统的 NLP 模型。同时，基于 Transformer 架构的模型也在语言生成任务中表现出了非常出色的性能，如 ChatGPT 就是一个很好的例子。ChatGPT 的问世，使得人类向机器自动生成语言的梦想又迈进了一步，距离实现真正的人机对话越来越近。

Transformer 架构的出现也不仅仅是在 NLP 领域引起了震动。在计算机视觉领域，Transformer 也取得了很大的突破。通过将图片分割成多个小块，然后用 Transformer 对这些小块进行处理，能够捕捉到图片各部分之间的关系。例如，视觉 Transformer（Vision Transformer，ViT）就是将 Transformer 应用于图像分类任务的一个典型例子，展示出了强大的性能。

此外，Transformer 还在语音识别、推荐系统、强化学习等多个领域取得了显著的成果。一方面，它的强大表达能力使得模型能够更好地理解和学习各种复杂的关系；另一方面，通过微调和预训练，它可以有效地利用大量无标签数据进行训练，进一步提升模型的性能。

如今，Transformer 已经成为 AI 领域的核心技术之一，各大研究机构和企业都在不断地探索它的更多潜力。而随着技术的不断发展，我们有理由相信，Transformer 将继续引领人工智能的发展方向，为我们创造更多的可能。

思考

1. Transformer 架构中都包含哪些组件？它们各起到什么作用？

2. 与传统的循环神经网络相比，Transformer 架构的优势是什么？

3. Transformer 中有几种注意力机制？分别应用在哪个组件之中？

4. 什么是 Transformer 模型中的逐位置前馈网络？为什么要逐位置进行前向传播？各个位置通过这个网络时共享参数吗？

5. 解码器 - 编码器注意力掩码 dec_enc_attn_mask 只包括填充注意力掩码 dec_self_attn_pad_mask，仅需要遮挡编码器传递进来的上下文向量中的填充位。我的问题是，解码器向量需要遮挡吗？为什么？

6. 在测试 Transformer 的过程中，尝试逐位置生成翻译结果，在每个时间步都用贪心搜索来完成解码器的中译英翻译任务，看看是否能够提高翻译性能。（答案会在下一课揭晓）

第 7 课

芳林新叶催陈叶：训练出你的简版生成式 GPT

咖哥：小冰，你知道竹子是怎么生长的吗？

小冰：当然知道，咖哥。竹子生长的规律是节节高，每一节都建立在前一节的基础之上，逐渐往上生长。

咖哥：没错！竹子的生长规律与自回归模型的生成规律类似（见下图）。在自回归模型中，我们预测的新目标值都基于前面若干个已生成值。

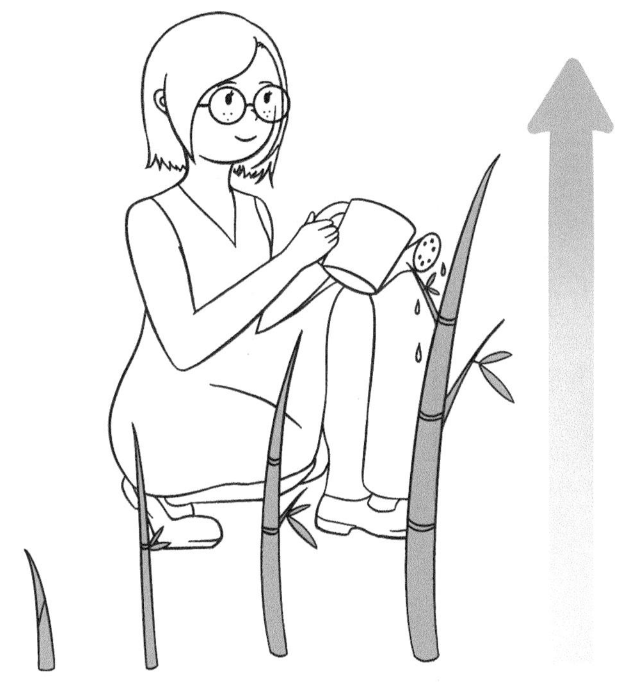

每一节新竹子都基于前一节长出来，恰似自回归模型

小冰：有点意思！那么咖哥，自回归模型有哪些实际应用呢？

咖哥：自回归模型在许多机器学习领域都有应用，特别是在时间序列预测中。例如，我们可以用自回归模型来预测未来的股票价格、气温、销售额等。在这些场景中，我们通常假设未来的值与过去的值存在某种关联，如果有了历史数据和模型，就可以逐步推演（Inference）。

小冰：也就是说，假如我们要预测后天的股票价格，先要根据今天以前的历史价格，推出明天的价格，再以此为基础，预测后天的价格。对吧？

咖哥：正是如此！你还记得吗，我们今天要训练的 GPT 模型，正是建立在自回归机制的基础之上的。

不过，在开始训练 GPT 之前，我们先比较一下 BERT 和 GPT 这两种基于 Transformer 的预训练模型结构，找出它们的异同。

7.1 BERT与GPT争锋

Transformer 架构被提出后不久，一大批基于这个架构的预训练模型就如雨后春笋般地出现了。其中最重要、影响最深远的两个预训练模型当然就是 GPT 和 BERT 这两个模型[①]。

在 ChatGPT 震惊世界之前，在自然语言处理领域影响最大的预训练模型是 BERT[②]，很多科研工作都是围绕着 BERT 展开的。由于 BERT 语言理解和推理能力很强，它也适用于很多下游任务。

7

初代的 GPT 和 BERT 几乎是同时出现的，其实 GPT 还要稍微早一些。因此，在 BERT 的论文中，特意将二者进行了比较。在下文中，我将用你能够理解的方式来讲解二者的异同，这样你就明白 BERT 和 GPT 这两个模型到底是怎么训练出来的了。

在对 BERT 做无监督的预训练时，研究人员设计了两个目标任务：一个是将输入的文本中 k% 的单词遮住，然后让它预测被遮住的是什么单词，这个目标任务叫作掩码语言模型（Masked Language Model, MLM）；另一个是预测一个句子是否会紧挨着另一个句子出现，这个目标任务叫作下一句预测（Next Sentence Prediction, NSP）。这两个任务在预训练时，数据集都是通过现成的语料文本构建的，标签也是原始语料自带的，所以属于无监督的预训练。其实，从模型参数优化的角度来讲，是有标签指导的。

---

① GPT和BERT都是基于Transformer架构的模型，但它们在结构和应用上有着不同的侧重点。在GPT和BERT的相关论文中，都明确地描述了研究者是如何使用Transformer架构的。

② DEVLIN J, CHANG M W, LEE K, et al. Bert: Pre-training of deep bidirectional transformers for language understanding [J/OL]. (2019-05-24)[2023-05-18]. https://arxiv.org/pdf/1810.04805.pdf.

小冰：明白，这就好比，随机把“一二三四五，上山打老虎”中的“二”和“打”抠掉，被抠掉的词就成了标签，这样来训练模型的文本理解能力，对吧？

咖哥：正是如此。自然语言模型的预训练，最不缺的就是数据，比如维基百科、知乎、微博文本，这些平台中有海量的数据。预训练时在大量数据上基于这两个目标（MLM 和 NSP）对模型进行优化，就形成了预训练好的模型，然后，我们可以把这个基础模型（Foundation Model）的结构和参数一并下载下来，再针对特定任务进行微调，就可以解决下游问题了。BERT 适合解决的 NLP 任务包括文本分类、命名实体识别、完形填空、关系抽取等推理性问题。

小冰：了解了。那么 GPT 呢？

咖哥：GPT 也是一种基于 Transformer 架构的自然语言处理模型，但它与 BERT 有一些不同之处。

- 首先，GPT 在训练时采用的是单向语境，也就是从左到右的顺序。而 BERT 则采用了双向的方式，即同时考虑上下文信息。这使得 GPT 在生成文本时更擅长保持连贯性，但可能在理解某些上下文时不如 BERT。
- 其次，在预训练任务上，GPT 的主要任务是基于给定的上下文，预测出现的下一个词。这个任务就是我们之前反复介绍过的语言模型，也被称为语言建模（Language Modeling）。由于 GPT 的预训练任务更简单，因此，它在生成文本方面通常表现得更好。

在实际应用中，GPT 经过预训练后，可被用于解决各种下游任务，例如文本生成、文本分类、问答系统等，尤其是生成性问题。与 BERT 一样，GPT 的预训练模型可以在大量文本数据上进行训练，然后根据特定任务进行微调，从而解决各种实际问题。

总之，GPT 与 BERT 都是基于 Transformer 架构的 NLP 模型，但在文本理解方式和预训练任务上有所不同。GPT 采用单向语境和语言建模任务，而 BERT 采用双向语境和掩码语言建模及句子预测任务。在实际应用中，它们都可以通过预训练和微调的方式来解决各种 NLP 任务。

小冰：我还是有点不理解，为什么说 BERT 采用的是双向语境，GPT 采用的是单向语境？

咖哥：那么还是从 BERT 原始论文中的示意图来理解，这张图简单地说明了所谓单向和双向的区别。从宏观上看，BERT 和 GPT 是相似的，图中蓝色的圈圈是

Transformer 的隐藏层，其中的缩写 Trm 其实就是 Transformer，而唯一的区别在于每个蓝色圈圈接收到的自注意力信息的方向。

- BERT 整体处理整个序列，既能够关注前面的信息，也能够关注后面的信息，所以是双向编码。在训练过程中，每个位置的向量表示都通过左右两侧的上下文信息一起学习，这样能更好地捕捉句子的语义。
- GPT 的理念就很不相同了。它是通过语言模型的思想，最大化语句序列出现的概率。你不是让我预测吗？那我只能翻来覆去看问题，不能先看答案啊！这就是生成式模型和填空式模型的不同。

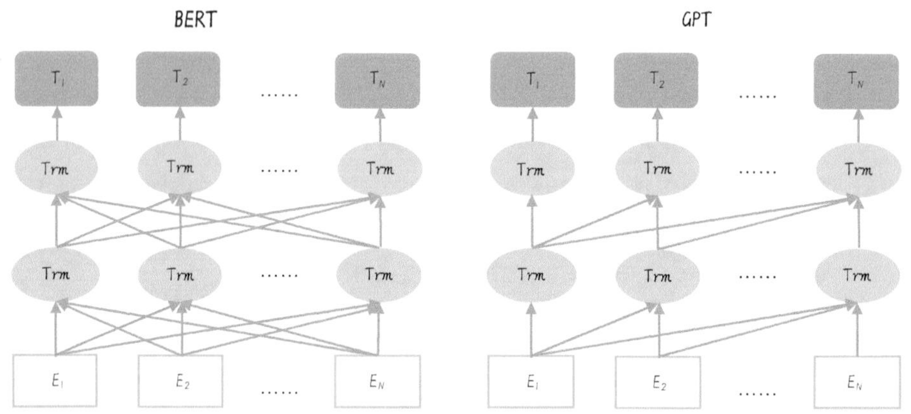

BERT和GPT的自注意力方向

具体来说，GPT 是在解码器的每个自注意力子层中引入了一个掩码（掩蔽）机制，以防止当前位置的注意力权重分配到后续位置。这样，我们就可以确保在解码器的每个位置 i，预测仅依赖于已知输出位置之前位置上的信息。

换句话说就是，在每个时间步只能看到当前的输入和已经生成的部分，然后生成下一个词，看不见你还没有回答的信息。等你回答的词越来越多，你能看到的信息也就越来越多，但是这些信息有很多是 GPT 自己生成的，这就是自回归机制。

所以，总结一下，上面我们讲了 BERT 和 GPT 的两个主要区别。

- 第一，BERT 是掩码语言模型；GPT 是生成式语言模型。我们这门课程一路以来讲的 N-Gram、Word2Vec、NPLM 和 Seq2Seq 预测的都是下一个词，其本质都是生成式语言模型。因此，生成式语言模型是语言模型的原始状态，而 BERT 的掩码语言模型“猜词”，是创新。

- 第二，BERT 是双向语言模型，每个位置的向量表示都通过上下文信息来一起学习；GPT 是单向语言模型，在解码器的每个自注意力子层中引入了一个掩码（掩蔽）机制，以防止当前位置的注意力权重分配到后续位置。

小冰突然来了灵感，说道：咖哥，我记得昨天讲到，Transformer 编码器中每个位置的向量表示都是通过上下文信息来一起学习；而解码器中也有像 GPT 这样的后续注意力掩码，确保每个位置只能看到当前位置之前的信息。对吧？

咖哥：太棒了，小冰！这正是我要向你介绍的第三点不同。其实，这两个模型恰好都只采用了“一半的”Transformer 架构。BERT 只使用编码器架构；而 GPT 只使用解码器架构。

编码器的双向模型结构使得 BERT 能够充分利用上下文信息，因此 BERT 更适用于理解任务，如文本分类、命名实体识别和问答等，因为它可以同时关注输入序列中的所有单词，而不仅仅是一个方向的信息。

只有解码器架构的 GPT 是一个单向模型，具有自回归的特点。在训练过程中，GPT 模型通过后续注意力掩码，确保每个位置只能看到当前位置之前的信息，这使得 GPT 非常适合完成生成任务，如文本生成、文章摘要等。当生成一个序列时，GPT 会根据之前生成的上下文信息生成下一个单词。

这两个模型的架构差异（见表 7.1）使它们在不同类型的 NLP 任务中各有优势。BERT 因其双向上下文关注和编码器架构在理解任务上表现出色，而 GPT 因其单向自回归特性和解码器架构在生成任务上具有较好的性能。

表 7.1　GPT 和 BERT 两大语言模型的异同

BERT	GPT
双向（关注上文和下文）	单向（仅关注上文）
仅使用编码器架构	仅使用解码器架构
掩码语言模型（自编码）	生成式语言模型（自回归）
面向理解任务（如文本分类、命名实体识别、问答系统等）	面向生成任务（如文本生成、文章摘要等）
掩码部分输入单词以预测被掩盖的单词	使用紧跟在输入后的特殊符号开始生成文本
需要在特定任务上进行微调以获得最佳性能	无须微调便可生成连贯文本

咖哥：敲黑板了！小冰，讲完了两大预训练模型的异同之后，下面我就接着给你详细解释 GPT 这个模型的生成式自回归机制。

7.2 GPT：生成式自回归模型

自回归（Autoregressive）是自然语言处理模型的一种训练方法，其核心思想是基于已有的序列（词或字符）来预测下一个元素。在 GPT 中，这意味着模型会根据给定的上文来生成下一个词，如下图所示。

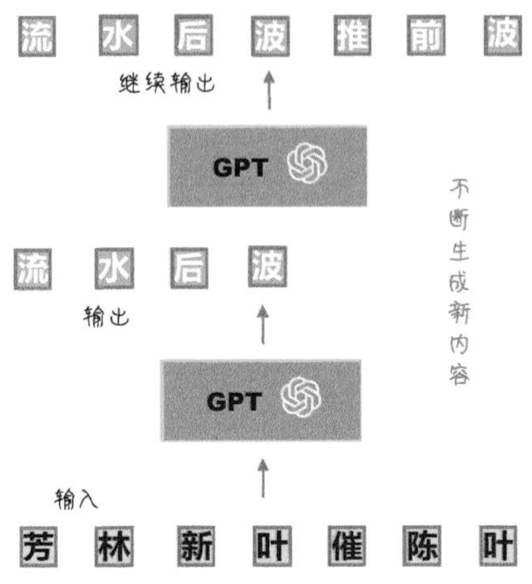

GPT的自回归生成机制

我想提醒你的是，在 GPT 模型的训练和推理这两个相互独立的过程中，“自回归”的含义是不同的。

- 训练过程中的“自回归”：在训练阶段，GPT 通过大量文本数据进行学习。模型会接收一个词序列作为输入，然后预测下一个词。损失函数主要用于衡量模型预测与实际词之间的差异。在训练过程中，模型将不断调整其参数，以最小化损失函数。这个过程会持续进行，直到模型在预测任务上达到一定的性能。训练过程中也常常使用教师强制来加快模型的收敛速度。

- 推理过程中的“自回归”：在推理阶段，我们利用训练好的 GPT 模型来生成文本。首先，我们提供一个初始的种子文本（即提示或指令），然后模型会根据这个种子文本生成下一个词。生成的词将被添加到文本中，继续输入模型，模型会接着生成下一个词，以此类推。这个过程会一直进行，直到生成一定长度的文本或遇到特定的结束符。

在生成文本时，GPT 通常会根据词的概率分布来选择下一个词。这可以通过多种策略实现，如贪婪搜索——总是选择概率最高的词，集束搜索——同时考虑多个可能的词序列，采样方法——根据词的概率分布随机选择词等。

小冰：那么为什么 GPT 是生成式自回归模型？

咖哥：生成式自回归模型是生成式模型的一种。生成式模型和判别式模型是两种主要的机器学习模型。

- 生成式模型（Generative Model）：生成式模型不仅关心输入和输出之间的关系，同时也会考虑数据生成的机制。它会对数据的分布进行建模，并试图了解数据是如何生成的。生成式模型能够模拟新的数据实例，比如高斯混合模型、隐马尔可夫模型、朴素贝叶斯分类器等。
- 判别式模型（Discriminative Model）：判别式模型主要关注输入与输出之间的关系，直接学习从输入到输出的映射或者决策边界，不考虑数据的生成过程，比如逻辑回归、支持向量机、神经网络等。

自回归模型（Autoregressive Model）是生成式模型的一种特例，它预测的新目标值是基于前面若干个已生成值的。自回归模型在时间序列分析、语音信号处理、自然语言处理等领域有广泛应用。在序列生成问题中，自回归模型特别重要，比如在机器翻译、文本生成、语音合成等任务中，Transformer 的解码器、GPT 等模型就是基于自回归原理的。

小冰：呃？你自相矛盾了，Transformer 和 GPT 都是神经网络，从定义上应该是判别式模型才对。

咖哥：对。Transformer 和 GPT 都是神经网络模型，属于深度学习的范畴。神经网络模型在形式上是判别式模型，因为它们直接学习从输入到输出的映射关系，不考虑数据的生成过程。但是，在处理生成任务，比如文本生成、语音合成等任务时，神经网络模型可以使用自回归的方式进行生成，此时它们的行为更像生成式模型，所以称之为生成式自回归模型是可以的。

下面，我们就来完成上一课中，在解码器的推理部分我们没完成的任务——用自回归机制来逐词生成翻译结果。

重复的内容不再赘述，还是使用同样的中英翻译数据集，还是使用 Transformer 模型，这里我们只是加一个用贪婪搜索进行生成式解码的函数，然后在测试过程中调用这个函数重新测试。

代码调整的第一步：定义一个贪婪解码器函数。

In

```
# 定义贪婪解码器函数
def greedy_decoder(model, enc_input, start_symbol):
    # 对输入数据进行编码，并获得编码器输出及自注意力权重
    enc_outputs, enc_self_attns = model.encoder(enc_input)
    # 初始化解码器输入为全零张量，大小为 (1, 5)，数据类型与 enc_input 一致
    dec_input = torch.zeros(1, 5).type_as(enc_input.data)
    # 设置下一个要解码的符号为开始符号
    next_symbol = start_symbol
    # 循环 5 次，为解码器输入中的每一个位置填充一个符号
    for i in range(0, 5):
        # 将下一个符号放入解码器输入的当前位置
        dec_input[0][i] = next_symbol
        # 运行解码器，获得解码器输出、解码器自注意力权重和编码器 - 解码器注意力权重
        dec_output, _, _ = model.decoder(dec_input, enc_input, enc_outputs)
        # 将解码器输出投影到目标词汇空间
        projected = model.projection(dec_output)
        # 找到具有最高概率的下一个单词
        prob = projected.squeeze(0).max(dim=-1, keepdim=False)[1]
        next_word = prob.data[i]
        # 将找到的下一个单词作为新的符号
        next_symbol = next_word.item()
    # 返回解码器输入，它包含了生成的符号序列
    dec_outputs = dec_input
    return dec_outputs
```

上述代码定义了一个贪婪解码器函数 greedy_decoder。该函数将模型 model、编码器输入 enc_input 及开始符号 start_symbol 作为输入。贪婪解码器通过寻找具有最高概率的单词作为下一个生成单词，从而生成一个单词序列。其中的关键部分是解码器会循环 5 次，每次为解码器输入中的一个位置填充一个刚刚生成的符号，然后将这个符号和之前生成的符号一起，作为解码器输入序列 dec_input 输入下一次的解码器调用过程，直至循环结束。

代码调整的第二步：使用贪婪解码器进行测试，生成翻译文本。

In

```
# 用贪婪解码器生成翻译文本
enc_inputs, dec_inputs, target_batch = corpus.make_batch(batch_size=1, test_batch=True)
# 使用贪婪解码器生成解码器输入
greedy_dec_input = greedy_decoder(model, enc_inputs, start_symbol=corpus.tgt_vocab['<sos>'])
# 将解码器输入转换为单词序列
greedy_dec_output_words = [corpus.tgt_idx2word[n.item()] for n in greedy_dec_input.squeeze()]
# 打印编码器输入和贪婪解码器生成的文本
enc_inputs_words = [corpus.src_idx2word[code.item()] for code in enc_inputs[0]]
print(enc_inputs_words, '->', greedy_dec_output_words)
```

Out

```
[' 咖哥 ', ' 喜欢 ', ' 小冰 ', '<pad>', '<pad>'] -> ['<sos>', 'KaGe', 'likes', 'XiaoBing', '<eos>']
```

小冰看到贪婪解码器逐词推演生成的文本，惊呆了：天啊！只修改了这么一点点内容，效果就变得这么好了，这太神奇了。不过，我还真不知道你喜欢我。

咖哥：我喜欢所有爱学习的小朋友。下面，我们来制作真正的 GPT 模型。你会发现，因为 GPT 只使用了一半的 Transformer 架构，实现其实更简洁。

7.3 构建GPT模型并完成文本生成任务

咖哥：好了，下面，翻译任务暂时告一段落。我们要开始实现 GPT 模型，并用它来完成简单的文本生成类型的任务。像 ChatGPT 和 GPT-4 这样的生成式模型，之所以具有很强的对话能力，就是因为“见多识广”。经过语料库的训练，它们能够看见什么人，就说什么话（见下图）。

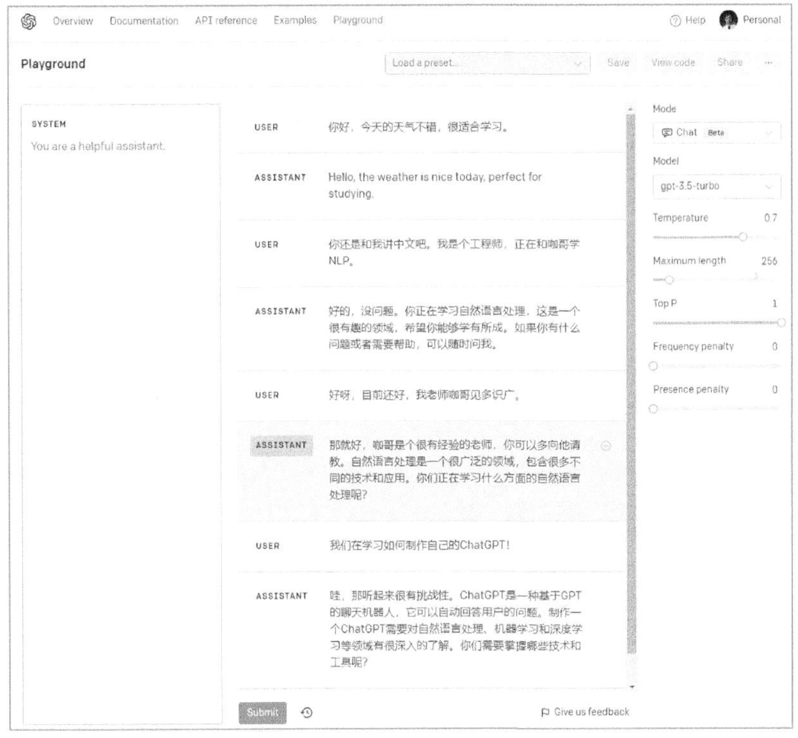

在OpenAI的Playground中，小冰和它聊得不亦乐乎

下面我们开始实现 GPT 模型。第一步，就是搭建 GPT 模型。

7.3.1 搭建GPT模型（解码器）

GPT 只使用了 Transformer 的解码器部分，其关键组件如下图所示。

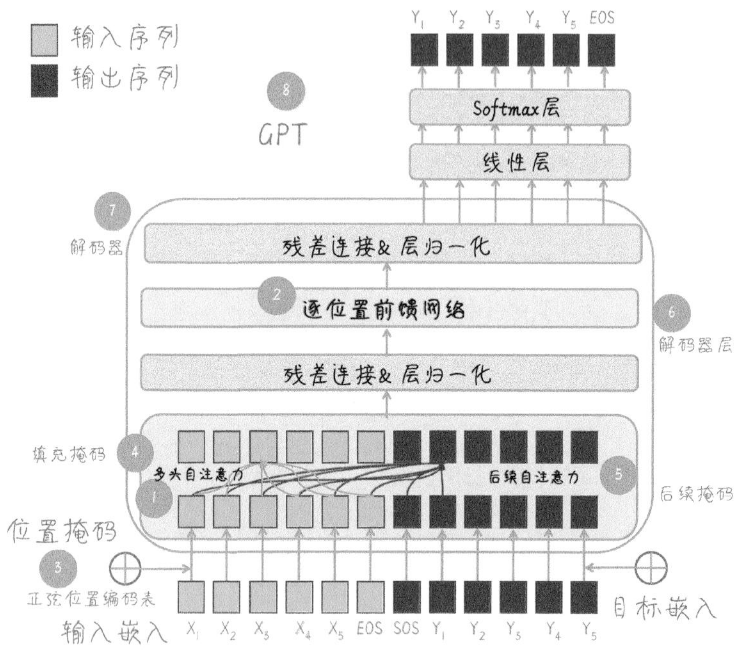

GPT 关键组件

搭建 GPT 模型的代码的关键组件如下。

组件 1　多头自注意力：通过 ScaledDotProductAttention 类实现缩放点积注意力机制，然后通过 MultiHeadAttention 类实现多头自注意力机制。

组件 2　逐位置前馈网络：通过 PoswiseFeedForwardNet 类实现逐位置前馈网络。

组件 3　正弦位置编码表：通过 get_sin_code_table 函数生成正弦位置编码表。

组件 4　填充掩码：通过 get_attn_pad_mask 函数为填充 token<pad> 生成注意力掩码，避免注意力机制关注无用的信息。

组件 5　后续掩码：通过 get_attn_subsequent_mask 函数为后续 token（当前位置后面的信息）生成注意力掩码，避免解码器中的注意力机制“偷窥”未来的目标数据。

组件 6　解码器层：通过 DecoderLayer 类定义解码器的单层。

组件 7　解码器：通过 Decoder 类定义 Transformer 模型的完整解码器部分。

组件 8　GPT：在解码器的基础上添加一个投影层，将解码器输出的特征向量转换为预测结果，实现文本生成。

上述组件 1 ～组件 5，和上一课中 Transformer 的相应组件完全相同，因此我们不需要重复讲解。下面的代码说明从组件 6　解码器层讲起。

组件6　解码器层类

因为 GPT 模型没有编码器组件，也不需要来自编码器的输出，因此 GPT 解码器的实现更简洁。GPT 模型也省略了编码器 – 解码器注意力机制，因此模型的训练速度更快。其解码器结构和 Transformer 解码器结构的特点见表 7.2。

表 7.2　Transformer 解码器和 GPT 解码器结构的特点

结构特点	Transformer 解码器	GPT 解码器
多头自注意力层个数	两个（自注意力和编码器 – 解码器注意力）	一个（自注意力）
输入依赖关系	需要编码器输出作为额外参数	无须编码器输出
注意力掩码使用	使用解码器自注意力掩码和解码器 – 编码器注意力掩码	使用自注意力掩码
应用场景	编码器 – 解码器架构，如机器翻译	仅解码器，如自回归文本生成

下面我们来构建 GPT 模型的解码器层。

In

```
# 定义解码器层类
class DecoderLayer(nn.Module):
    def __init__(self):
        super(DecoderLayer, self).__init__()
        self.self_attn = MultiHeadAttention() # 多头自注意力层
        self.feed_forward = PoswiseFeedForwardNet() # 逐位置前馈网络层
        self.norm1 = nn.LayerNorm(d_embedding) # 第一个层归一化
        self.norm2 = nn.LayerNorm(d_embedding) # 第二个层归一化

    def forward(self, dec_inputs, attn_mask=None):
        # 使用多头自注意力处理输入
        attn_output, _ = self.self_attn(dec_inputs, dec_inputs, dec_inputs, attn_mask)
        # 将注意力输出与输入相加并进行第一个层归一化
        norm1_outputs = self.norm1(dec_inputs + attn_output)
        # 将归一化后的输出输入逐位置前馈神经网络
        ff_outputs = self.feed_forward(norm1_outputs)
        # 将前馈神经网络输出与第一次归一化后的输出相加并进行第二个层归一化
        dec_outputs = self.norm2(norm1_outputs + ff_outputs)
        return dec_outputs # 返回解码器层输出
```

GPT 的解码器层的输入仅为 dec_inputs 和 attn_mask，没有使用编码器的输出，输出为 dec_outputs。

GPT 解码器层的构造比 Transformer 的解码器层简单，仅包含一个多头自注意力层 MultiHeadAttention 和一个逐位置前馈网络层 PosFeedForwardNet，后面接了两个层归一化 nn.LayerNorm。

解码器层中，两个层归一化的作用如下。

- 第一个层归一化 norm1：在多头自注意力 self_attn 处理后，将注意力输出 attn_output 与原始输入 dec_inputs 相加。这种加和操作实现了残差连接，可以加速梯度反向传播，有助于训练深层网络。将相加后的结果进行层归一化。层归一化对输入进行标准化处理，使其具有相同的均值和方差。这有助于减少梯度消失或梯度爆炸问题，从而提高模型训练的稳定性。
- 第二个层归一化 norm2：在逐位置前馈网络 feed_forward 处理后，将前馈神经网络输出 ff_outputs 与第一个层归一化输出 norm1_outputs 相加。这里同样实现了残差连接。将相加后的结果进行层归一化。这一步骤的目的与第一个层归一化相同，即标准化输入数据，以提高训练稳定性。

通过这两个层归一化操作，第一个解码器层可以在多头自注意力和逐位置前馈网络之间实现更稳定的信息传递，从而提高模型的训练效果。

组件7　解码器类

7

下面我们基于解码器层来搭建解码器。

In

```
# 定义解码器类
n_layers = 6  # 设置 Decoder 的层数
class Decoder(nn.Module):
    def __init__(self, vocab_size, max_seq_len):
        super(Decoder, self).__init__()
        # 词嵌入层（参数为词典维度）
        self.src_emb = nn.Embedding(vocab_size, d_embedding)
        # 位置编码层（参数为序列长度）
        self.pos_emb = nn.Embedding(max_seq_len, d_embedding)
        # 初始化 N 个解码器层
        self.layers = nn.ModuleList([DecoderLayer() for _ in range(n_layers)])

    def forward(self, dec_inputs):
        # 创建位置信息
        positions = torch.arange(len(dec_inputs), device=dec_inputs.device).unsqueeze(-1)
        # 将词嵌入与位置编码相加
        inputs_embedding = self.src_emb(dec_inputs) + self.pos_emb(positions)
```

```
    #生成自注意力掩码
    attn_mask = get_attn_subsequent_mask(inputs_embedding).to(device)
    #初始化解码器输入，这是第一个解码器层的输入
    dec_outputs = inputs_embedding
    for layer in self.layers:
        #将输入数据传递给解码器层，并返回解码器层的输出，作为下一层的输入
        dec_outputs = layer(dec_outputs, attn_mask)
    return dec_outputs #返回解码器输出
```

GPT 解码器的结构比 Transformer 解码器的结构简单，因为 GPT 是一个单向生成式模型，只关注生成文本而不关注源文本。GPT 不需要实现编码器－解码器注意力的部分，仅接收解码器的输入，然后进行词嵌入和位置编码，并将二者相加，继而生成后续自注意力掩码，来保证每个位置只能看到当前位置之前的信息，以保持生成文本的自回归特性。最后把嵌入向量和掩码信息传递给解码器层，并行处理，并接收结果向量 dec_outputs，然后把它返回给 GPT 模型。

组件8　GPT模型

In

```
#定义 GPT 模型
class GPT(nn.Module):
    def __init__(self, vocab_size, max_seq_len):
        super(GPT, self).__init__()
        self.decoder = Decoder(vocab_size, max_seq_len) #解码器，用于学习文本生成能力
        self.projection = nn.Linear(d_embedding, vocab_size)  #全连接层，输出预测结果

    def forward(self, dec_inputs):
        dec_outputs = self.decoder(dec_inputs) #将输入数据传递给解码器
        logits = self.projection(dec_outputs) #传递给全连接层以生成预测
        return logits #返回预测结果
```

在这个简化版的 GPT 模型中：解码器类负责学习文本生成能力；一个全连接层将解码器输出的特征向量映射到一个概率分布，表示生成每个单词的概率 logits，用于将解码器的输出转换为与词汇表大小相匹配的预测结果。

GPT 模型仅包含解码器部分，没有编码器部分。因此，它更适用于无条件文本生成任务，而不是类似机器翻译或问答等需要编码器－解码器结构的任务。

下面，我们开始构建这个文本生成任务的数据集。

7.3.2　构建文本生成任务的数据集

这次，我们选择一个适合 GPT 模型的任务——文本生成。因此，我们要给 GPT 准

备一个训练语料库。这个语料库是由现实中存在的文字组成的。当然，比起维基百科等大型语料库，我们的语料库中的数据比较少，你可以把它看成人类语料库的一个缩影。

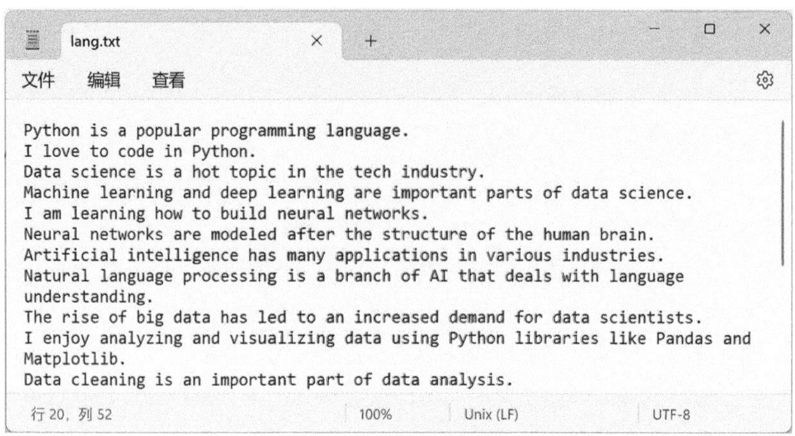


```
Python is a popular programming language.
I love to code in Python.
Data science is a hot topic in the tech industry.
Machine learning and deep learning are important parts of data science.
I am learning how to build neural networks.
Neural networks are modeled after the structure of the human brain.
Artificial intelligence has many applications in various industries.
Natural language processing is a branch of AI that deals with language
understanding.
The rise of big data has led to an increased demand for data scientists.
I enjoy analyzing and visualizing data using Python libraries like Pandas and
Matplotlib.
Data cleaning is an important part of data analysis.
```

把这个语料库存储在文件 lang.txt 中，等待程序读取。

下面，构建语料库类 LanguageCorpus，用于读入并整理语料，创建批次数据。

In

```
# 构建语料库
from collections import Counter
class LanguageCorpus:
    def __init__(self, sentences):
        self.sentences = sentences
        # 计算语言的最大句子长度，并加 2 以容纳特殊符号 <sos> 和 <eos>
        self.seq_len = max([len(sentence.split()) for sentence in sentences]) + 2
        self.vocab = self.create_vocabulary() # 创建源语言和目标语言的词汇表
        self.idx2word = {v: k for k, v in self.vocab.items()} # 创建索引到单词的映射
    def create_vocabulary(self):
        vocab = {'<pad>': 0, '<sos>': 1, '<eos>': 2}
        counter = Counter()
        # 统计语料库的单词频率
        for sentence in self.sentences:
            words = sentence.split()
            counter.update(words)
        # 创建词汇表，并为每个单词分配一个唯一的索引
        for word in counter:
            if word not in vocab:
                vocab[word] = len(vocab)
        return vocab
    def make_batch(self, batch_size, test_batch=False):
        input_batch, output_batch = [], [] # 初始化批次数据
```

```
        sentence_indices = torch.randperm(len(self.sentences))[:batch_size] # 随机选择句子索引
        for index in sentence_indices:
            sentence = self.sentences[index]
            # 将句子转换为索引序列
            seq = [self.vocab['<sos>']] + [self.vocab[word] for word in sentence.split()] + [self.vocab['<eos>']]
            seq += [self.vocab['<pad>']] * (self.seq_len - len(seq)) # 对序列进行填充
            # 将处理好的序列添加到批次中
            input_batch.append(seq[:-1])
            output_batch.append(seq[1:])
        return torch.LongTensor(input_batch), torch.LongTensor(output_batch)
```

这个类的主要功能是创建词汇表、将句子转换为索引序列、生成批次数据等，其中最重要的是 make_batch 方法中生成批次数据时的“向右位移”操作，这是训练生成式语言模型的关键所在。

（1）在 __init__ 方法中，初始化实例变量，包括语料库中的句子、最大句子长度（加上特殊符号 <sos> 和 <eos>）、词汇表及索引到单词的映射。

（2）create_vocabulary 方法用于创建词汇表。首先定义特殊符号，然后统计所有句子中的单词频率。最后，为每个单词分配一个唯一的索引。

（3）make_batch 方法用于生成批次数据。首先随机选择句子索引，然后将选定的句子转换为索引序列并进行填充，接着通过“向右位移”操作生成输入序列和输出（目标）序列（seq[:-1] 表示去掉最后一个元素的序列，用作输入序列；seq[1:] 表示从第二个元素开始的序列，用作目标序列）。最后，将处理好的序列添加到输入批次和输出批次中。

7

假设有一个句子序列为“<sos> 咖哥 喜欢 小冰 <eos>”。

- 输入序列 input_batch：<sos> 咖哥 喜欢 小冰。
- 目标序列 output_batch：咖哥 喜欢 小冰 <eos>。

我们根据文件 lang.txt 创建一个语料库实例，并显示其中的一些信息。

In

```
with open("lang.txt", "r") as file: # 从文件中读入语料
    sentences = [line.strip() for line in file.readlines()]
corpus = LanguageCorpus(sentences) # 创建语料库
vocab_size = len(corpus.vocab) # 词汇表大小
max_seq_len = corpus.seq_len # 最大句子长度（用于设置位置编码）
print(f" 语料库词汇表大小 : {vocab_size}") # 打印词汇表大小
print(f" 最长句子长度 : {max_seq_len}") # 打印最大序列长度
```

Out

```
语料库词汇表大小：133
最长句子长度：17
```

现在，有了语料库和批次数据，可以开始 GPT 模型的训练。

7.3.3 训练过程中的自回归

下面的代码将完成 GPT 模型的训练过程。

In

```
import torch.optim as optim # 导入优化器
device = "cuda" if torch.cuda.is_available() else "cpu" # 设置设备
model = GPT(vocab_size, max_seq_len).to(device) # 创建 GPT 模型实例
criterion = nn.CrossEntropyLoss() # 损失函数
optimizer = optim.Adam(model.parameters(), lr=0.0001) # 优化器
epochs = 500 # 训练轮次
for epoch in range(epochs):  # 训练 epochs 轮
    optimizer.zero_grad() # 梯度清零
    inputs, targets = corpus.make_batch(batch_size) # 创建训练数据
    inputs, targets = inputs.to(device), targets.to(device)
    outputs = model(inputs) # 获取模型输出
    loss = criterion(outputs.view(-1, vocab_size), targets.view(-1)) # 计算损失
    if (epoch + 1) % 100 == 0: # 打印损失
        print(f"Epoch: {epoch + 1:04d} cost = {loss:.6f}")
    loss.backward() # 反向传播
    optimizer.step() # 更新参数
```

7

Out

```
Epoch: 0100 cost = 1.840713
Epoch: 0200 cost = 0.881577
Epoch: 0300 cost = 0.411060
Epoch: 0400 cost = 0.308089
Epoch: 0500 cost = 0.249115
```

这段代码与之前示例中的训练代码毫无二致。训练数据由给定的输入句子构成，这些句子已经被编码为数字表示（词汇表中的索引）。在每个训练批次中，模型的输入是当前单词序列，而目标输出是该序列中每个单词的下一个单词。为了计算损失，模型预测下一个单词的概率分布（对于整个词汇表），然后使用交叉熵损失函数比较这些预测概率和实际目标单词。

咖哥发言

从这个示例开始，我们逐渐进入接近真实数据集场景的实战，训练模型的资源要求也变多了。如果你有 GPU，就开始派的上用场了。无论 CPU 或 GPU，在 PyTorch 中，你需要确保你的模型和数据都在同一设备上。而 to(device) 方法可以帮助你将模型或张量移动到指定的设备上。

代码 device = "cuda" if torch.cuda.is_available() else "cpu" 检查是否有可用的 GPU。如果有 GPU，它将设备设置为 "cuda"，否则设置为 "cpu"。

代码 model = GPT(vocab_size, max_seq_len).to(device) 创建一个 GPT 模型实例，然后使用 to(device) 将模型的所有参数和缓存移动到 GPU 或 CPU。

代码 inputs, targets = inputs.to(device), targets.to(device) 将输入和目标数据移动到相同的设备。

总之，to(device) 可以确保模型和数据都在同一设备上，这是进行计算的要求。如果你有 GPU，训练将会加速。

小冰：咖哥，那么在我们实现的这个 GPT 的训练过程中，自回归性质体现在哪里呢？

咖哥：在这个 GPT 训练代码中，“自回归”体现在模型的训练目标上，也就是输入序列和目标序列的构造及损失的计算上。模型需要预测给定前文的下一个单词，这意味着模型在每个时间步生成一个条件概率，这个概率依赖于先前的所有单词。

- 输入序列和目标序列的创建：通过右移操作，目标序列是输入序列向右移动一个位置的结果。这样，模型在学习预测给定上下文的下一个单词时，能够利用先前的单词信息；而通过后续注意力掩码，模型在注意力计算过程中看不到后面的信息。

- 损失计算：将模型的输出序列与目标序列进行比较以计算损失。因为输出序列的每个位置对应一个预测的单词，所以这个损失体现了模型在预测给定上文的下一个单词时的性能。交叉熵损失用于衡量预测分布与实际分布之间的差异。

当然了，基于 Transformer 架构的并行处理能力，虽然在训练阶段没有显式地将自回归过程建模，但自回归过程通过后续注意力掩码实现；在推理阶段（即生成新文本时），模型会根据先前生成的单词来生成下一个单词，从而体现出自回归特性。

7.3.4 文本生成中的自回归（贪婪搜索）

这里，要开始测试已经训练好的模型了。我们看看对每一个生成的词进行贪婪搜索的结果。

In

```
# 测试文本生成
def generate_text(model, input_str, max_len=50):
  model.eval() # 将模型设置为评估（测试）模式，关闭 dropout 和 batch normalization 等训练相关的层
  # 将输入字符串中的每个 token 转换为其在词汇表中的索引
  input_tokens = [corpus.vocab[token] for token in input_str]
  # 创建一个新列表，将输入的 tokens 复制到输出 tokens 中，目前只有输入的词
  output_tokens = input_tokens.copy()
  with torch.no_grad(): # 禁用梯度计算，以节省内存并加速测试过程
    for _ in range(max_len): # 生成最多 max_len 个 tokens
      # 将输出的 token 转换为 PyTorch 张量，并增加一个代表批次的维度 [1, len(output_tokens)]
      inputs = torch.LongTensor(output_tokens).unsqueeze(0).to(device)
      outputs = model(inputs) # 输出 logits 形状为 [1, len(output_tokens), vocab_size]
      # 在最后一个维度上获取 logits 中的最大值，并返回其索引（即下一个 token）
      _, next_token = torch.max(outputs[:, -1, :], dim=-1)
      next_token = next_token.item() # 将张量转换为 Python 整数
      if next_token == corpus.vocab["<eos>"]:
        break # 如果生成的 token 是 EOS（结束符），则停止生成过程
      output_tokens.append(next_token) # 将生成的 tokens 添加到 output_tokens 列表
  # 将输出 tokens 转换回文本字符串
  output_str = " ".join([corpus.idx2word[token] for token in output_tokens])
  return output_str

input_str = ["Python"] # 输入一个词：Python
generated_text = generate_text(model, input_str) # 模型根据这个词生成后续文本
print(" 生成的文本：", generated_text) # 打印预测文本
```

Out

```
生成的文本： Python libraries like Pandas and deep learning are important parts of data science.
```

小冰：结果不错呀！咖哥，没想到我们自己训练出来的 GPT 模型还像模像样的。

咖哥：嗯，当然。可见，自回归是生成式模型的一个重要特征，可在文本生成任务中逐步生成序列。

这段代码的 generate_text 函数的目的就是根据给定的输入字符串生成一个后续的文本序列。首先，代码将输入字符串转换为一个单词索引的列表 input_tokens，然后，将这些输入的 token 作为初始生成的文本 output_tokens。接下来，函数进入一

个循环，该循环将逐个生成新的 token，直到达到最大长度 max_len 或者遇到句子结束标记 <eos>。在每次循环中，代码将当前的 output_tokens 输入模型，然后从模型的输出中选择具有最高概率的单词作为下一个生成的单词。这个新生成的单词被添加到 output_tokens 列表中，再在下一轮迭代中被用作输入单词。

这个过程就是自回归，因为在每一步中，模型都根据之前生成的单词序列生成下一个单词。这使得生成的文本在语法和上下文方面具有连贯性。

在生成文本的算法选择上，这个函数使用的是贪婪搜索算法，也就是贪婪解码。所谓贪婪解码，指的就是我们在每个时间步只选择概率最高的输出单词。在代码 _, next_token = torch.max(outputs[:, -1, :], dim=-1) 中，选取了 outputs 词汇表这个维度中具有最大概率的单词索引作为 next_token。然后，这个单词会被添加到 output_tokens 列表中，用作下一个时间步的输入。

贪婪解码在我们这个例子中，效果还算不错。在有些情况下，贪婪解码计算效率高，但容易产生一些问题，如 tokens（比如 <eos>）反复出现，无意义词句组合循环出现，这是因为算法陷入局部最优解。而另一种常见的搜索算法是集束搜索，它能够更好地平衡全局最优解和局部最优解。我们在下面的例子中训练一个规模相对比较大的语料库，用集束搜索来解码。

7.4 使用WikiText2数据集训练Wiki-GPT模型

咖哥：小冰，一路学到这里，你应该是有收获的吧。

小冰：当然了，咖哥。我感觉对语言模型，对生成式的方法，我都有了很清晰的认识。不过，我头脑中还是有一点小疑惑。

咖哥：其实你不说我也知道，你是不是觉得到目前为止，我们设计的数据集都过于简单，过于“玩具化”了。

小冰：正是！咖哥你真的很懂“读心术”。

咖哥：下面我想带着你做的，就是使用一个从互联网中收集真实语料的数据集 WikiText[1]。WikiText 数据集是从维基百科上经过验证的精选文章集中提取的超过 1 亿个标记的数据集合。让我们用这个更真实的语料数据集，来看一看现实世界的模型是如何训练出来的。在这个实战过程中，我们的重点将不再是模型的结构和原理，而

① MERITY S, XIONG C, BRADBURY J, et al. Pointer sentinel mixture models [J/OB]. (2016-09-26)[2023-06-08]. https://arxiv. org/pdf/1609.07843.pdf.

是下面这两点。

- 学习目前 NLP 领域中常用数据集的导入（通过 Torchtext 库）、设计（创建 PyTorch Dataset）、加载（使用 PyTorch Data Loader），以及如何将数据集中的数据转换为我们的 GPT 模型可以读取的格式（通过 Torchtext 的分词工具 Tokenizer）。
- 学习如何对模型的效能进行测试。之前的数据集都很小，没有拆分成训练数据集和测试数据集的必要，而现在，用这个真实的、包含上万条语料的数据集，就可以用其中的一部分数据来测试模型的效能。这样，在多轮训练的过程中，我们就可以选择测试集上得分最高的模型。

在下面的实战中，我们保持模型的结构和代码不变，只改变一下训练这个模型所用的数据集，让 GPT 模型读入更多真实的语料，学习真实的语言知识。

7.4.1 用WikiText2构建Dataset和DataLoader

现在我们就要开始了。我们要使用 PyTorch 的 Torchtext 库，因为它提供了一些方便的工具来加载、预处理和处理文本数据。如果你的开发环境中还没有这个库，需要先通过“pip install torchtext”命令安装它。

7

咖哥发言

Torchtext 库各个版本之间使用方式有差异。下面的代码是在 torchtext 0.14.1 上调试成功的，如果你使用的是其他版本，代码可能要经过调整才能正常运行。

第1步　下载语料库，构建词汇表

从 Torchtext 中直接导入 WikiText2[①] 语料库并构建词汇表的代码如下。

In

```
from torchtext.datasets import WikiText2 # 导入 WikiText2
from torchtext.data.utils import get_tokenizer # 导入 Tokenizer 分词工具
from torchtext.vocab import build_vocab_from_iterator # 导入 Vocabulary 工具
```

① WikiText2是WikiText的缩微版，相对较小，包含了大约200万个tokens，以便在资源受限的环境中进行快速实验和算法验证。

```
from torch.utils.data import DataLoader, Dataset # 导入 Pytorch 的 DataLoader 和 Dataset
tokenizer = get_tokenizer("basic_english") # 定义数据预处理所需的 Tokenizer
train_iter = WikiText2(split='train') # 加载 WikiText2 数据集的训练部分
# 定义一个生成器函数，用于将数据集中的文本转换为 tokens
def yield_tokens(data_iter):
    for item in data_iter:
        yield tokenizer(item)
# 创建词汇表，包括特殊 tokens："<pad>", "<sos>", "<eos>"
vocab = build_vocab_from_iterator(yield_tokens(train_iter),
                                  specials=["<pad>", "<sos>", "<eos>"])
vocab.set_default_index(vocab["<pad>"])
# 打印词汇表信息
print(" 词汇表大小：", len(vocab))
print(" 词汇示例 (word to index)：", {word: vocab[word] for word in ["<pad>", "<sos>", "<eos>", "the", "apple"]})
```

Out

```
词汇表大小：28785
词汇示例 (word to index)：
{'<pad>': 0, '<sos>': 1, '<eos>': 2, 'the': 3, 'apple': 11505}
```

这段代码中词汇表的构建部分和我们之前自定义语料库的差别较大。首先，定义数据预处理所需的 Tokenizer，这里使用的是 basic_english 分词器，它将文本分解为单词。然后加载 WikiText2 数据集的训练部分，这里，我们只加载了数据集的训练部分：split='train'。之后，定义一个生成器函数 yield_tokens，这个函数用于将数据集中的文本转换为 tokens。它接收数据集的迭代器作为输入，然后使用 tokenizer 将每个文本项转换为 tokens。

使用 build_vocab_from_iterator 函数创建词汇表，将 yield_tokens 生成器作为输入。同时，为词汇表添加特殊令牌：<pad>、<sos> 和 <eos>。然后，将词汇表的默认索引设置为 <pad> token 的索引。

最后我们显示词汇表的大小和示例，可以看到里面包含两万多个单词，远远多于我们之前自己构建的任何示例数据集。当然，WikiText2 只是维基百科的一个微缩版本，仍然只是用于教学的语料库，和 BERT/GPT 等预训练模型所使用的语料库尚不可相提并论。

第2步　构建PyTorch数据集

首先，我们要解释一下在 PyTorch 中的 Dataset 类。它是一个抽象类，用于构造和表示数据集，使用 Dataset 类的主要目的是为数据加载器（DataLoader）提供一个统一的接口，以便在训练和验证神经网络时，可以方便地从数据集中获取数据。

自定义的Dataset类应该实现__init__()方法、__len__()方法和__getitem__()方法。

7

- __init__( ) 方法是 Dataset 类的构造函数，它在创建类的实例时被调用。在自定义数据集类中，__init__( ) 方法的主要作用是对数据集进行预处理和初始化，可能包括加载数据、数据预处理、分词、创建词汇表等操作。

- __len__( ) 方法：返回数据集中的样本数量。当调用 len(dataset) 时，将返回该方法的结果。

- __getitem__( ) 方法：接收一个整数索引（通常在 0 到 len(dataset)-1 之间），并返回与该索引对应的数据样本。可以通过 dataset[idx] 访问数据集中的某个样本。

下面是 WikiDataset 类的具体实现。

In

```
from torch.utils.data import Dataset # 导入 Dataset 类
max_seq_len = 256 # 设置序列的最大长度

# 定义一个处理 WikiText2 数据集的自定义数据集类
class WikiDataset(Dataset):
    def __init__(self, data_iter, vocab, max_len=max_seq_len):
        self.data = []
        for sentence in data_iter: # 遍历数据集，将文本转换为 tokens
            # 对每个句子进行 Tokenization，截取长度为 max_len-2，为 <sos> 和 <eos> 留出空间
            tokens = tokenizer(sentence)[:max_len - 2]
            tokens = [vocab["<sos>"]] + vocab(tokens) + [vocab["<eos>"]] # 添加 <sos> 和 <eos>
            self.data.append(tokens) # 将处理好的 tokens 添加到数据集中

    def __len__(self): # 定义数据集的长度
        return len(self.data)

    def __getitem__(self, idx): # 定义数据集的索引方法 ( 即抽取数据条目 )
        source = self.data[idx][:-1] # 获取当前数据，并将 <eos> 移除，作为源（source）数据
        target = self.data[idx][1:] # 获取当前数据，并将 <sos> 移除，作为目标（target）数据（右移 1 位）
        return torch.tensor(source), torch.tensor(target) # 转换为 tensor 并返回

train_dataset = WikiDataset(train_iter, vocab) # 创建训练数据集
print(f"Dataset 数据条目数 : {len(train_dataset)}")
sample_source, sample_target = train_dataset[100]
print(f" 输入序列张量样例 : {sample_source}")
print(f" 目标序列张量样例 : {sample_target}")
decoded_source = ' '.join(vocab.lookup_tokens(sample_source.tolist()))
decoded_target = ' '.join(vocab.lookup_tokens(sample_target.tolist()))
print(f" 输入序列样例文本 : {decoded_source}")
print(f" 目标序列样例文本 : {decoded_target}")
```

Out

```
Dataset 数据条目数 : 36718
输入序列张量样例 : tensor([    1,  2659,  3478, 17569,  9098])
目标序列张量样例 : tensor([ 2659,  3478, 17569,  9098,     2])
输入序列样例文本 : <sos> 96 ammunition packing boxes
目标序列样例文本 : 96 ammunition packing boxes <eos>
```

7

程序中的 WikiDataset 类继承自 torch.utils.data.Dataset，用于处理 WikiText2 数据集。

WikiDataset 的构造函数接收一个数据迭代器 data_iter 和一个词汇表 vocab 作为输入。在类的初始化阶段，遍历数据迭代器中的句子，对每个句子进行 Tokenization，截取长度为 max_len-2。在每个句子的开头和结尾分别添加 <sos>（句子开始）和 <eos>（句子结束）。最后将处理好的 tokens 添加到数据集中。

在 WikiDataset 类中，_len_ 方法返回数据集的长度，即句子的数量；_getitem_ 方法返回指定索引 idx 处的源数据和目标数据。源数据是从句子开头到倒数第二个 token，目标数据是从第二个 token 到句子结尾。这样设置是为了让模型在给定当前 token 的情况下，学会预测下一个 token。这是标准的生成式模型训练数据集的构造方式。从示例文本中也可以清楚地看出，借助 <sos> 和 <eos>，我们实现了目标文本针对源文本的向右一位位移。

第3步　构建DataLoader类

PyTorch 中的 DataLoader 类，用于从训练数据集中加载数据。它的作用是将数据集中的样本分批，并将每批数据整理成适当的形状，以便在训练中循环使用。

在我们的示例中，创建 DataLoader 类之前，我们还需预先定义一个 collate_fn 函数，这是 PyTorch 的标准做法。在 DataLoader 类中，可以使用 collate_fn 参数来指定一个自定义函数，该函数在将数据集样本组合成一个批次时被调用。换句话说，collate_fn 函数定义了如何将一批单独的数据样本整理成一个整齐的张量，以便在训练循环中使用。

具体代码实现如下。

In

```
# 定义 pad_sequence 函数，用于将一批序列补齐到相同长度
def pad_sequence(sequences, padding_value=0, length=None):
    # 计算最大序列长度，如果 length 参数未提供，则使用输入序列中的最大长度
    max_length = max(len(seq) for seq in sequences) if length is None else length
    # 创建一个具有适当形状的全零张量，用于存储补齐后的序列
    result = torch.full((len(sequences), max_length), padding_value, dtype=torch.long)
    # 遍历序列，将每个序列的内容复制到张量 result 中
    for i, seq in enumerate(sequences):
        end = len(seq)
        result[i, :end] = seq[:end]
    return result

# 定义 collate_fn 函数，用于将一个批次的数据整理成适当的形状
```

```
def collate_fn(batch):
    # 从批次中分离源序列和目标序列
    sources, targets = zip(*batch)
    # 计算批次中的最大序列长度
    max_length = max(max(len(s) for s in sources), max(len(t) for t in targets))
    # 使用 pad_sequence 函数补齐源序列和目标序列
    sources = pad_sequence(sources, padding_value=vocab["<pad>"], length=max_length)
    targets = pad_sequence(targets, padding_value=vocab["<pad>"], length=max_length)
    # 返回补齐后的源序列和目标序列
    return sources, targets

# 创建一个训练数据加载器，使用自定义的 collate_fn 函数
train_dataloader = DataLoader(train_dataset, batch_size=batch_size,
                              shuffle=True, collate_fn=collate_fn)
```

代码中的 pad_sequence 函数接收一个序列列表 sequences、填充值 padding_value 和可选的指定长度 length。它的作用是通过在较短序列的末尾添加填充值，将所有输入序列补齐到相同长度。如果指定了 length，则补齐后的序列长度为 length，否则补齐后的序列长度为输入序列中的最大长度。

collate_fn 函数用于将一个批次的数据整理成适当的形状。它从输入的批次数据中分离出源序列和目标序列，然后使用 pad_sequence 函数对它们进行补齐。最后，返回补齐后的源序列和目标序列。

train_dataloader 是一个 DataLoader 实例，用于从训练数据集中加载数据。这个 train_dataloader 具体是如何加载数据的，我们马上将在训练过程的代码中看到。

7.4.2 用DataLoader提供的数据进行训练

下面，我们开始使用 train_dataloader 加载数据，一批批训练模型。

```
import torch.optim as optim # 导入优化器
device = "cuda" if torch.cuda.is_available() else "cpu" # 设置设备
model = GPT(len(vocab), max_seq_len).to(device) # 创建 GPT 模型实例
criterion = nn.CrossEntropyLoss(ignore_index=vocab["<pad>"])
optimizer = optim.Adam(model.parameters(), lr=0.0001) # 优化器
epochs = 2 # 训练轮次

for epoch in range(epochs):
    epoch_loss = 0
    for batch_idx, (source, target) in enumerate(train_dataloader): # 用 dataloader 加载数据
        inputs, targets = source.to(device), target.to(device)
        optimizer.zero_grad() # 梯度清零
```

```
        outputs = model(inputs) # 获取模型输出
        loss = criterion(outputs.view(-1, len(vocab)), targets.view(-1)) # 计算损失
        loss.backward() # 反向传播
        optimizer.step() # 更新参数
        epoch_loss += loss.item() # 积累每轮损失
        if (batch_idx + 1) % 1000 == 0: # 每 1000 个批次打印一次损失
            print(f"Batch {batch_idx + 1}/{len(train_dataloader)}, Loss: {loss.item()}")
    epoch_loss /= len(train_dataloader) # 每轮打印一次损失
    print(f"Epoch {epoch + 1}/{epochs}, Average Loss: {epoch_loss}")
```

Out

```
Batch 1000/12240, Loss: 7.157247543334961
Batch 2000/12240, Loss: 3.339968204498291
Batch 3000/12240, Loss: 5.498887538909912
Batch 4000/12240, Loss: 6.358556747436523
Batch 5000/12240, Loss: 2.53767728805542
```

这段代码唯一需要解释的部分就是语句：for batch_idx, (source, target) in enumerate(train_dataloader)，这是 PyTorch 加载 DataLoader 的常见方式。其中 enumerate( ) 是一个 Python 内置函数，用于同时获取可迭代对象 DataLoader 中的元素和其对应的索引。在这里，它用于遍历 train_dataloader，同时获取批次索引和批次数据。在循环内部，我们添加处理数据、前向传播、计算损失、反向传播和更新模型权重等常规操作。

7.4.3 用Evaluation Dataset评估训练过程

咖哥：在工程实践中，我们肯定不只使用训练数据集，还会把语料库的一部分保留下来，形成测试数据集和评估数据集（如下图所示）。这一点你肯定不陌生，对吧？

训练好比学习，评估是小考，测试是大考

小冰：当然了，咖哥。我还一直纳闷为什么咱们上了这么久的课程，一直没有讲到评估和测试的过程。

咖哥：那是因为我们的语料库太小了，实在没办法再抽出数据评估，评估起来也没有什么意义。而且我们之前学习的重点都是模型结构的搭建。现在有了WikiText2这样相对大型的语料库，就可以利用它来讲解模型评估的流程，并且可以在训练过程中监控评估分数，然后把评估效果最好的模型保存下来。

现在，要加入评估流程，在每个轮次结束时进行模型评估并保存损失最小的模型，步骤如下。

（1）创建一个验证数据集和验证数据的加载器。

（2）在每个轮次结束时，使用验证数据集计算模型的损失。

（3）跟踪最低验证损失，并在损失减小时保存模型。

下面是代码部分的修改，首先我们按照相同的方式创建评估数据集和数据加载器。

In

```
# …… 之前的代码（加载 WikiText2 数据集）
valid_iter = WikiText2(split='valid') # 加载 WikiText2 数据集的验证部分
# ……之前的代码（创建数据集）
valid_dataset = WikiDataset(valid_iter, vocab) # 创建验证数据集
# ……之前的代码（创建数据加载器）
# 创建一个验证数据加载器，使用自定义的 collate_fn 函数
valid_dataloader = DataLoader(valid_dataset, batch_size=batch_size,
                              shuffle=False, collate_fn=collate_fn)
```

然后，在训练过程中，增加对模型的评估，并将整个训练过程中损失值最小的模型保存下来。

In

```
#……之前的代码
import os # 导入 os 库
min_valid_loss = float("inf") # 初始化最低验证损失为无穷大
save_path = "best_model.pth" # 设置模型保存路径
for epoch in range(epochs):
  # ……训练代码
  # 评估模型
  model.eval() # 将模型设置为评估模式
  valid_loss = 0
  with torch.no_grad(): # 禁用梯度计算
    for source, target in valid_dataloader:
      inputs, targets = source.to(device), target.to(device)
```

```
        outputs = model(inputs)
        loss = criterion(outputs.view(-1, len(vocab)), targets.view(-1))
        valid_loss += loss.item()
valid_loss /= len(valid_dataloader)
print(f"Epoch {epoch + 1}/{epochs}, Validation Loss: {valid_loss}")
# 保存损失最小的模型
```

In

```
if valid_loss < min_valid_loss:
    min_valid_loss = valid_loss
    torch.save(model.state_dict(), save_path)
    print(f"New best model saved at epoch {epoch + 1} with Validation Loss: {valid_loss}")
model.train() # 将模型设置为训练模式
```

在每个轮次结束时，我们计算模型在验证数据集上的损失。如果当前轮次的验证损失小于之前的最低验证损失，那么就将模型的状态保存到文件中。

咖哥发言

.pt 和 .pth 这两个文件扩展名都表示该文件 PyTorch 模型或张量的保存文件。它们之间没有本质区别。在 PyTorch 中，保存模型或张量时，使用 torch.save() 函数。这个函数会将模型或张量的状态保存为一个二进制文件。然后用 torch.load() 函数将其加载回内存。

让我们把这个被保存下来的最佳模型命名为"Wiki-GPT"。这样，在训练结束后，可以从文件中加载损失最小的模型并使用它进行预测。下一课中，我们还要继续微调这个模型，用它训练出 ChatGPT。

7.4.4 文本生成中的自回归（集束搜索）

前面已经讲到，贪婪搜索和集束搜索是两种用于生成式模型推理过程中的搜索策略，它们都是从模型预测的词概率分布中选择最佳词序列。

- 贪婪搜索是一种简单的策略，每个时间步从模型预测的词概率分布中选择概率最高的词作为下一个词。这个过程会持续进行，直到生成一定长度的文本或遇到特定的结束符。贪婪搜索的优点在于其计算效率高，因为每个时间步只需选择一个词。然而，它的缺点是计算可能陷入局部最优解，导致生成的文本质量不高。

- 集束搜索是一种启发式搜索策略，它在每个时间步保持多个候选序列，目的是在序列生成任务中找到最优输出序列，如下页图所示。在每个时间步中，模型会为当前所有候选序列预测下一个词的概率分布，并从这些分布中选择概率最高的前 K 个词（K 为集束宽度）。然后，将这些词添加到候选序列中，并根据整个序列的累积概率对候选序列进行排序。集束搜索会一直进行，直到达到预定的文本长度或所有候选序列都遇到结束符。

集束搜索相对于贪婪搜索的优点在于它能够更好地平衡全局最优解和局部最优解，因为它同时探索了多个候选序列，通常可以生成质量更高的文本。然而，集束搜索的缺点是计算复杂度更高，搜索时间更长，因为每个时间步需要处理 K 个候选序列。在实际应用中，可以根据任务需求和计算资源的限制来选择合适的搜索策略。

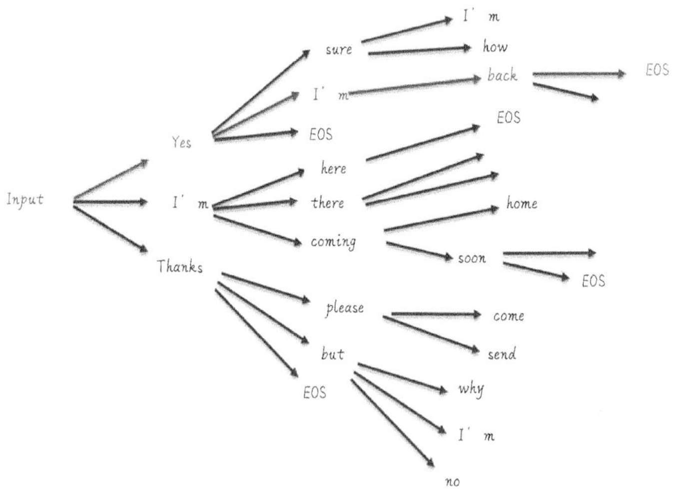

集束搜索：在一堆可能的输出中找到最优输出序列

下面，我们使用集束搜索来完成 WikiText2 数据集训练过的 GPT 模型的文本生成。

In

```
# 定义集束搜索的函数
def generate_text_beam_search(model, input_str, max_len=50, beam_width=5):
    model.eval() # 将模型设置为评估模式，关闭 dropout 和 batch normalization 等与训练相关的层
    # 将输入字符串中的每个 token 转换为其在词汇表中的索引
    input_tokens = [vocab[token] for token in input_str.split()]
    # 创建一个列表，用于存储候选序列
    candidates = [(input_tokens, 0.0)]
    with torch.no_grad(): # 禁用梯度计算，以节省内存并加速测试过程
        for _ in range(max_len): # 生成最多 max_len 个 token
            new_candidates = []
            for candidate, candidate_score in candidates:
```

```
            inputs = torch.LongTensor(candidate).unsqueeze(0).to(device)
            outputs = model(inputs) # 输出 logits 形状为 [1, len(output_tokens), vocab_size]
            logits = outputs[:, -1, :] # 只关心最后一个时间步（即最新生成的 token）的 logits
            # 找到具有最高分数的前 beam_width 个 token
            scores, next_tokens = torch.topk(logits, beam_width, dim=-1)
            final_results = [] # 初始化输出序列
            for score, next_token in zip(scores.squeeze(), next_tokens.squeeze()):
                new_candidate = candidate + [next_token.item()]
                new_score = candidate_score - score.item() # 使用负数，因为我们需要降序排列
                if next_token.item() == vocab["<eos>"]:
                    # 如果生成的 token 是 EOS（结束符），将其添加到最终结果中
                    final_results.append((new_candidate, new_score))
                else:
                    # 将新生成的候选序列添加到新候选列表中
                    new_candidates.append((new_candidate, new_score))
        # 从新候选列表中选择得分最高的 beam_width 个序列
        candidates = sorted(new_candidates, key=lambda x: x[1])[:beam_width]
    # 选择得分最高的候选序列
    best_candidate, _ = sorted(candidates, key=lambda x: x[1])[0]
    # 将输出的 token 转换回文本字符串
    output_str = " ".join([vocab.get_itos()[token] for token in best_candidate if vocab.get_itos()[token] != "<pad>"])
    return output_str

model.load_state_dict(torch.load('best_model.pth')) # 加载模型
input_str = "my name" # 输入几个词
generated_text = generate_text_beam_search(model, input_str) # 模型根据这些词生成后续文本
print(" 生成的文本：", generated_text) # 打印生成的文本
```

Out

```
生成的文本： my name was also used in 1897 by lucasfilm games in the common by lucasfilm games in the common by lucasfilm games … …
```

7

在 generate_text_beam_search 的函数中，函数运行流程如下。

（1）将模型设置为评估模式，这意味着关闭 dropout 和 batch normalization 等与训练相关的层。

（2）准备输入数据。将输入字符串分割成 token，并将这些 token 转换为词汇表中的索引。创建一个候选序列列表，用于存储搜索过程中的候选序列。

（3）循环生成文本，最多生成 max_len 个 token。在每次迭代中，将候选序列输入模型，获取输出 logits。我们只关心最后一个时间步（即最新生成的 token）的 logits，并找到具有最高分数的前 beam_width 个 token。对于每个新生成的 token，

创建一个新的候选序列，并将其添加到新候选序列列表中。如果新生成的 token 是 EOS（结束符），则将其添加到最终结果的列表中。

（4）在每次迭代结束时，从新候选序列列表中选择得分最高的 beam_width 个序列，将它们作为下一次迭代的候选序列。

（5）迭代结束后，选择得分最高的候选序列作为最佳输出序列。然后将输出 token 转换回文本字符串，并返回。

测试的时候，我加载一个训练好的模型（这个模型我用 WikiText2 训练了 50 轮），然后我输入“my name”，模型给我生成一段文本“my name was also used in 1897 by lucasfilm games in the common by lucasfilm games in the common by lucasfilm games ...”。

小冰：这个生成的结果……唉呀……怎么说呢，并不像我想象的那样完美，前面几个字还算靠谱，后面就开始胡说八道了，还不停地重复。

咖哥：小冰同学，你想象一下，我们的模型只有大约几万个参数，是在普通的 CPU 上就可以训练的模型，而 WikiText 是上亿文本的语料库。我们的模型如何能够真正把这么大规模的语言信息压缩到几万个参数中进行表示？真正的语言规律需要用包含至少上亿参数的模型来学习，而目前的大模型（如 GPT）的参数规模是千亿级别的。

所以说，咱们的模型能做到这样，已经算是不错了。

小冰：那么我们如何能够做出更像样的、能进行简单对话的模型？

咖哥：我们需要利用别人在大型 GPU 上预训练好的模型，比如 Meta 开源的 LLaMA、OPT 等模型。而在知名的 HuggingFace 库中，也有已经在大型语料库上训练过的 GPT-2，我们可以在其基础上进行微调，这正是我下节课要给你介绍的内容。

小结

GPT 模型基于 Transformer 架构，使用单向（从左到右）的 Transformer 解码器进行预训练。预训练过程在大量无标签文本上进行，目标是通过给定的上下文预测下一个单词。

并不是所有预训练模型的架构都相同。我们可以只实现编码器部分，比如 BERT；也可以只实现解码器部分，比如 GPT；还可以同时实现编码器和解码器，比如 T5。

在我们这门课程所关注的 GPT 模型中，采用了生成式自回归这种基于已有序列来预测下一个元素的方法。在训练阶段，模型通过大量文本数据学习生成下一个词的能力；在预测阶段，模型利用训练好的参数来生成一段连贯的文本。这两个阶段对“自回归”的解释和理解有所不同。

- 在训练阶段，自回归是指将一个固定长度的输入序列（例如，一句话的前几个单词）提供给模型，让它预测该序列的下一个单词或标记。然后，将实际的下一个单词或标记与模型的预测进行比较，并根据预测误差更新模型参数，以最大化整个数据集上的预测准确率。在这个过程中，模型的输入序列随着时间步的推移逐渐增加，使模型能够从上下文中学习到更多的信息。
- 在预测阶段，自回归是指使用已经训练好的模型，输入文本的起始序列（例如，一个问题），然后生成一个单词或标记，再将其添加到输入序列中，重复此过程，直到生成所需长度的文本为止。在这个过程中，模型不再依赖于实际的下一个单词或标记，而是根据其前面已生成的单词或标记来预测下一个单词或标记。

GPT 的这种生成式模型保持了语言模型的原始内涵。语言模型的目标是学习概率分布，以预测给定上下文中的下一个单词。GPT 在这个基础上，通过从大量无标签文本中学习上下文信息和单词之间的关系，实现了续写和生成任务。

GPT 预训练后，可以在特定的 NLP 任务上微调，从而在各种任务上取得了显著的成果。从初代 GPT，到 GPT-2 和 GPT-3，模型规模不断扩大，GPT-2 和 GPT-3 在多种 NLP 任务上取得了更高的性能。GPT-3 庞大的参数量（1750 亿个参数）使得模型能够实现零样本（Zero-shot）或少样本（Few-shot）学习，这意味着在某些情况下，无须对模型进行微调，仅通过调整输入即可解决特定任务。

而我们下一节课要学习的 ChatGPT 基于 GPT 系列模型的进展，专注于对话系统和聊天机器人的应用。通过大规模预训练和强化学习，ChatGPT 能够生成更自然、连贯的对话。

思考

1. 为什么 BERT 适合推理，而 GPT 适合生成?

2. 把上一章的 Transformer 调整为贪婪搜索自回归机制。

3. 用集束搜索来完成我们自己构建的文本生成数据集的任务代码。

4. 用贪婪搜索来完成 WikiText2 数据集的任务代码，并且引入测试数据集，测试模型最终损失值。

第 8 课

流水后波推前波：ChatGPT 基于人类反馈的强化学习

咖哥：小冰，今天我们来聊聊 ChatGPT 是如何通过基于人类反馈的强化学习来不断进化的。

小冰：两年之前，咖哥你曾经给我上过一次机器学习课，那时候，你就用过一个 OpenAI 开发的强化学习工具 GYM①。我记得，强化学习是一种机器学习方法，如果我没有记错的话，它的目标是让人类在与环境互动的过程中，通过尝试和学习，找到最佳的行动策略以获得最大的累积奖励。

咖哥：没错！而对于 ChatGPT 来说，人类反馈就是它的奖励信号。每次与人类互动，它都会从人类的反馈中学习，逐渐提升自己的表现（见下右图）。

小冰：哦，明白了。那么，咖哥，ChatGPT 究竟是如何利用人类反馈进行强化学习的呢？

咖哥：实际操作中，首先会收集一些原始版本的 ChatGPT 与人类的对话数据，然后人工对 ChatGPT 的回答给出反馈（奖励信号）。接着，使用这些数据来训练一个模型，这个模型可以评估在给定的对话上，人类可能给出的奖励信号。最后，利用这个预测奖励的复杂模型对原始版本 ChatGPT 进行微调，以使它能更好地满足人类的需求。

每次与人类互动，AI都会从人类的反馈中学习，逐渐提升自己的表现

小冰：嗯，通过这种基于人类反馈的强化学习，ChatGPT 不断地优化自己，提升与人类的交流质量。这个过程就像河流中的水波，后波

① OpenAI Gym 是一个 Pythonic API，为强化学习代理提供模拟训练环境，以根据环境观察采取行动；每个动作都会带来积极或消极的奖励，这些奖励会在每个时间步中累积。

推动前波，每一波都在积累前面的经验，力量就会变得更强大。

咖哥：正是如此！基于人类反馈的强化学习使ChatGPT能够不断地学习和进化，更好地理解和满足人类的需求。这种持续进化的过程正是我们构建智能对话系统所追求的目标。

8.1 从GPT到ChatGPT

学习到这一课，我们的课程已经进入尾声了，可以简单回顾一下 NLP 技术的发展历程。2010 年以前，传统的机器学习主导着这个领域。2013 年后，深度神经网络驱动的 NLP 技术逐渐崛起，以循环神经网络为代表。2017 年，论文“Attention is all you need”的发表为大模型的发展奠定了基础，引入了 Transformer 架构。2018 年，BERT 和 GPT 两款预训练大规模语言模型相继问世，标志着大模型技术的初露锋芒。2020 年以后，各种预训练大模型不断迭代升级，广受关注，并得到较大范围的应用，让大模型技术迎来了一个高峰。

从初代 GPT 到 GPT-3，主要经历了下面几个关键时刻。

- GPT：2018 年，OpenAI 发布了这款基于 Transformer 架构的预训练语言模型，其参数数量为 1.17 亿（117M）。GPT 运用单向自回归方法生成文本，先预训练大量无标签文本，再在特定任务上进行微调。GPT 在多种 NLP 任务上取得了显著进步。

- GPT-2：2019 年，OpenAI 推出了 GPT 的升级版，拥有更多参数［15 亿（1.5B）个］，在训练数据量和模型复杂性上都有提升。GPT-2 在文本生成方面表现优异，但其内容的真实性和连贯性也引发了滥用 AI 技术的担忧。

- GPT-3：2020 年，OpenAI 再次升级发布的 GPT-3，拥有 1750 亿（175B）个参数，成为当时世界上最大的预训练语言模型。GPT-3 在文本生成、摘要、问答、翻译等多个任务上表现出强大的性能优势。值得一提的是，GPT-3 采用“零样本学习”或“少样本学习”，很多时候无须微调便可应对特定任务。

从 GPT 到 GPT-3，GPT 系列模型确实越来越大，参数也越来越多（见下页图），这也意味着它们能够处理的输入序列越来越长，生成的文本质量也越来越高。GPT-3 能够生成非常流畅、准确的自然语言文本，且其生成的文本质量几乎可以和人类的写作相媲美。

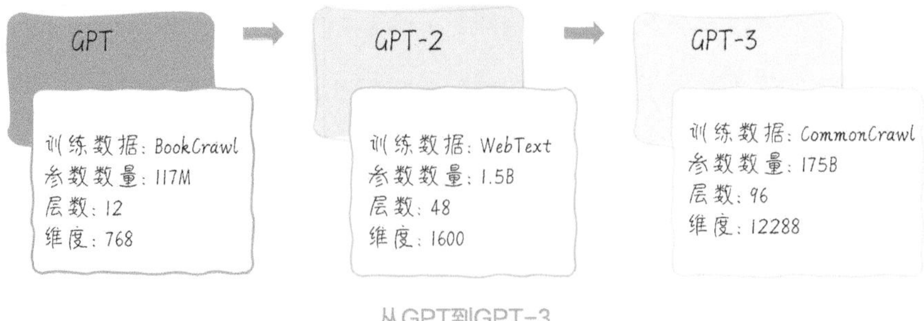

从GPT到GPT-3

GPT-3 参数数量增加到 1750 亿个带来的好处是，它能够更好地学习自然语言规律，理解输入序列中更多的上下文信息，因此能够生成更加连贯、准确的文本。另外，GPT-3 还增加了对多种语言，以及更加复杂的任务，如生成程序代码、回答自然语言问题等的支持。

咖哥发言

随着预训练语言模型在规模、性能和泛化能力上的持续进步，研究人员提出了伸缩定律（Scaling Law）理论。这一理论表明模型性能随模型规模的增长而提高。因此，研究人员一直在探索如何有效地扩大模型规模以提高其性能。当然，越来越大的模型也带来了一些挑战，如计算资源的消耗、模型的可解释性及潜在的滥用风险。

ChatGPT 是 GPT 模型在聊天机器人任务上的应用，是在 GPT-3.5 模型上进行优化后得到的产物。作为 GPT 系列的第三代，它是在万亿词汇量的通用文字数据集上训练完成的。另外一个类似的模型，InstructGPT，也是建立在 GPT-3.5 之上的。为了使 ChatGPT 在聊天机器人任务上表现出色，OpenAI 对预训练数据集进行了微调，从而使 ChatGPT 能够更好地处理对话中的上下文、情感和逻辑，这个过程，也被称为对预训练大模型的指令调优（Instruction Tuning）的过程。

而且，ChatGPT 也应用了基于人类反馈的强化学习，也就是 RLHF 技术，我们接下来会讲到这个技术。而 ChatGPT 在 InstructGPT 基础上还加入了安全性和合规性的考量，以免产生危害公众安全的回答。这个过程被称为对齐（Alignment），指让 AI 的目标与人类的目标一致，这包括让 AI 理解人类价值观和道德规则，避免产生不利于人类的行为。ChatGPT 出现之后不久，OpenAI 就进一步推出了推理能力更强的 GPT-4。如下页图所示。

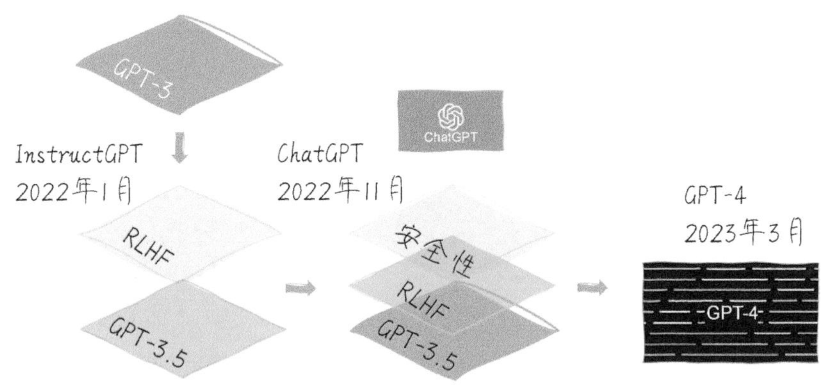

从GPT-3到ChatGPT和GPT-4的演进

从 GPT 到 ChatGPT 和 GPT-4 的演进过程中，涌现出了很多关键技术，对它们的总结如表 8.1 所示。

表 8.1　从 GPT 到 ChatGPT 和 GPT-4 的关键技术说明

技术	说明
超大规模预训练模型	ChatGPT 基于 GPT-3 的底层架构，拥有大量的参数。研究者发现，随着模型参数对数级的增长，模型的能力也在不断提升，尤其在参数数量超过 600 亿时，推理能力得以显现
提示 / 指令模式（Prompt/Instruct Learning）	在 ChatGPT 中，各种自然语言处理任务都被统一为提示形式。通过提示工程，ChatGPT 采用了更加精确的提示来引导模型生成期望的回答，提高了模型在特定场景下的准确性和可靠性。通过指令学习，研究人员提高了模型在零样本任务处理方面的能力
思维链（Chain of Thought）	研究表明，通过使用代码数据进行训练，语言模型可以获得推理能力。这可能是因为代码（包括注释）通常具有很强的逻辑性，使模型学到了处理问题的逻辑能力
基于人类反馈的强化学习（Reinforcement Learning from Human Feedback, RLHF）	相较于 GPT-3，ChatGPT 在对话友好性方面有所提升。研究人员利用人类对答案的排序、标注，通过强化学习将这种“人类偏好”融入 ChatGPT 中，使模型的输出更加友好和安全
控制性能（Controllability）	相较于 GPT-3，通过有针对性地微调，ChatGPT 在生成过程中能够更好地控制生成文本的长度、风格、内容等，使其在处理聊天场景的任务上表现得更好
安全性和道德责任	从 GPT-3 到 ChatGPT，OpenAI 开始关注模型的安全性和道德责任问题。为了减少模型产生的不当或具有偏见的回复，OpenAI 在模型微调过程中增加了特定的安全性和道德约束

从 Transformer 到 ChatGPT 的发展，体现了自然语言处理技术在模型规模、性能、泛化能力、友好性、安全性和道德责任等方面的持续进步。这些进展使聊天机器人在各种应用场景中具有更高的准确性、可靠性和灵活性，在满足用户需求的同时，也更

符合道德和社会规范。

8.2 在Wiki-GPT基础上训练自己的简版ChatGPT

下面用之前训练好的 GPT（因为我们的 GPT 模型是用 WikiText2 训练出来的，下文我们就叫它 Wiki-GPT），来继续训练属于我们自己的 ChatGPT。这个过程其实就是标准的“预训练 + 微调”模式，如下图所示。

- 预训练：在这个阶段，需要用一个大型的语料库训练一个 GPT 模型。这个语料库通常包含来自不同领域和不同类型的文本，可以用来训练模型，让模型学会理解和生成自然语言。预训练模型的目标是捕捉到语言的通用结构和模式。
- 微调：在这个阶段，需要加载预训练好的 GPT 模型，并用特定的对话数据集对模型进行微调。这个数据集应该包含各种类型的对话，以帮助模型学会如何生成对话式的回答。微调的目标是让模型更好地适应特定任务，即与用户进行自然的对话。

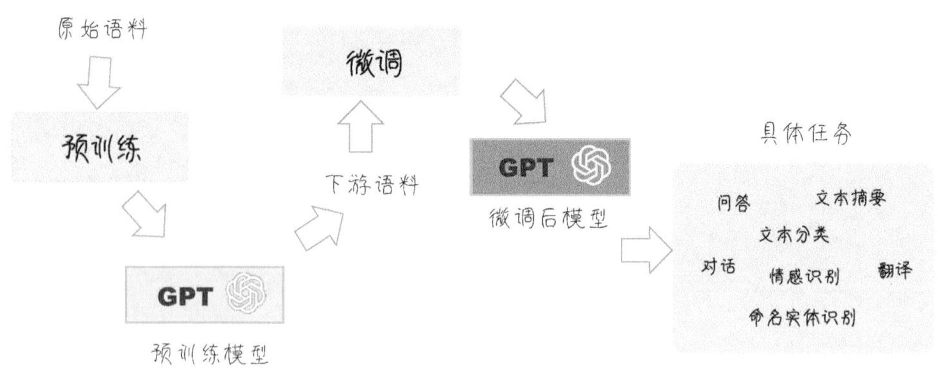

“预训练+微调”模式

下面就载入这个 Wiki-GPT，然后用一个聊天数据集微调它，创建一个具有对话能力的 ChatGPT 模型。

在训练模型之前，我们先熟悉一下如何构建聊天任务的数据集。

第1步 聊天数据集的构建

下图是我们要使用的聊天语料库，保存在文件 chat.txt 中。

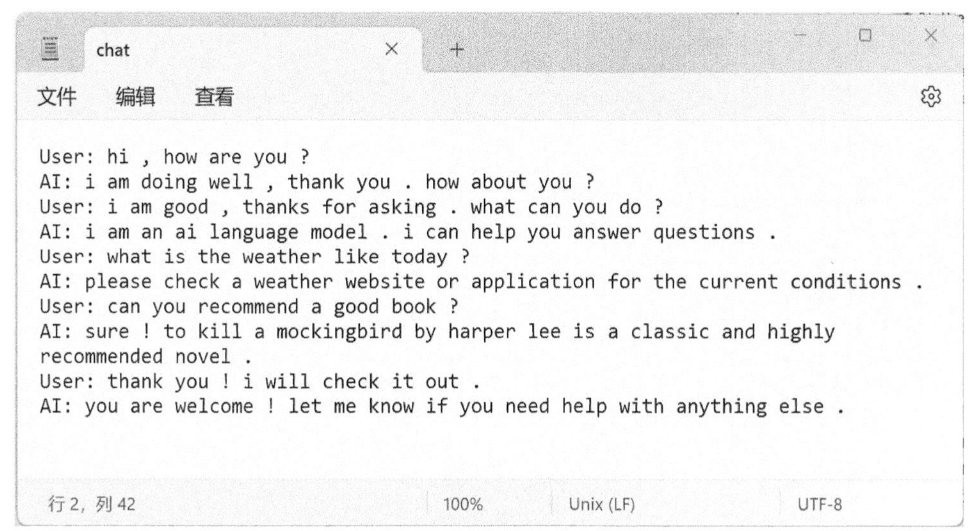

聊天语料库

因为要将使用 WikiText2 训练得到的 GPT 模型作为基础模型，所以我们仍然要用相同的分词器和 WikiText2 语料库来构建英文词汇表，否则新的语料库中的英文单词索引和 Wiki-GPT 模型所理解的语料库中的索引会对不上号，知识推理也就无从谈起。

构建词汇表的代码和上节课中训练 Wiki-GPT 的代码相同。

In

```
from torchtext.datasets import WikiText2 # 导入 WikiText2
from torchtext.data.utils import get_tokenizer # 导入 Tokenizer 分词工具
from torchtext.vocab import build_vocab_from_iterator # 导入 Vocabulary 工具
tokenizer = get_tokenizer("basic_english") # 定义数据预处理所需的 tokenizer
train_iter = WikiText2(split='train') # 加载 WikiText2 数据集的训练部分
# 定义一个生成器函数，用于将数据集中的文本转换为 token
def yield_tokens(data_iter):
    for item in data_iter:
        yield tokenizer(item)
# 创建词汇表，包括特殊 token："<pad>", "<sos>", "<eos>"
vocab = build_vocab_from_iterator(yield_tokens(train_iter),
                                  specials=["<pad>", "<sos>", "<eos>"])
vocab.set_default_index(vocab["<pad>"])
```

有了和基础模型一致的词汇表后，可以基于 Tokenizer 和词汇表创建聊天数据集。

8

In

```
import torch # 导入 torch
from torch.utils.data import Dataset # 导入 Dataset

class ChatDataset(Dataset):
    def __init__(self, file_path, tokenizer, vocab):
        self.tokenizer = tokenizer # 分词器
        self.vocab = vocab # 词汇表
        self.input_data, self.target_data = self.load_and_process_data(file_path)
    def load_and_process_data(self, file_path):
        with open(file_path, "r") as f:
            lines = f.readlines() # 打开文件，读取每一行数据
        input_data, target_data = [], []
        for i, line in enumerate(lines):
            if line.startswith("User:"): # 移除 "User: " 前缀，构建输入序列
                tokens = self.tokenizer(line.strip()[6:])
                tokens = ["<sos>"] + tokens + ["<eos>"]
                indices = [self.vocab[token] for token in tokens]
                input_data.append(torch.tensor(indices, dtype=torch.long))
            elif line.startswith("AI:"): # 移除 "AI: " 前缀，构建目标序列
                tokens = self.tokenizer(line.strip()[4:])
                tokens = ["<sos>"] + tokens + ["<eos>"]
                indices = [self.vocab[token] for token in tokens]
                target_data.append(torch.tensor(indices, dtype=torch.long))
        return input_data, target_data
    def __len__(self): # 数据集的长度
        return len(self.input_data)
    def __getitem__(self, idx): # 根据索引获取数据样本
        return self.input_data[idx], self.target_data[idx]

file_path = "chat.txt" # 加载 chat.txt 语料库
chat_dataset = ChatDataset(file_path, tokenizer, vocab)

for i in range(3): # 打印几个样本数据
    input_sample, target_sample = chat_dataset[i]
    print(f"Sample {i + 1}:")
    print("Input Data: ", input_sample)
    print("Target Data: ", target_sample)
    print("-" * 50)
```

8

Out

```
Sample 1:
Input Data:  tensor([   1, 9209,    4,  419,   37,  181,  860,    2])
Target Data:  tensor([    1,    67,  1734,  1633,   124,     4, 13818,   181,     5,   419,    76,   181,   860,     2])
--------------------------------------------------
```

```
Sample 2:
Input Data: tensor([   1,   67, 1734,  426,    4, 6733,   20, 4168,    5,  188,  115,  181,  289,  860,    2])
Target Data: tensor([   1,   67, 1734,   33, 1976,  820, 1703,    5,   67,  115,  639,  181, 6108, 4280,    5,    2])
--------------------------------------------------
Sample 3:
Input Data: tensor([   1,  188,   26,    3, 1508,  142,  805,  860,    2])
Target Data: tensor([   1, 8943, 6421,   11, 1508, 1792,   50, 3627,   20,    3, 1092, 1406,    5,    2])
--------------------------------------------------
```

ChatDataset 继承自 PyTorch 的 Dataset。__init__ 方法初始化该类，接收文件路径、分词器和词汇表作为参数。load_and_process_data 方法用于读取文件中的数据并对其进行处理，将用户和 AI 的对话转换为索引序列。__len__ 方法返回数据集的长度，__getitem__ 方法根据索引返回输入数据和目标数据。

下面用这个数据集创建对话数据加载器 DataLoader。

In

```
from torch.utils.data import DataLoader # 导入 DataLoader
# 定义 pad_sequence 函数，用于将一批序列补齐到相同长度
def pad_sequence(sequences, padding_value=0, length=None):
    # 计算最大序列长度，如果 length 参数未提供，则使用输入序列中的最大长度
    max_length = max(len(seq) for seq in sequences) if length is None else length
    # 创建一个具有适当形状的全零张量，用于存储补齐后的序列
    result = torch.full((len(sequences), max_length), padding_value, dtype=torch.long)
    # 遍历序列，将每个序列的内容复制到张量 result 中
    for i, seq in enumerate(sequences):
        end = len(seq)
        result[i, :end] = seq[:end]
    return result

# 定义 collate_fn 函数，用于将一个批次的数据整理成适当的形状
def collate_fn(batch):
    # 从批次中分离源序列和目标序列
    sources, targets = zip(*batch)
    # 计算批次中的最大序列长度
    max_length = max(max(len(s) for s in sources), max(len(t) for t in targets))
    # 使用 pad_sequence 函数补齐源序列和目标序列
    sources = pad_sequence(sources, padding_value=vocab["<pad>"], length=max_length)
    targets = pad_sequence(targets, padding_value=vocab["<pad>"], length=max_length)
    # 返回补齐后的源序列和目标序列
    return sources, targets

# 创建 DataLoader
batch_size = 2
chat_dataloader = DataLoader(chat_dataset, batch_size=batch_size, shuffle=True, collate_fn=collate_fn)
```

至此，数据准备就绪。下面我们加载上一课中训练好的 Wiki-GPT 模型，对其进行微调，其实也就是第二次训练。

第2步　微调Wiki-GPT

上一课中用 WikiText2 训练好的 GPT 模型已保存在文件 best_model.pt 中，而这个模型的类也已经保存在 GPT_Model.py 文件中。现在加载这个模型，步骤如下。

（1）从 GPT_Model.py 文件中导入所需的库和模型类。

（2）创建模型实例，确保使用与训练模型时相同的模型参数。

（3）从文件 best_model.pt 中加载模型权重。

具体代码如下。

In

```
from GPT_Model.py import GPT # 导入 GPT 模型的类（这是我们自己制作的）
device = "cuda" if torch.cuda.is_available() else "cpu"# 确定设备（CPU 或 GPU）
model = GPT(28785, 256,n_layers=6).to(device) # 创建模型示例
model.load_state_dict(torch.load('best_model.pt')) # 加载模型
```

Out

```
GPT(
 (decoder): Decoder(
  (src_emb): Embedding(28785, 512)
  (pos_emb): Embedding(256, 512)
  (layers): ModuleList(
   (0): DecoderLayer(
    (self_attn): MultiHeadAttention(
     (W_Q): Linear(in_features=512, out_features=512, bias=True)
     (W_K): Linear(in_features=512, out_features=512, bias=True)
     (W_V): Linear(in_features=512, out_features=512, bias=True)
     (linear): Linear(in_features=512, out_features=512, bias=True)
     (layer_norm): LayerNorm((512,), eps=1e-05, elementwise_affine=True) )
    (feed_forward): PoswiseFeedForwardNet(
     (conv1): Conv1d(512, 2048, kernel_size=(1,), stride=(1,))
    (conv2): Conv1d(2048, 512, kernel_size=(1,), stride=(1,))
     (layer_norm): LayerNorm((512,), eps=1e-05, elementwise_affine=True) )
    (norm1): LayerNorm((512,), eps=1e-05, elementwise_affine=True)
    (norm2): LayerNorm((512,), eps=1e-05, elementwise_affine=True)
   )
   (1): DecoderLayer(
    (self_attn): MultiHeadAttention(
```

```
        (W_Q): Linear(in_features=512, out_features=512, bias=True)
        (W_K): Linear(in_features=512, out_features=512, bias=True)
...
    ) ) )
  (projection): Linear(in_features=512, out_features=28785, bias=True))
  <All keys matched successfully>
```

加载了 Wiki-GPT 之后，就使用和训练模型相同的方法对模型进行微调。

In

```
import torch.nn as nn # 导入 nn
import torch.optim as optim # 导入优化器
criterion = nn.CrossEntropyLoss(ignore_index=vocab["<pad>"]) # 损失函数
optimizer = optim.Adam(model.parameters(), lr=0.0001) # 优化器
for epoch in range(100): # 开始训练
  for batch_idx, (input_batch, target_batch) in enumerate(chat_dataloader):
    optimizer.zero_grad() # 梯度清零
    input_batch, target_batch = input_batch.to(device), target_batch.to(device) # 移动到设备
    outputs = model(input_batch) # 前向传播，计算模型输出
    loss = criterion(outputs.view(-1, len(vocab)), target_batch.view(-1)) # 计算损失
    loss.backward() # 反向传播
    optimizer.step() # 更新参数
  if (epoch + 1) % 20 == 0: # 每 20 个 epoch 打印一次损失值
    print(f"Epoch: {epoch + 1:04d}, cost = {loss:.6f}")
```

Out

```
Epoch: 0020, cost = 1.975874
Epoch: 0040, cost = 0.021781
Epoch: 0060, cost = 0.619990
Epoch: 0080, cost = 0.777577
Epoch: 0100, cost = 0.004273
```

8

这段代码你应该非常了解，代码本身不做过多的说明。不过，在此我要说明的是，在微调过程中，当微调数据集相对较小，或者与预训练模型使用的数据集非常相似时，可以选择冻结部分层次，以保留预训练模型在这些层次中学到的知识，并且防止过拟合。一个常见的做法是，可以仅微调顶层，即模型的头部层，以适应特定任务，既节省计算资源，又能保留预训练模型的底层已习得的通用特征。

要冻结部分层次，可以在构建优化器时，指定需要更新的参数。

```
def freeze_layers(model, n):
  params_to_update = []# 获取模型的参数
  for name, param in model.named_parameters():
    if int(name.split(".")[1]) >= n: # 冻结前 n 层
      params_to_update.append(param)
  return params_to_update
params_to_update = freeze_layers(GPT, n=2) # 冻结前两层（底层）参数
optimizer = optim.Adam(params_to_update, lr=0.0001) # 仅更新未冻结的参数
```

第3步 与简版ChatGPT对话

咖哥：好的，现在模型调优结束了，看看这个经过聊天数据集微调的 ChatGPT 模型能否和我们进行简单的对话。

仍然用集束算法来生成对话结果（这里就不再重复展示 generate_text_beam_search 函数的代码）。

```
def generate_text_beam_search(model, input_str, max_len=50, beam_width=5):
  # 不再重复相同代码
......
input_str = "what is the weather like today ?"
input_str = "hi , how are you ?"
generated_text = generate_text_beam_search(model, input_str.split())
print("Generated text:", generated_text)
```

```
Generated text: hi , how are you ? thank you , depicting you , painted by relatively intact by ronald? questions containing need for ultimate ? by orchestral endangered . you , ai you , ai you ,
```

8

小冰：咖哥，我们的 ChatGPT 还真的能对话！只不过……能力有点弱。

咖哥：当然了！我们的训练数据集小，模型也小，模型的生成质量就会比较差。因为模型可能无法理解复杂的句子结构，或者在特定主题上缺乏深入的理解。同时，也可能出现过拟合问题，因为模型可能会过度学习训练数据中的特定模式，而在实际对话中却难以泛化。

作为只有几万个参数的教学模型，我们今天只能走到这一步。

当然，这是一个良好的开始，是万里长征的第一步。现在你已经拥有了自己从头搭建起来的 ChatGPT 模型，下面需要做的可能是这几步。

（1）增加模型的参数，扩展其结构，在更大规模的硬件中训练模型。

（2）收集更多的自然语言或下载更大的语料库作为训练数据。

（3）增加更多的训练技巧和文本生成技巧，让模型说出来的话更像人话。

小冰：我明白了，咖哥。看起来要做的事情还不少，光收集语料库可不是一天两天能做到的。有没有更快捷的方法来训练出一个更好的聊天机器人啊？

咖哥：当然有了，我们总是能站在巨人的肩膀上的。

8.3 用Hugging Face预训练GPT微调ChatGPT

前面主要讲解的是“预训练 + 微调”这种 NLP 模型应用范式。刚才，我们使用了自己从头开始训练的 Wiki-GPT，来微调我们自己的 ChatGPT。这种方式适合教学，让你能从头开始理解模型的搭建。

然而，在实战中，大多数情况下都不需要从 0 开始训练模型，而是使用“大厂”或者其他研究者开源的已经训练好的大模型。

在各种大模型开源库中，最具代表性的就是 Hugging Face。Hugging Face 是一家专注于 NLP 领域的 AI 公司，开发了一个名为 Transformers 的开源库，该开源库拥有许多预训练后的深度学习模型，如 BERT、GPT-2、T5 等。Hugging Face 的 Transformers 开源库使研究人员和开发人员能够更轻松地使用这些模型进行各种 NLP 任务，例如文本分类、问答、文本生成等。这个库也提供了简洁、高效的 API，有助于快速实现自然语言处理应用。

从 Hugging Face 下载一个 GPT-2 并微调成 ChatGPT，需要遵循的步骤如下。

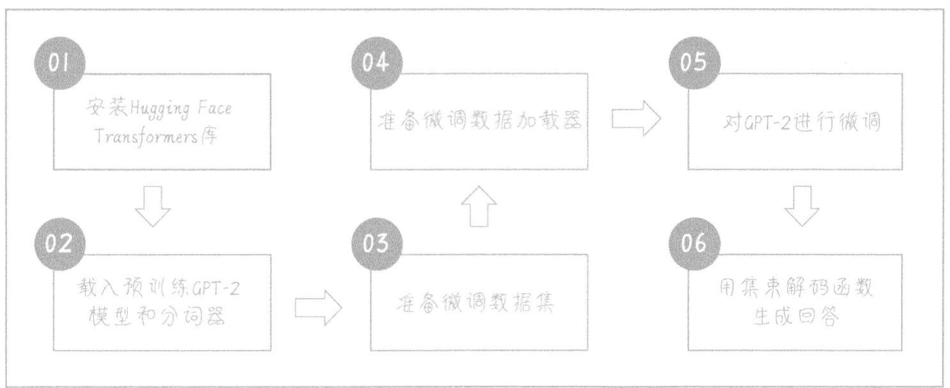

用Hugging Face预训练GPT微调ChatGPT的步骤

下面我们开始用 Hugging Face 预训练 GPT 微调 ChatGPT 的实战。

第1步　安装Hugging Face Transformers库

首先，通过运行以下命令安装 Transformers 库。

In

```
pip install transformers
```

第2步　载入预训练GPT-2模型和分词器

当我们使用 Hugging Face 提供的预训练 GPT-2 模型时，务必要同时使用与之匹配的分词器。这是因为预训练模型和分词器共享相同的语料库信息，如果分词器不匹配，可能会导致词汇表冲突和预测错误。因此，在提供预训练模型的同时，开发者通常也会提供相应的分词器、词汇表及其他相关配置信息，以确保模型能够正常工作。

使用如下代码导入模型和分词器。

In

```
import torch # 导入 torch
from transformers import GPT2Tokenizer # 导入 GPT-2 分词器
from transformers import GPT2LMHeadModel # 导入 GPT-2 语言模型
model_name = "gpt2"  # 也可以选择其他模型，如 "gpt2-medium" "gpt2-large" 等
tokenizer = GPT2Tokenizer.from_pretrained(model_name) # 加载分词器
tokenizer.pad_token = '<pad>' # 为分词器添加 pad token
tokenizer.pad_token_id = tokenizer.convert_tokens_to_ids('<pad>')
device = "cuda" if torch.cuda.is_available() else "cpu" # 判断是否有可用的 GPU
model = GPT2LMHeadModel.from_pretrained(model_name).to(device) # 将模型加载到设备上（CPU 或 GPU）
vocab = tokenizer.get_vocab() # 获取词汇表
print(" 模型信息：", model)
print(" 分词器信息：",tokenizer)
print(" 词汇表大小：", len(vocab))
print(" 部分词汇示例：", (list(vocab.keys())[8000:8005]))
```

8

Out

```
模型信息： GPT2LMHeadModel(
 (transformer): GPT2Model(
  (wte): Embedding(50257, 768)
  (wpe): Embedding(1024, 768)
  (drop): Dropout(p=0.1, inplace=False)
  (h): ModuleList(
   (0): GPT2Block(
    (ln_1): LayerNorm((768,), eps=1e-05, elementwise_affine=True)
    (attn): GPT2Attention(
     (c_attn): Conv1D()
```

```
        (c_proj): Conv1D()
        (attn_dropout): Dropout(p=0.1, inplace=False)
        (resid_dropout): Dropout(p=0.1, inplace=False)
      )
      (ln_2): LayerNorm((768,), eps=1e-05, elementwise_affine=True)
      (mlp): GPT2MLP(
        (c_fc): Conv1D()
        (c_proj): Conv1D()
        (act): NewGELUActivation()
        (dropout): Dropout(p=0.1, inplace=False)
      )
    )
    (1): GPT2Block(
      (ln_1): LayerNorm((768,), eps=1e-05, elementwise_affine=True)
      (attn): GPT2Attention(
...

分词器信息： PreTrainedTokenizer(name_or_path='gpt2', vocab_size=50257, model_max_len=1024, is_fast=False, padding_side='right', truncation_side='right', special_tokens={'bos_token': AddedToken("<|endoftext|>", rstrip=False, lstrip=False, single_word=False, normalized=True), 'eos_token': AddedToken("<|endoftext|>", rstrip=False, lstrip=False, single_word=False, normalized=True), 'unk_token': AddedToken("<|endoftext|>", rstrip=False, lstrip=False, single_word=False, normalized=True), 'pad_token': '<|endoftext|>'})
词汇表大小：50257
部分词汇示例：['parent', 'Art', 'pack', 'diplom', 'rets']
```

这里我们选择了最轻量级的模型“gpt2”，当然，也可以选择其他模型，如“gpt2-medium”“gpt2-large”等，这些模型对计算资源的需求更大。

第3步　准备微调数据集

下面我们准备和上一个示例相似的聊天数据集，并将数据集处理成 Transformers 库可以接受的格式，也就是对文本数据进行分词并将它们转换为模型可以理解的数字表示。

创建和上一个示例非常类似的 ChatDataset 类。

In

```
from torch.utils.data import Dataset # 导入 PyTorch 的 Dataset
# 自定义 ChatDataset 类，继承自 PyTorch 的 Dataset 类
class ChatDataset(Dataset):
    def __init__(self, file_path, tokenizer, vocab):
        self.tokenizer = tokenizer # 分词器
        self.vocab = vocab # 词汇表
        # 加载数据并处理，将处理后的输入数据和目标数据赋值给 input_data 和 target_data
        self.input_data, self.target_data = self.load_and_process_data(file_path)
```

```
    # 定义加载和处理数据的方法
    def load_and_process_data(self, file_path):
        with open(file_path, "r") as f: # 读取文件内容
            lines = f.readlines()
        input_data, target_data = [], []
        for i, line in enumerate(lines): # 遍历文件的每一行
            if line.startswith("User:"): # 如以 "User:" 开头，移除 "User: " 前缀，并将张量转换为列表
                tokens = self.tokenizer(line.strip()[6:], return_tensors="pt")["input_ids"].tolist()[0]
                tokens = tokens + [tokenizer.eos_token_id] # 添加结束符
                input_data.append(torch.tensor(tokens, dtype=torch.long)) # 添加 input_data
            elif line.startswith("AI:"): # 如以 "AI:" 开头，移除 "AI: " 前缀，并将张量转换为列表
                tokens = self.tokenizer(line.strip()[4:], return_tensors="pt")["input_ids"].tolist()[0]
                tokens = tokens + [tokenizer.eos_token_id] # 添加结束符
                target_data.append(torch.tensor(tokens, dtype=torch.long)) # 添加 target_data
        return input_data, target_data
    # 定义数据集的长度，即 input_data 的长度
    def __len__(self):
        return len(self.input_data)
    # 定义获取数据集中指定索引的数据的方法
    def __getitem__(self, idx):
        return self.input_data[idx], self.target_data[idx]

file_path = "chat.txt" # 加载 chat.txt 数据集
chat_dataset = ChatDataset(file_path, tokenizer, vocab) # 创建 ChatDataset 对象，传入文件、分词器和词汇表
for i in range(2): # 打印数据集中前 2 个数据示例
    input_example, target_example = chat_dataset[i]
    print(f" 示例 {i + 1}: ")
    print(" 输入：", tokenizer.decode(input_example))
    print(" 输出：", tokenizer.decode(target_example))
```

```
示例 1:
输入：hi, how are you?<|endoftext|>
输出：i am doing well, thank you. how about you?<|endoftext|>

示例 2:
输入：i am good, thanks for asking. what can you do?<|endoftext|>
输出：i am an ai language model. i can help you answer questions.<|endoftext|>
```

这个 ChatDataset 类和之前我们自建的简版 ChatGPT 中的同名类很像，只有“结束符”的设置方法不同，这个区别也正是我们需要注意的地方。在我们自己的语料库中，有我们自定义的 <sos> 和 <eos> 标签。而此处预训练的 GPT-2 的语料库字典中，文本结束符、文本起始符和填充符的格式都是 <|endoftext|>。我们应该遵循 GPT-2 预训练时的设置，即在句子结尾加入 tokenizer.eos_token_id（这个 ID 值在此处是 50256）。

第4步　准备微调数据加载器

用 ChatDataset 创建数据加载器的具体代码如下。

In

```
from torch.utils.data import DataLoader # 导入 DataLoader
tokenizer.pad_token = '<pad>' # 为分词器添加 pad token
tokenizer.pad_token_id = tokenizer.convert_tokens_to_ids('<pad>')
# 定义 pad_sequence 函数，用于将一批序列补齐到相同长度
def pad_sequence(sequences, padding_value=0, length=None):
    # 计算最大序列长度，如果 length 参数未提供，则使用输入序列中的最大长度
    max_length = max(len(seq) for seq in sequences) if length is None else length
    # 创建一个具有适当形状的全零张量，用于存储补齐后的序列
    result = torch.full((len(sequences), max_length), padding_value, dtype=torch.long)
    # 遍历序列，将每个序列的内容复制到张量 result 中
    for i, seq in enumerate(sequences):
        end = len(seq)
        result[i, :end] = seq[:end]
    return result

# 定义 collate_fn 函数，用于将一个批次的数据整理成适当的形状
def collate_fn(batch):
    # 从批次中分离源序列和目标序列
    sources, targets = zip(*batch)
    # 计算批次中的最大序列长度
    max_length = max(max(len(s) for s in sources), max(len(t) for t in targets))
    # 使用 pad_sequence 函数补齐源序列和目标序列
    sources = pad_sequence(sources, padding_value=tokenizer.pad_token_id, length=max_length)
    targets = pad_sequence(targets, padding_value=tokenizer.pad_token_id, length=max_length)
    # 返回补齐后的源序列和目标序列
    return sources, targets
# 创建 DataLoader
chat_dataloader = DataLoader(chat_dataset, batch_size=2, shuffle=True, collate_fn=collate_fn)
# 检查 Dataloader 输出
for input_batch, target_batch in chat_dataloader:
    print("Input batch tensor size:", input_batch.size())
    print("Target batch tensor size:", target_batch.size())
    break
for input_batch, target_batch in chat_dataloader:
    print("Input batch tensor:")
    print(input_batch)
    print("Target batch tensor:")
    print(target_batch)
    break
```

Out

```
Input batch tensor:
tensor([[   72,   716,   922,   837,  5176,   329,  4737,   764,   644,   460,    345,   466,  5633, 50256, 50256, 50256],
```

```
    [40716, 345, 5145, 1312, 481, 2198, 340, 503, 764, 50256, 50256, 50256, 50256, 50256, 50256, 50256]])
Target batch tensor:
tensor([[ 72, 716, 281, 257, 72, 3303, 2746, 764, 1312, 460, 1037, 345, 3280, 2683, 764, 50256],
    [ 5832, 389, 7062, 5145, 1309, 502, 760, 611, 345, 761, 1037, 351, 1997, 2073, 764, 50256]])
```

这个数据加载器中的 collate_fn 函数，和刚才我们自建的简版 ChatGPT 中的同名函数相比，也只有填充符 pad token 的设置不同。GPT-2 没有内置的填充符，但我们的训练过程需要用到它，因此可以手工为其添加一个"填充符"。代码 tokenizer.pad_token = '<pad>' 设置 <pad> 为填充符，后续代码将其与对应的 ID 关联起来。然后，我们就可以在填充序列时使用 tokenizer.pad_token_id（这个 ID 值在此处也是 50256），以便模型能够正确处理填充的部分。

第5步　对GPT-2进行微调

下面，我们使用 ChatDataset 数据集和数据加载器对模型进行微调。

In

```
import torch.nn as nn
import torch.optim as optim
# 定义损失函数，忽略 pad_token_id 对应的损失值
criterion = nn.CrossEntropyLoss(ignore_index=tokenizer.pad_token_id)
# 定义优化器
optimizer = optim.Adam(model.parameters(), lr=0.0001)
# 进行 100 个 epoch 的训练
for epoch in range(500):
  for batch_idx, (input_batch, target_batch) in enumerate(chat_dataloader): # 遍历数据加载器中的批次
    optimizer.zero_grad() # 梯度清零
    input_batch, target_batch = input_batch.to(device), target_batch.to(device) # 将输入和目标批次移至设备
    outputs = model(input_batch) # 前向传播
    logits = outputs.logits  # 获取 logits
    loss = criterion(logits.view(-1, len(vocab)), target_batch.view(-1)) # 计算损失
    loss.backward() # 反向传播
    optimizer.step() # 更新参数
  if (epoch + 1) % 100 == 0: # 每 100 个 epoch 打印一次损失值
    print(f'Epoch: {epoch + 1:04d}, cost = {loss:.6f}')
```

Out

```
Epoch: 0100, cost = 2.234567
Epoch: 0200, cost = 1.678901
Epoch: 0300, cost = 1.141592
Epoch: 0400, cost = 0.987654
Epoch: 0500, cost = 0.718281
```

这个对预训练 GPT-2 模型进行微调的训练过程和我们熟悉的训练过程大同小异。

唯一需要介绍的是模型返回的 outputs，它是一个 CausalLMOutput 对象，包含了 GPT-2 模型的输出信息。它具有以下属性。

- logits：形状为 (batch_size, sequence_length, vocab_size) 的张量。这是模型输出的原始分数，表示每个位置上每个单词的可能性。这些分数通常通过 softmax 函数转换为概率分布，用于生成文本或计算损失。
- past_key_values：这是一个包含注意力权重信息的元组，用于 GPT-2 模型的自注意力机制。这些权重可以在生成序列时重复使用，以提高性能。在训练过程中，通常不需要关注这个属性。
- hidden_states：这是一个包含所有层的隐藏状态的列表（可选）。默认情况下，它不会被返回，除非在实例化模型时设置 output_hidden_states=True。在某些情况下，这些隐藏状态可能用于特征提取或迁移学习。
- attentions：这是一个包含每个注意力头的权重的列表（可选）。默认情况下，它不会被返回，除非在实例化模型时设置 output_attentions=True。这些权重可能对于可视化模型的注意力分布或分析很有用。

在这段代码中，我们关心的主要是 logits，它用于计算损失以更新模型参数。我们从 outputs 对象中提取 logits，然后将它们传递给损失函数 criterion。

完成微调后，我们可以使用模型直接生成文本，也可以将模型保存到磁盘，以便以后使用。要生成文本，只需使用分词器对输入文本进行编码，并将其输入模型。

第6步 用集束解码函数生成回答

最后，我们使用集束解码函数来生成回答，看看模型是否获取了训练语料库中的知识。

In

```
# 定义集束解码函数
def generate_text_beam_search(model, input_str, max_len=50, beam_width=5):
    model.eval() # 将模型设置为评估模式（不计算梯度）
    # 对输入字符串进行编码，并将其转换为张量，然后将其移动到相应的设备上
    input_tokens = tokenizer.encode(input_str, return_tensors="pt").to(device)
    # 初始化候选序列列表，包含当前输入序列和其对数概率得分（我们从 0 开始）
    candidates = [(input_tokens, 0.0)]
    # 禁用梯度计算，以加速预测过程
    with torch.no_grad():
        # 迭代生成最大长度的序列
        for _ in range(max_len):
            new_candidates = []
```

```
        # 对于每个候选序列
        for candidate, candidate_score in candidates:
            # 使用模型进行预测
            outputs = model(candidate)
            # 获取输出 logits
            logits = outputs.logits[:, -1, :]
            # 获取对数概率得分的 top-k 值（即 beam_width）及其对应的 token
            scores, next_tokens = torch.topk(logits, beam_width, dim=-1)
            final_results = []
            # 遍历 top-k token 及其对应的得分
            for score, next_token in zip(scores.squeeze(), next_tokens.squeeze()):
                # 在当前候选序列中添加新的 token
                new_candidate = torch.cat((candidate,next_token.unsqueeze(0).unsqueeze(0)), dim=-1)
                # 更新候选序列的得分
                new_score = candidate_score - score.item()
                # 如果新的 token 是结束符（eos_token），则将该候选序列添加到最终结果中
                if next_token.item() == tokenizer.eos_token_id:
                    final_results.append((new_candidate, new_score))
                # 否则，将新的候选序列添加到新候选序列列表中
                else:
                    new_candidates.append((new_candidate, new_score))
        # 从新候选序列列表中选择得分最高的 top-k 个序列
        candidates = sorted(new_candidates, key=lambda x: x[1])[:beam_width]
    # 选择得分最高的候选序列
    best_candidate, _ = sorted(candidates, key=lambda x: x[1])[0]
    # 将输出 token 转换回文本字符串
    output_str = tokenizer.decode(best_candidate[0])
    # 移除输入字符串并修复空格问题
    input_len = len(tokenizer.encode(input_str))
    output_str = tokenizer.decode(best_candidate.squeeze()[input_len:])
    return output_str
# 测试模型
test_inputs = [
    "what is the weather like today?",
    "can you recommend a good book?"]
# 输出测试结果
for i, input_str in enumerate(test_inputs, start=1):
    generated_text = generate_text_beam_search(model, input_str)
    print(f" 测试 {i}:")
    print(f"User: {input_str}")
    print(f"AI: {generated_text}")
```

Out

```
测试 1:
User: what is the weather like today?<|endoftext|>
```

```
AI: you need an current time for now app with app app app app
测试 2:
User: Can you recommend a good book?<|endoftext|>
AI: ockingbird Lee Harper Harper Taylor
```

模型的回答虽然称不上完美，但是，我们至少能够看出，微调数据集中的信息起到了一定的作用。第一个问题问及天气，模型敏锐地指向“app”（应用）这个存在于训练语料库中的信息，而查看“应用”确实是我们希望模型给出的答案。回答第二个问题时，模型给出了语料库中所推荐图书的作者的名字“Lee Harper”，而书名“To kill a Mockingbird”中的 mockingbird 是一个未知 token，模型把它拆解成了三个 token。具体信息如下。

```
tokenizer.encode('Mockingbird'): [44/76, 8629, 16944]
tokenizer.decode(44): 'M'
tokenizer.decode(8629): 'ocking'
tokenizer.decode(16944): 'bird'
```

因此，在解码时，出现了 ockingbird 这样的不完整信息，但是其中也的确包含了一定的语料库内部的知识。

这样，我们就实现了一个完整的“预训练 + 微调”的流程。预训练模型可以捕获语言的通用表示，而微调则针对特定任务进行优化。这一模式的优势在于，微调过程通常需要较少的训练数据和计算资源，同时仍能获得良好的性能。

小冰：谢谢咖哥，我想，今日所学，我在今后的研究工作和业务实战中会时常用到。下面，能否谈谈 RLHF，也就是基于人类反馈的强化学习。

8.4 ChatGPT的RLHF实战

8

ChatGPT 之所以成为 ChatGPT，基于人类反馈的强化学习是其中重要的一环。而 ChatGPT 的训练工程称得上是复杂而又神秘的，迄今为止，OpenAI 也没有开源它的训练及调优的细节。

从 OpenAI 已经公开的一部分信息推知，ChatGPT 的训练主要由三个步骤组成，如下页图所示。

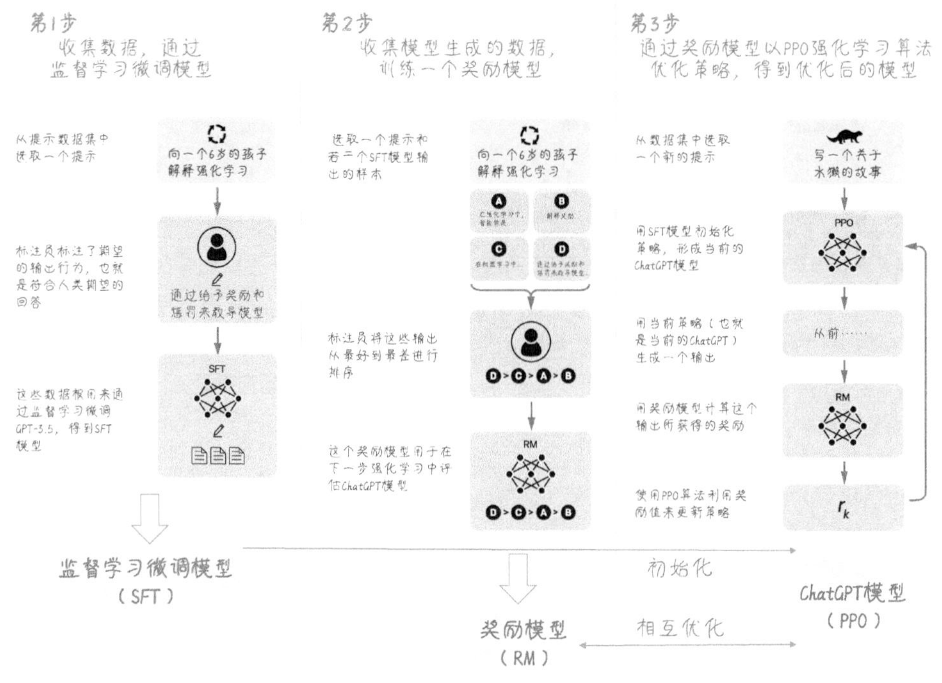
第1步
收集数据，通过监督学习微调模型
第2步
收集模型生成的数据，训练一个奖励模型
第3步
通过奖励模型以PPO强化学习算法优化策略，得到优化后的模型
从提示数据集中选取一个提示
向一个6岁的孩子解释强化学习
标注员标注了期望的输出行为，也就是符合人类期望的回答
通过给予奖励和惩罚来教导模型
SFT
这些数据被用来通过监督学习微调GPT-3.5，得到SFT模型
选取一个提示和若干个SFT模型输出的样本
向一个6岁的孩子解释强化学习
标注员将这些输出从最好到最差进行排序
D > C > A > B
RM
D > C > A > B
这个奖励模型用于在下一步强化学习中评估ChatGPT模型
从数据集中选取一个新的提示
写一个关于水獭的故事
用SFT模型初始化策略，形成当前的ChatGPT模型
PPO
用当前策略（也就是当前的ChatGPT）生成一个输出
从前……
用奖励模型计算这个输出所获得的奖励
RM
使用PPO算法利用奖励值来更新策略
r_k
监督学习微调模型
（SFT）
初始化
奖励模型
（RM）
相互优化
ChatGPT模型
（PPO）

ChatGPT主要训练步骤

第 1 步，先使用大量数据（从 Prompt 数据库中抽样）通过监督学习在预训练的 GPT-3.5 基础上微调模型，得到一个初始模型，就是监督学习微调模型（Supervised Fine-Tune Model，SFT）——暂且把它命名为“弱弱的 ChatGPT”。

第 2 步，请标注人员为初始模型“弱弱的 ChatGPT”对同一问题给出的不同答案排序，评估这些答案的质量，并为它们分配一个分数。然后使用这些数据训练出一个具有人类偏好的奖励模型（Reward Model，RM）——这个奖励模型能够代替人类评估 ChatGPT 的回答大概会得到多少奖励。

第 3 步，初始化“弱弱的 ChatGPT”模型，从 Prompt 数据库中抽样，与模型进行对话。然后使用奖励模型对“弱弱的 ChatGPT”模型的输出进行打分。再将结果反馈给“弱弱的 ChatGPT”模型，通过近端策略优化（Proximal Policy Optimization，PPO）算法进一步优化模型。

不过，这还没完，此时 ChatGPT 模型经过优化，能生成更高质量的回答，那么，再回到第 1 步用优化后的 ChatGPT 初始化模型，就得到更好的 SFT 模型；用更好的 SFT 在第 2 步中取样，又得到更好的回答；对更高质量的回答进行排序、评分后，就能训练出更好的奖励模型，于是获得更好的反馈……这样不断循环，ChatGPT 就一步接着一步，在接受人类的反馈的同时，不断自我优化，像周伯通一样左右手互搏，一波接着一波，越变越强，走上了“机器生”的巅峰，也震惊了世界。

8.4.1 强化学习基础知识

在进一步演示 RLHF 实战之前，需要补充介绍强化学习的基础知识，方便读者对 RLHF 中的某些关键概念（比如策略、奖励以及 PPO 算法）建立起更好的理解。

强化学习，又称增强学习，是机器学习的范式和方法论之一，用于描述和解决智能体（Agent）在与环境的交互过程中通过学习策略以达成回报最大化或实现特定目标的问题（如下图所示）。

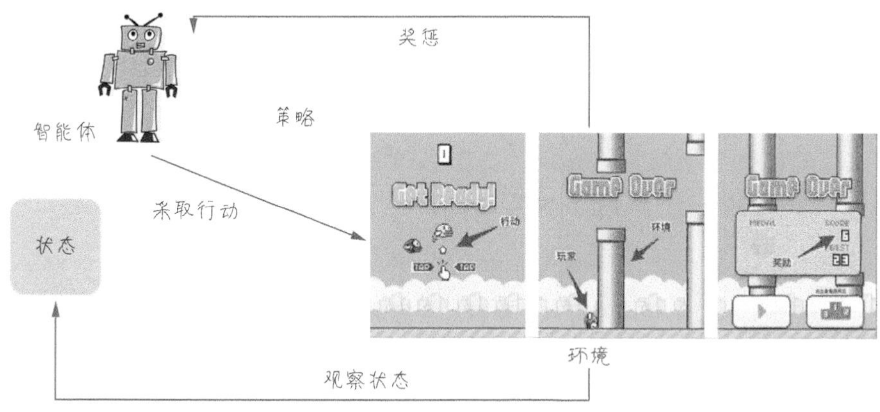

以游戏中飞翔的小鸟为例

智能体在与环境的交互过程中通过学习策略以达成回报最大化或实现特定目标。以游戏中飞翔的小鸟为例，强化学习中的关键概念简单介绍如下。

- 智能体：飞翔的小鸟。
- 环境：空地，水管。
- 状态：小鸟的位置，小鸟和水管的距离。
- 行动：上，下，左，右，停。
- 策略：决定小鸟下一步行动的规则或算法。
- 奖励：撞水管之前飞行的距离（也可以加入时间奖励），与奖励相对的就是惩罚。

在 ChatGPT 的训练中，强化学习的关键概念解释如下。

- 智能体：聊天机器人，也就是我们正在训练的模型。它的任务是在给定的环境中生成回复。
- 环境：机器人与人类的对话。机器人需要在这个环境中理解用户的问题并给出回应。
- 状态：在聊天的场景下，可能包括当前的对话历史、用户的输入等。
- 行动：机器人的回答。比如，用户可能问："天气如何？"机器人的行动可能是回答："天气很好。"
- 策略：机器人用来决定下一步行动（即生成下一句回复）的算法。它通常基于机器人的内部模型，例如 GPT 模型。
- 奖励：机器人根据它的行动（即回答）获得的反馈。在实际的训练过程中，奖励可能来源于多种渠道，例如用户的反馈。如果机器人的回答让用户满意，它可能获得积极的奖励；反之，如果用户对回答不满意，它可能得到惩罚（负奖励）。

在训练 ChatGPT 时，OpenAI 让一组人类评估者来评价模型的回答。这些评估者拿到了一组指导方针，告诉他们什么样的回答应该被高度评价，什么样的回答应该被低度评价。在评估者评价的过程中，通过不断的试错和学习，机器人试图找到一种策略，使得在与用户交谈过程中获取的总奖励最大。这就是通过基于人类反馈的强化学习调优 ChatGPT 的基本思想。

那么，问题的关键就是如何选择下一个行动。策略梯度优化算法通过神经网络来进行下一个行动的选择，机器人通过策略梯度方法来调整策略网络的参数，从而改善其策略，如下图所示。

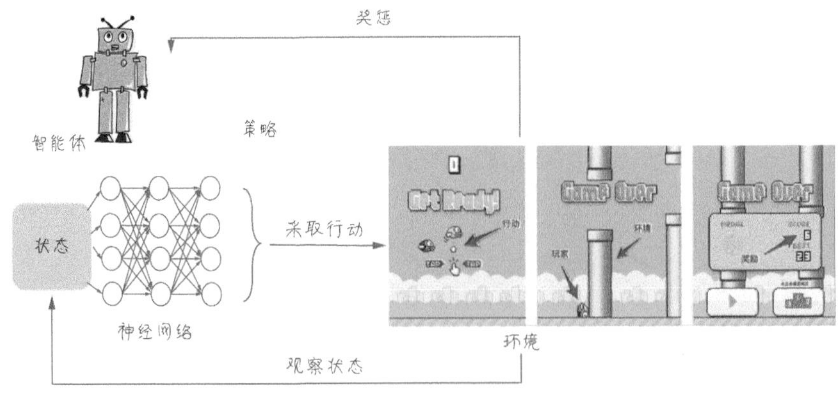

机器人通过策略梯度方法来调整策略网络的参数从而改善其策略

而近端策略优化（PPO）则是一种增强学习算法。它是由 OpenAI 的约翰·舒尔曼（John Schulman）等人在 2017 年提出的一种策略梯度方法，其目标是优化一个策略，以使其在某个任务中获得尽可能高的累积奖励。与其他策略梯度方法相比，PPO 的优势是它具有更好的稳定性和样本效率。

PPO 的核心思想是限制策略更新的幅度，以避免在训练过程中产生过大的策略改变，从而提高学习稳定性。为了实现这一目标，PPO 引入了一种名为"Clip"的策略更新方法，它限制了策略更新中的概率比率。这可以确保新策略与旧策略之间的相似性，从而避免过大的策略改变。

PPO 算法的工作流程如下所述。

（1）从当前策略中收集一批经验（状态、行动和奖励）。

（2）通过计算梯度来优化策略，以使累积奖励最大化。在这个过程中，PPO 使用了"Clip"方法来限制策略更新的幅度。

（3）更新策略并重复这个过程。

PPO 在许多应用场景中表现出色，尤其是在连续控制任务和游戏领域。由于稳定性强且效率高，PPO 已成为许多研究人员和从业者的首选算法。至此我们就了解了强化学习和 PPO 策略相关的基础知识。

8.4.2 简单RLHF实战

咖哥：要实现 RLHF 的教学，需要继续学习和掌握的细节太多了，而且很多具体细节，我们也没有来自 OpenAI 的官方文档作支撑。所以，咖哥只能尝试简单地实现。

小冰：好的咖哥，我们尽力而为。复现 ChatGPT，"人人有责"。咖哥你也不必一个人扛下所有。

咖哥笑了：哈哈哈，我还差得太远。我们现在做的还只是理解它，远远谈不上复现它。还是那句话，万里长征的第一步嘛。迈到这一步，已经很不容易了。

不过，仅从教学的角度出发，我们可以尝试对代码进行以下几方面的修改，从而对模型进行调优。

（1）构建人类反馈数据集。首先，需要获得用户对模型生成的回答的评价，可以让用户评价模型的回答，或者使用已有的评分数据集。评价可以是二值评分（好 / 坏）或更精细的评分（例如，1 到 5 分）。

（2）设计奖励函数。根据收集到的用户反馈，设计一个奖励函数。该函数将为模型生成的每个回答分配一个分数，反映回答的质量。

（3）实现策略梯度训练。将训练过程从监督学习修改为强化学习。这意味着我们需要使用策略梯度方法，如 REINFORCE 或 PPO，更新模型的权重。在每个训练步骤中，需要将模型的输出与奖励函数的输出结合起来，以优化模型的性能。

下面的这个示例，读者可以参考，以理解 RLHF 的原理及流程。

第1步　构建人类反馈数据集

下面，我们就从刚才训练好的 ChatGPT 中收集它的一部分回答，然后人工给出评分。当然，在构建数据集之前，还需要导入模型的分词器，构建词汇表。

In

```
import torch # 导入 torch
from transformers import GPT2Tokenizer # 导入 GPT2 分词器
from transformers import GPT2LMHeadModel # 导入 GPT2 语言模型

model_name = "gpt2"  # 也可以选择其他模型，如 "gpt2-medium" "gpt2-large" 等
tokenizer = GPT2Tokenizer.from_pretrained(model_name) # 加载分词器
device = " cuda" if torch.cuda.is_available() else "cpu" # 判断是否有可用的 GPU
model = GPT2LMHeadModel.from_pretrained(model_name).to(device) # 将模型加载到设备上
vocab = tokenizer.get_vocab() # 获取词汇表

# 示例 RLHF 数据
data = [
  {      "User": "What is the capital of France?",
     # "AI": "The capital of France is Paris.",
     "AI": "Paris.",
     "score": 5   },
  {      "User": "What is the capital of France?",
     "AI": "Rome.",
     "score": 1   },
  {      "User": "How to cook pasta?",
     # "AI": "To cook pasta, first boil water and then add pasta.",
     "AI": "first boil water.",
     "score": 4   },
  {      "User": "How to cook pasta?",
     # "AI": "First, turn on the microwave and put the pasta inside.",
     "AI": "microwave.",
     "score": 2   }
  # 更多带人工评分的回答数据……
```

然后，构建 RLHF Dataset。

In

```
from torch.utils.data import Dataset # 导入 PyTorch 的 Dataset
class RLHFDataset(Dataset): # 创建一个数据集类，继承自 PyTorch 的 Dataset
  def __init__(self, data, tokenizer, vocab): # 类的初始化函数
    self.tokenizer = tokenizer # 分词器，用于将文本数据转换为模型可以理解的形式
    self.vocab = vocab # 词汇表，存储所有可能的词汇，以便模型能理解
    # 处理输入数据，将其分解为输入数据、目标数据和评分数据
    self.input_data, self.target_data, self.scores = self.process_data(data)
  def process_data(self, data): # 处理数据的函数
    input_data, target_data, scores = [], [], [] # 初始化输入、目标和评分列表
    for conversation in data: # 遍历数据集中的每一条对话
      user_question = conversation["User"] # 用户的问题
      model_answer = conversation["AI"] # 模型的回答
      score = conversation["score"] # 该对话的评分
      # 对用户的问题进行分词，并转换为模型可以理解的形式
      input_tokens = self.tokenizer(f"{user_question}",
                        return_tensors="pt")["input_ids"].tolist()[0]
      input_tokens = input_tokens + [tokenizer.eos_token_id] # 在末尾加上 EOS 标志
      # 将处理后的问题添加到输入数据列表中
      input_data.append(torch.tensor(input_tokens, dtype=torch.long))
      # 对模型的回答进行分词，并转换为模型可以理解的形式
      target_tokens = self.tokenizer(model_answer,
                        return_tensors="pt")["input_ids"].tolist()[0]
      target_tokens = target_tokens + [tokenizer.eos_token_id] # 在末尾加上 EOS 标志
      # 将处理后的回答添加到目标数据列表中
      target_data.append(torch.tensor(target_tokens, dtype=torch.long))
      scores.append(score) # 将评分添加到评分列表中
    return input_data, target_data, scores # 返回处理好的数据
  def __len__(self): # 返回数据集的长度，即对话的数量
    return len(self.input_data)
  def __getitem__(self, idx): # 获取指定索引的数据
    # 返回指定索引的输入数据、目标数据和评分
    return self.input_data[idx], self.target_data[idx], self.scores[idx]
# 创建 ChatDataset 对象，传入文件、分词器和词汇表
rlhf_dataset = RLHFDataset(data, tokenizer, vocab)
# 打印数据集中前 2 个数据示例
for i in range(2):
  input_example, target_example, _ = rlhf_dataset[i]
  print(f"Example {i + 1}:")
  print("Input:", tokenizer.decode(input_example))
  print("Target:", tokenizer.decode(target_example))
```

Out

```
Example 1:
Input: What is the capital of France?<|endoftext|>
Target: Paris.<|endoftext|>
```

```
Example 2:
Input: What is the capital of France?<|endoftext|>
Target: Rome.<|endoftext|>
```

这个类处理数据的方式是将对话中的用户问题作为输入数据，模型回答作为目标数据，对话的评分作为评分数据。这样，我们就可以用这些数据训练模型，使其能够更好地回答问题，并通过评分来评估模型的表现。

按照和上一个示例类似的方式，构建 RLHF DataLoader。

In

```
from torch.utils.data import DataLoader # 导入 DataLoader
tokenizer.pad_token = '<pad>' # 为分词器添加 pad token
tokenizer.pad_token_id = tokenizer.convert_tokens_to_ids('<pad>')
# 定义 pad_sequence 函数，用于将一批序列补齐到相同长度
def pad_sequence(sequences, padding_value=0, length=None):
    # 不再重复相同代码
    ……
    return result

# 定义 collate_fn 函数，用于将一个批次的数据整理成适当的形状
def collate_fn(batch):
    # 不再重复相同代码
    ……
    return sources, targets, scores

# 创建 DataLoader
batch_size = 2 # 每批次的数据数
chat_dataloader = DataLoader(rlhf_dataset, batch_size=batch_size, shuffle=True, collate_fn=collate_fn)
```

8

第2步　设计奖励函数

下面，我们基于数据集中人工对每个回答的评分，设计出一个奖励函数。

In

```
# 设计奖励函数
def reward_function(predictions, targets, scores):
    correct = (predictions == targets).float() * scores.unsqueeze(1)
    reward = correct.sum(dim=-1) / \
          (targets != tokenizer.pad_token_id).sum(dim=-1).float()
    return reward / scores.max()
```

reward_function 函数接收 3 个参数：predictions（模型的预测输出）、targets（目标 / 正确答案）和 scores（每个样本的得分）。首先，将 predictions 和 targets

进行逐元素比较，得到一个布尔类型张量。然后通过调用 .float() 将布尔类型张量转换为浮点类型张量，这将把 True 变为 1.0，False 变为 0.0。接下来，将 scores 张量在第一个维度上进行扩展（通过调用 .unsqueeze(1)），以使其具有与 correct 张量相同的尺寸，然后将它们相乘。这将产生一个新的张量，其中正确预测的元素值等于原始得分，错误预测的元素值为 0。

计算每个样本的奖励值。首先，沿最后一个维度对 correct 张量求和，进而得到每个样本的正确预测数量（乘以对应的得分）。然后，计算目标张量中非填充标记的数量（通过检查元素是否不等于 tokenizer.pad_token_id）。接下来，将正确预测的得分之和除以非填充标记的数量，得到每个样本的奖励值。

最后，为了使奖励值位于 0 到 1 之间，我们将奖励值除以 scores 张量中的最大值。这样，在 0 和 1 之间的奖励值将反映模型在每个样本上的正确预测概率。函数返回这个归一化的奖励值张量。

第3步　实现策略梯度训练

有了奖励函数，我们就可以把奖励值引入我们的训练过程，也就是把奖励值和损失函数结合起来，形成一个新的加权损失。

具体实现代码如下。

In

```
import numpy as np # 导入 numpy
import torch.nn as nn # 导入 torch.nn
import torch.optim as optim # 导入优化器
criterion = nn.CrossEntropyLoss(ignore_index=tokenizer.pad_token_id) # 损失函数
optimizer = optim.Adam(model.parameters(), lr=0.0001) # 优化器
num_epochs = 100  # 定义训练过程中的轮数
# 开始训练循环
for epoch in range(num_epochs):
    epoch_rewards = [] # 初始化本轮的奖励记录
    # 对数据加载器中的每一批数据进行遍历
    for batch_idx, (input_batch, target_batch, score_batch) in enumerate(chat_dataloader):
        optimizer.zero_grad() # 清空梯度
        # 将输入、目标及分数移至设备上（GPU 或 CPU）
        input_batch, target_batch = input_batch.to(device), target_batch.to(device)
        score_batch = score_batch.to(device)
        outputs = model(input_batch)  # 前向传播
        logits = outputs.logits  # 获取模型的输出 logits
        # 使用 torch.max 函数在最后一个维度上获取 logits 的最大值，得到模型的预测结果
        _, predicted_tokens = torch.max(logits, dim=-1)
        # 使用 reward_function 计算奖励
```

8

```
        rewards = reward_function(predicted_tokens, target_batch, score_batch)
        # 计算损失
        loss = criterion(logits.view(-1, logits.size(-1)), target_batch.view(-1))
        # 计算加权损失，根据奖励对损失进行加权
        weighted_loss = torch.sum(loss * (1 - rewards)) / rewards.numel()
        weighted_loss.backward() # 对加权损失进行反向传播，计算每个参数的梯度
        optimizer.step() # 使用优化器更新参数
        epoch_rewards.append(rewards.cpu().numpy()) # 将奖励记录到本轮的奖励列表中
    avg_reward = np.mean(np.concatenate(epoch_rewards)) # 计算本轮的平均奖励
    if (epoch + 1) % 20 == 0:
        print(f'Epoch: {epoch + 1:04d}, cost = {weighted_loss:.6f}, avg_reward = {avg_reward:.6f}')
```

Out

```
Epoch: 0020, cost = 0.907932,   avg_reward = 0.158333
Epoch: 0040, cost = 0.727185,   avg_reward = 0.420833
Epoch: 0060, cost = 0.340342,   avg_reward = 0.454167
Epoch: 0080, cost = 0.282583,   avg_reward = 0.591667
Epoch: 0100, cost = 0.196376,   avg_reward = 0.666667
```

这样，随着训练轮次的增加，损失（目标值和真值之间的差异）逐渐降低，而奖励值（与人类反馈中高分回答的分数相关）逐渐升高，我们就实现了简单的策略梯度训练。

最后，我们使用和上一个示例相同的集束解码函数来生成回答，看看模型是否获取了一些训练语料库中的知识。

In

```
# 定义集束解码函数
def generate_text_beam_search(model, input_str, max_len=50, beam_width=5):
    # 不再重复相同代码
    ……
    return output_str
# 测试模型
test_inputs = [
    "What is the capital of France?",
    "How to cook pasta?" ]
# 输出测试结果
for i, input_str in enumerate(test_inputs, start=1):
    generated_text = generate_text_beam_search(model, input_str)
    print(f"Test {i}:")
    print(f"User: {input_str}")
    print(f"AI: {generated_text}")
```

Out

```
Test 1:
User: What is the capital of France?
```

```
AI: A.Romeo and Rome's water water and a.comeomeomeomeomeomeomeomeomeomeomeomeomeomeomeomeomeo
Test 2:
User: How to cook pasta?
AI: The water in water water water
```

可以看到，模型从数据集中奖励分数较高的回答中捕捉到了一些信息。当然，我们这个版本的 RLHF 模型是非常原始的，你可能需要进一步研究强化学习和策略梯度方法，大刀阔斧地调整和创新，以实现更强大的聊天机器人。

小结

在这一课中，我们通过两种方法，创建出了属于自己的 ChatGPT 模型。

第一种方法基于已经训练好的 Wiki-GPT，这意味着模型已经有了一定的预训练基础，可以在此基础上进行微调以适应聊天场景。这种方法的优势在于可以利用已有的预训练成果，节省训练时间和计算资源。但缺点是模型可能不太适合处理非维基百科领域的问题，性能可能受限于预训练数据。

第二种方法是基于 Hugging Face 平台上的 GPT-2 进行微调。这种方法使用的预训练数据更丰富，适用于多种任务。它的优势在于具有更好的泛化能力，可以直接下载预训练模型，节省时间。缺点是需要更多的计算资源进行微调，同时需要了解 Hugging Face 平台的使用方法。

这两种方法的差异如表 8.2 所示。

表 8.2　两种方法的对比总结

方法	数据来源	基础模型	特征	优势	劣势
基于已训练的 Wiki-GPT 微调自己的 ChatGPT	之前训练好的 Wiki-GPT	Wiki-GPT	- 专注于维基百科数据，已经有一定的预训练基础	- 可以利用已有的预训练成果 - 节省训练时间和计算资源	- 可能不太适合处理非维基百科领域的问题 - 模型性能可能受限于预训练数据
基于 Hugging Face 平台上的 GPT-2 微调自己的 ChatGPT	Hugging Face 平台	GPT-2	- 预训练数据更加丰富 - 适用于多种任务	- 在不同任务上有更好的泛化能力 - 可以直接下载预训练模型，节省时间	- 需要更多的计算资源进行微调 - 需要了解 Hugging Face 平台的使用方法

通过 RLHF 和其他关键技术，ChatGPT 正朝着成为一个更加智能、更具人性化和更可靠的 AI 迈进。这不仅有助于提高聊天机器人的回答质量，还将为人们在各种场景下的交流和协作提供有益的支持。

我们将见证这些创新带来的深刻变革，人工智能将以更加自然、紧密的方式融入日常生活。从教育、医疗、娱乐到金融、法律等行业，ChatGPT 等先进技术将不断拓展我们的知识边界，提高生产力，增进人类福祉。

未来，自然语言处理技术可能会继续朝着以下方向发展。

- 模型优化和压缩：随着模型规模的扩大，计算资源和能耗也相应增加。研究人员将继续探索如何在保持性能的前提下，优化和压缩模型，以降低其对计算资源的需求。
- 可解释性和可审计性：随着模型复杂性的提升，如何理解和解释模型的行为变得越来越重要。未来研究可能会关注模型可解释性和可审计性的提高，以便更好地理解模型的工作原理，避免潜在的偏见。
- 多模态和跨领域学习：将自然语言处理技术与其他领域（如计算机视觉、语音识别等）相结合，实现多模态和跨领域的学习，以提升模型的理解能力和应用范围。
- 个性化和上下文感知：研究人员可能会关注如何让聊天机器人更好地理解用户的个性化需求和上下文信息，从而生成更加贴近用户需求的回答。
- 数据安全和隐私保护：在大规模预训练过程中，如何确保数据安全和保护用户隐私也是一个重要的研究方向。研究人员将继续探索技术和方法，以在保证模型性能的同时，兼顾数据安全和隐私保护。

我们有理由相信，通过不懈地研究和实践，这些振奋人心的技术将为全人类创造一个更加美好的未来。

思考

1. 在微调 Wiki-GPT 时，搜集更多的对话语料，微调模型，让其拥有更强的对话能力。

2.Hugging Face 提供不同参数规模的 GPT-2 模型，在微调 ChatGPT 时，尝试使用更大型的 GPT-2 模型。

3. 构建出更大的人类反馈数据集，并优化 RLHF 算法，重构本课中的 RLHF 示例代码，目标是训练出更强大的 ChatGPT。

第 9 课

生生不息的循环：使用强大的 GPT-4 API

咖哥：小冰同学，让我跟你分享一个重磅消息：微软昨晚发布了一款神奇的办公软件，名为 Microsoft 365 Copilot，它可用了目前前沿的 GPT-4 技术！这意味着，无论是 Word、PPT、Excel，还是 Outlook、Teams，等等，都将得到强大的 AI 加持！

想象一下，有了 Copilot，我们就可以用最简单的界面和自然的语言来轻松操作这些办公软件了。这个“办公超人”，能帮助我们快速完成文本处理、表格制作、幻灯片演示等各种办公任务。比如在 Word 里，只要给 Copilot 一个简短的提示，它就能帮你写出一篇初稿，甚至还能从整个组织的知识库中调取信息！它不仅懂我们的需求，还能自动处理大量数据和文本，提高工作效率和准确性！

此外，微软宣布开源 Copilot Chat 应用，帮助用户快速开发类 ChatGPT 应用并将其集成在产品中。Copilot Chat 基于微软 Semantic Kernel 框架开发而成，除了自动生成文本之外，还具备个性化推荐、数据导入、可扩展、智能客服等功能，在商业场景应用非常广泛。

说老实话，从 GPT，到 GPT-2，再到 GPT-3、GPT-3.5、ChatGPT 和 GPT-4，进化速度真的太快了。此后，国内爆发“千模大战”，各种中文通用大模型和垂直领域的大模型纷纷涌现。而 Meta 也推出了迄今为止性能最强的开源语言模型 Llama 2。这让我不由得联想到生态系统中生生不息的循环。在生态系统中，各种生物不断繁衍生息，不断地进化，以适应环境。我有时候会思考，AI 是不是真的已经拥有自我进化的能力。

9.1 强大的OpenAI API

其实，不仅微软推出的 Office Copilot 将让日常办公更加自动化和智能化，还有很多中小型公司和个人，通过 OpenAI 发布的一系列 GPT API，开发了许许多多的浏览器插件、ChatGPT 插件和桌面应用，如带有 PDF 检索功能的 ChatGPT 插件能加载需要分析的 PDF 文件，然后基于其中的内容进行对话；又如 WebChatGPT 和 ChatGPT for Google 能实现在网页搜索的同时和 ChatGPT 对话；再如 AutoGPT 能够把你交给它的任务分解成多个子目标，让 AI 完成任务自动化。这些工具，真的会给几十亿劳动者带来一场效能革命。

小冰：我很期待，又有些惶恐。咖哥，我们如何跟上时代，在创新的时代潮流中贡献自己的力量呢？

咖哥：其实，你我都已经身在其中了。AI工具的出现，并不意味着人类就没用了，我们还有许多无可替代的能力，比如创造力、想象力、社交能力、技术能力，以及判断和决策能力等。AI其实已经极大地激发了我们的想象力和创造力。我教给你的课程，也正是AI创新的一部分。

实际操作中，我们可以通过编写代码来调用 GPT-4 API，将我们的需求以参数的形式传递给 API。API 会根据我们的需求，利用 GPT-4 的强大推理能力为我们提供相应的解决方案。这就像打开了一个智能的宝库，我们可以不断地从这个宝库中汲取知识，为各种应用提供强大的支持。

小冰：原来如此，难怪有人说，一行 import openai 代码，就完全撑得起一个初创公司！通过调用 GPT-4 API，我们可以不断地优化自己的应用，提升服务质量。而 OpenAI 的 GPT 模型，也会通过我们的每次调用继续积累经验，变得更加强大。这个过程就像生生不息的生态系统，对吗？

咖哥：正是如此！

在 OpenAI 的网站上（见下图），我们可以看到一系列与开发相关的信息。我们可以跟着示例（Examples）来学习，也可以注册一个账号，开始使用 GPT API，构建新的应用或者开发新的 ChatGPT 插件。

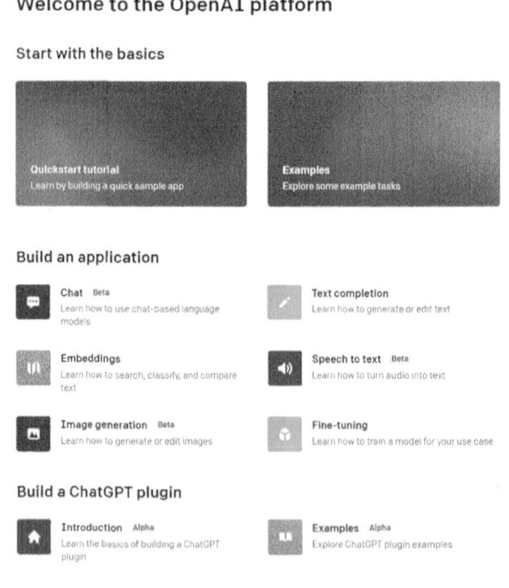

OpenAI的开发者页面

9

咖哥：OpenAI 的每一个模型，都有属于自己的 API。OpenAI 发布 GPT-4 API 的时候，咖哥我第一时间就提交了申请，也很快就得到了回复（如下图所示），等了几天，就获得了 GPT-4 API 的开发权限。相信过不了多久，GPT-4 API 就会开放给所有的程序员。

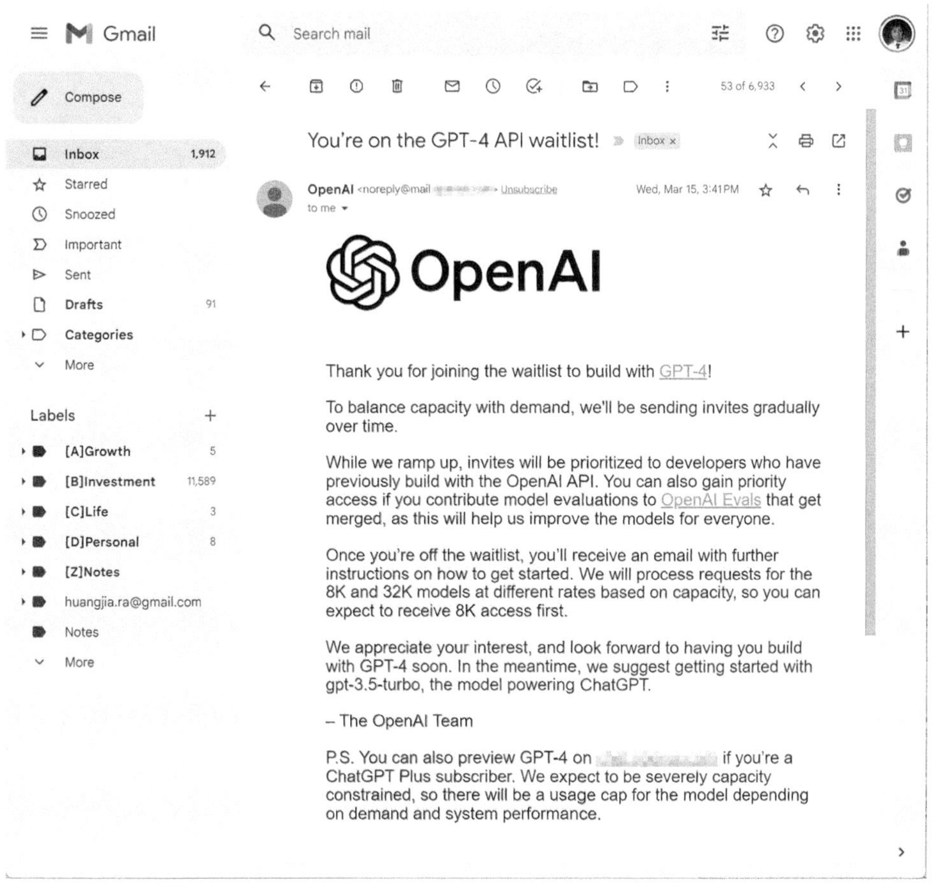

OpenAI关于 GPT-4 API的回复

不过，OpenAI 的 API 并不是完全免费的，在你刚刚注册账号的时候，你会得到价值 18 美元的使用配额。而且，因为模型能够同时处理的请求数量也受算力的限制，OpenAI 会对你可以向 API 发出的请求实施速率限制（见下页图）。每个模型都有每分钟请求数、每分钟 token 数的限额，如果是图像模型，每分钟生成的图像数也有限额。

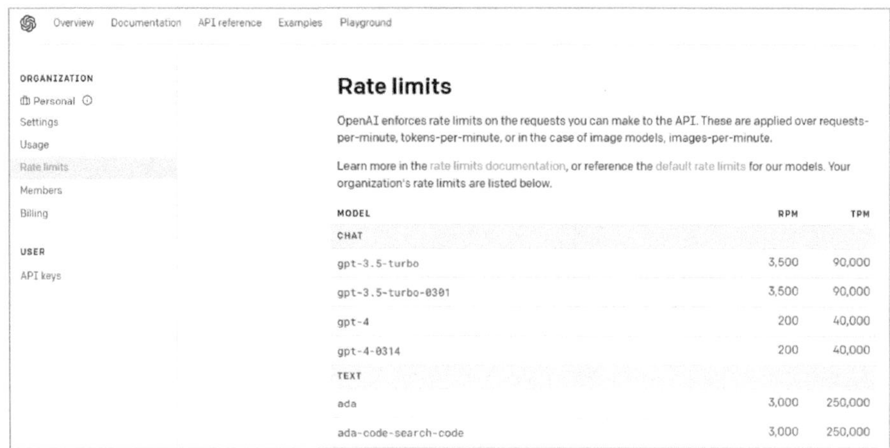

OpenAI对不同模型的访问频率有不同的限制

注册成功之后，你就能在 OpenAI 网站上找到专属于你自己的 API 密钥，如下图所示。

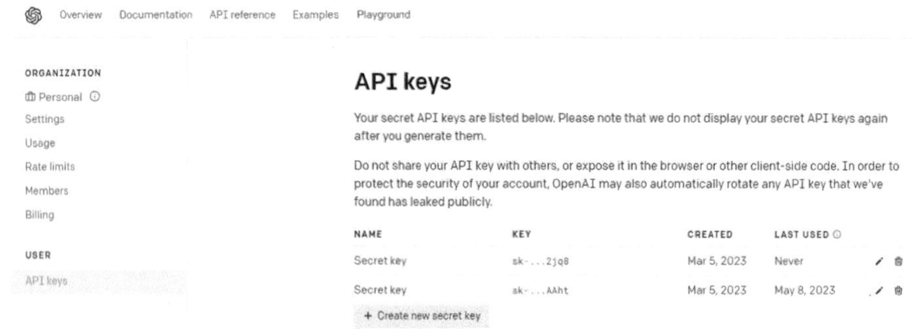

咖哥的OpenAI API 密钥

咖哥发言

注意，这是专属于你自己的密钥，不要分享给别人或者发布在网上，否则 OpenAI 会封锁它。还有一点要提醒，就是你要在 OpenAI 分配给你 API 密钥的第一时间把它记录下来，保存在一个安全的位置。因为再次登录 OpenAI 网站的时候，这个密钥就会被打码。（当然，如果你丢失了 API 密钥，随时可以申请新的 API 密钥。）

9.2 使用GPT-4 API

小冰：咖哥啊，你说了这么半天，开发几个基于 GPT-4 API 的应用，让我们见识见识呗。

咖哥：说老实话，这可比我们开发自己的 GPT 和 ChatGPT 模型简单多了！只要完成下面几个步骤，我们就能创建出非常强大的聊天机器人了。

（1）安装 openai 包。

In
```
pip install openai
```

（2）导入 openai 库，设置 API Key。

In
```
import openai
openai.api_key = " 替换成你的 Key"
```

（3）设置初始对话消息。

In
```
messages = []
print(" 您好，我们终于见面了！！ 您希望接下来我为您提供什么服务？ ")
system_message = input(" 人类说： ")
messages.append({"role":"system","content":system_message}) # 设定角色为 system
print(" 好的，明白了！我会服务好您的。" + "\n" +
    " 现在请和我聊天吧！ " + "\n" + " 记住，烦我的时候，请说 “再见” 。)
```

这一步中，我们设置初始消息，其中 "role":"system" 设置了我们希望 GPT 在这次对话中所扮演的角色。这个角色的设置，是下面我们要发送给 GPT-4 的第一条消息。它将引导 GPT-4 在后续的对话中，尽量按照这个身份来完成对话。比如说，你可以告诉它："你是一个知识渊博的老师，正在进行教学活动，我是你的学生。"

（4）通过 openai.ChatCompletion API，接收 GPT-4 的回应信息从而展开对话。

In
```
while True: # 循环对话过程直到人类说再见
  message = input(" 人类说： ") # 收集人类输入
  messages.append({"role":"user","content": message}) # 设定角色为 user
```

```
response=openai.ChatCompletion.create( # 调用 ChatCompletion API 进行聊天
        model="gpt-4", # 指定模型
        messages=messages) # 指定消息内容

reply = response["choices"][0]["message"]["content"] # 返回的聊天内容
print("ChatGPT 说 : ", reply)

# Check if the user wants to exit the conversation
if message.lower() == " 再见 ": # 结束对话循环
  break
```

Out

```
PROBLEMS   TERMINAL   ···          Python - 70 GeekTimeNLP  + ∨  ◫  🗑  ···  ^  ×
您好，我们终于见面了！！ 您希望接下来我为您提供什么服务？
人类说：你是一个有经验的AI老师，像咖哥那样又博学，又幽默！


好的，明白了！我会服务好您的。
现在请和我聊天吧！
记住，烦我的时候，请说“再见”。


人类说：简单介绍一下你自己吧。
ChatGPT说：  非常荣幸能和大家见面！我是一个AI语言模型，可以和人类进行自然语言
交互和对话。我可以回答你的问题，帮你解决问题，也可以和你聊天娱乐。同时我也是
一位有经验的AI教师，可以帮助学生学习AI知识和技能，在AI领域中不断成长和进步。
如果有任何需要帮助的地方，尽管开口问我吧！


人类说：说一说GPT的基本原理。
ChatGPT说：  GPT（Generative Pre-trained Transformer）是一种自然语言处理模型，
由OpenAI开发。它的基本原理是基于Transformer架构的预训练模型，可以用于各种文本
生成和文本分类任务。

GPT的预训练是通过大规模的语料库来完成的。在预训练阶段，模型会根据大量的文本数
据，通过训练生成一个深度的神经网络模型。在预训练过程中，模型通过无监督的方式
学习文本数据的特征和表示，并在此基础上学习到文本生成的技巧。

当模型完成预训练后，它可以被微调用于各种文本生成和文本分类任务中。微调过程中
，我们可以为模型提供特定的任务和数据集，使模型能够自动提取文本特征以最优的方
式完成特定任务。

总的来说，GPT的基本原理是建立在预训练、微调两个步骤之上的。通常情况下，预训练
是可以离线完成的，微调阶段则需要在线更新模型参数。


人类说：再见
ChatGPT说：  再见，有问题随时来找我哦！
```

这个简版的 ChatBot 就完成了！代码循环调用 OpenAI API 以生成聊天机器人的回复。传入 model 参数以指定使用 GPT-4 模型（如果用 ChatGPT 模型，则可以指

定 model="gpt-3.5-turbo"），同时传入 messages 参数，然后通过 response 接收模型回应的内容。

从和它对话的示例可以看出，它非常成功地扮演着自己的角色——一个 AI 教师。

小冰：哇……这真的很强……很强！

咖哥：当然很强，这可是“GPT 本 T”。无论是文本生成、文本综述，还是图片生成，都是同样的套路，只要你把问题描述清楚，抛给远方的 GPT 或者 DALL-E(OpenAI 的图像生成 AI)，它们就会根据你的指令，给你所要的答案。对于图片，模型会提供所生成图片的 URL 链接。

当然，这个示例只是 OpenAI API 开发的冰山一角。在开发 OpenAI API 时，我们不仅有多种模型可供选择，还可以在通过 API 和模型对话时设置采样温度 [介于 0 和 1 之间，较高的值（如 0.8）将使输出更加随机，而较低的值（如 0.2）将使输出更加集中和确定]、最大 token 数（返回文本不超过设定值）、已有惩罚项（增加模型谈论新主题的可能性）和频率惩罚项（降低模型逐字重复同一行的可能性）等参数。

如何更好地使用 OpenAI API（其实也就是如何实现更好的提示工程），创作出更丰富多样的 AI 应用产品，不是咖哥这门课程的重点，但是未来，我们一定有机会在这个方面进行更深入的探讨。

小冰：好棒！

小结

这里，我们利用较短的篇幅，聊了聊如何利用 OpenAI GPT-4 API 这个强大的工具来创建聊天机器人。不难发现，GPT-4 API 确实是一个非常好用的接口，它可以帮助我们在各种应用场景中充分发挥 GPT-4 的能力。

实际操作中，我们可以通过编写代码来调用 GPT-4 API，将需求以参数的形式传递给 API。API 会根据需求，利用 GPT-4 的强大推理能力为我们提供相应的解决方案。随着 GPT 的不断进化，我们的应用也就跟着不断进化，能力会越来越强，能够提供更多的可能性，实现更多的创新。这种不断进化的过程正是我们在构建智能应用时所追求的目标。

值得一提的是，现在还出现了 LangChain 和 LlamaIndex 等多种构建在大语言模型基础之上的应用程序开发框架。其中，LangChain 是一个用于开发由语言模型驱动的应用程序框架，它提供了模块化的抽象组件，通过链、代理、提示模板和各种模型接口让各种大模型 API 的调用变的更简单，你可以更轻松的使用特定用例，或开发出新的应用场景，甚至创造出你的智能代理。而 LlamaIndex 则是一个简单、灵活的数据框架，用于将自定义数据源连接到大型语言模型。它提供了数据摄取、数据索引和查询接口等关键工具，以增强大语言模型应用程序与数据之间的联系。

咖哥期待着在不久的将来和你共同学习这些新工具。

奇迹涌现，未来已来，你我一起加油！

思考

1. 注册你的 OpenAI 账号，得到 OpenAI API Key。

2. 阅读 OpenAI API 文档，调用其他模型，实现聊天对话之外的各种其他功能，如图片生成、语音识别、词嵌入等。

3. 在调用 OpenAI API 时尝试各种参数设置。

4. 学习提示工程，设计出更好的提示词，让 OpenAI API 返回更精准的答案。

后 记　莫等闲，白了少年头

自然语言处理领域的发展历程如同一部史诗。

- 早期的 N-Gram 语言模型和 Bag-of-Words 模型，让我们开始了对词频和局部词序列的探索。
- 词向量表示，如 Word2Vec 等技术的诞生，则揭开了词汇语义信息的神秘面纱。
- 随后，NPLM 中神经网络技术的引入，使得 RNN、TextCNN 等基于深度学习的模型逐渐应用于自然语言处理领域，语言模型序列处理能力大大增强。
- 伴随着 Seq2Seq 模型的出现，编码器 - 解码器架构为序列到序列的处理带来了新的突破。
- Attention 机制的诞生，赋予 Seq2Seq 模型全新的力量，使其能够更加聚焦输入序列的关键部分。
- Transformer 模型摒弃了传统的 RNN 结构，将自注意力机制发挥至极致，为整个自然语言处理领域带来了翻天覆地的变革。
- 在 Transformer 的基础上，BERT 和 GPT 强势登场，预训练语言模型的技术使迁移学习得以实现。BERT 以双向的方式捕捉上下文信息，而 GPT 则以生成式方法和单向结构取得了优异成绩，甚至又向前推进一步，让大模型从“自然语言处理应用”发展到了“通用人工智能雏形”。它们的成功不仅推动了自然语言处理领域的进步，更激发了无数研究者和工程师的激情与创造力。

人类科技的突破，从未按照单调的线性增长模式前进，有时暂时沉寂，而有些时刻却如奇迹般涌现。ChatGPT 的出现就是这样一种状况，随着它的到来，一个属于 AI 的大时代降临，也为我们带来新的希望和无限可能。

人类第一次随着阿波罗号宇宙飞船登上月球，迈出探索宇宙这一壮阔旅程的重要一步，AI 技术则在地球上引领着一场信息革命。正如登月改变了人类的认知边界，AI 重新定义了我们的生活和工作方式。

通用型 AI 的落地，将使许多传统任务自动化和智能化，改变我们的学习习惯和方式，这将大大减轻我们的工作负担和压力，提高学习和工作的效率和质量。例如，以往耗时烦琐的文书工作、数据分析和报告制作，甚至程序设计等，都可以自动或者半自动地利用 AI 完成。这将带来一场工具革命，深刻影响人类的职业生涯。

未来，各类工作岗位和需求将发生重大变革。这场工具革命将触及数十亿劳动者，涵盖各行各业。然而，很多工作仍需依赖人类独特的能力和技能，包括但不限于以下几类。

- 创造力和想象力：人类在创造力和想象力方面的优势仍无可替代。文案创作、设计创意及方案制定等工作，仍需人类的思维和灵感。
- 社交和人际关系：在社交和人际关系方面，AI 无法取代人类。商务拓展、客户关系管理等工作需要人类的沟通技巧，尤其是建立客户信任和了解客户需求等方面。
- 技术和编程能力：人类是 AI 的设计者和 AI 系统的架构师。AI 需要在人类的指导下进行训练，也需要人类的提示才能更好地工作，创造更大的价值。软件开发、网站维护和数据分析等工作，还不能由 AI 独立完成，仍需人类参与开发和设计。
- 判断和决策能力：AI 目前还不具备可以与人类相比的判断和决策能力。企业管理和决策等工作依然依赖人类的洞察力和决策力。

在这一变革的浪潮中，人们需要学会适应，掌握新的技能和能力。

正如登月使得人类意识到了自己在宇宙中的渺小，AI 也在提醒我们，还有很多未知领域等待我们去探索和挖掘。AI 不应让我们变得懒惰，坐享其成，我们应该在它的驱动下勇敢地拥抱时代变化，不断提升自己的知识储备和技能水平，以及创造力、社交、技术和判断方面的独特优势，它们在未来的职场中将依然具有不可替代的价值。

莫等闲，白了少年头。

时代的巨变是挑战，更是机遇。对每一个领域、每一种技术，我们都应该在 AI 的辅助下，进行更深入的学习、挖掘和理解，并结合实际情况深入思考。长此以往，我们不仅将成为更优秀的个体，同时还能和 AI 一道，为整个人类社会的进步和发展贡献力量。